Inhalt

Ein kleiner Sprung in die **Historie**

Kleine Stadtrennen rund um den Kirchturm, so finden die Menschen nach dem Krieg ihre Lebenslust wieder. Aber auch gnadenlose Rennen wie Mailand – Tarent schreiben Geschichte.

Ducati – die zwangsgesteuerte Berufung

Dies ist einer kurzer Abriss der bemerkenswerten Geschichte von **Ducati***, einem Hersteller für Radiogeräte, der sich zum Aushängeschild des italienischen Motorradbaus entwickelte.*

Von den Einzylindern zu den Zweizylindern, auf der Spur einer magischen Ventilsteuerung.

Bologna im Jahr 1926, Geburtsort und -jahr der »Societá Scientifica Radio Brevetti Ducati«. Gegründet mit dem Ziel der Produktion von »Radiotechnischen Apparaturen«, entworfen von *Adriano Cavalieri Ducati*, dem jungen und technisch begabten Spross einer vornehmen römischen Familie.
Im Jahr 1922, als 19-jähriger Physikstudent, hatte Ducati schon begonnen, mit selbst konstruierten Kurzwellensendern geringer Leistung zu experimentieren, was 1924 in der Funkverbindung von Italien mit den Vereinigten Staaten von Amerika gipfelte und weltweite Beachtung fand.

Ursprünglich produziert Ducati Elektroartikel: Radios, Registrierkassen und Rasierer.

Die mit Unterstützung seiner Brüder *Marcello* (Technik), *Bruno* (Geschäftsführer und kaufmännischer Leiter) und Bologneser Banken neugegründete Firma fuhr schnell reiche Ernte ein, so dass schon 1935 die geräumigeren und modernen Gebäude in Borgo Panigale, einem Industriegebiet am Rande Bolognas, bezogen werden mussten.
Nach und nach folgten Niederlassungen im Ausland: in Europa, Lateinamerika und Australien. Die Produktpalette, die mit Kondensatoren startete, weitete sich zunehmend aus und beinhaltete schliesslich Radiogeräte, Elektrorasierer, elektrische Kassen, Gegensprechanlagen und ab 1939 auch optische Geräte.
Das Geschäft floriert, da den *Ducatis* auch der Umstand zu Pass kommt, dass sich der faschistische Duce Mussolini mit Hilfe der Rundfunk-Empfänger seine Propaganda unter's Volk bringen will. So beschäftigt **Ducati** in den Kriegs-

jahren etwa 11 000 Menschen in verschiedenen norditalienischen Standorten.
Da die Produktion von Kriegs- und Rüstungsinteresssen freigestellt war, profitierte davon auch die Belegschaft. Wegen des strategischen Interesses des Unternehmens beorderte das deutsche Militärkommando die Verlagerung der Maschinen und der Beschäftigten auf den 8. September 1943 nach Deutschland.
Aber eine besonnene, wenn gleich riskante Verzögerungstaktik der Familie *Ducati* unter dem Vorwand des unverhältnismässig hohen Aufwands, die zahlreichen Produktionsstätten zu transferieren, mindert die Gefahr einer Verlagerung. So lange, bis im Oktober 1944 die Anlage in Borgo Panigale in einem amerikanischen Bombenhagel dem Erdboden gleich gemacht wurde.
Der Krieg hinterliess bei **DUCATI** grosse Schäden, der Wille zum Wiederaufbau war jedoch ungebrochen. Das Hauptproblem des Wiederaufbaus war die Frage nach der Art von Produktion in den Nachkriegsjahren.
Ähnlich der Situation wie bei anderen italienischen (und natürlich auch deutschen) Firmen, sah man einen Ausweg in der sich ausbreitenden Volksmotorisierung in den Nachkriegsjahren.

Die motorisierte Geschichte von **DUCATI** begann so mit einem Hilfsmotor für Fahrräder namens »Cucciolo« *(Hündchen)*, dessen Pläne und Lizensen 1945 von SIATA in Turin erworben worden war. Die offizielle Vorstellung fand auf der Mailänder Messe 1946 statt. Es war auf Anhieb ein grosser Erfolg, unterstützt von einer gelungenen Werbekampagne und brillanter Ergebnisse in den ersten Wettbewerben, bei denen viele junge Leute ihre Lebenslust nach dem Krieg wiederfanden. Auf die Hilfsmotoren folgten (ganze) Leichtkrafträder und im Jahr 1951 kam der »Cruiser«, ein echter Scooter mit hydraulischer Kraftübertragung.

Das *»Hündchen«* war ein Hit. Hier eingebaut in einen Fahrradrahmen und ausgestellt im DUCATI-Werksmuseum.

Die motorisierte Geschichte von **DUCATI** begann mit einem Hilfsmotor für Fahrräder namens »Cucciolo« *(Hündchen)*.

Die Familie *Ducati* befand sich aber schon bald in einem Kampf um die nur zögerlich fliessenden privaten Bankkredite. Unvermeidlich war daher die Anfrage bei staatlichen Finanzierungsquellen, die innerhalb von wenigen Jahren die Voraussetzungen für die Enteignung der Gebrüder *Ducati* schufen. Das Unternehmen, das zwischenzeitlich von einem Justizverwalter geführt wurde, war Anfang 1949 gezwungen das Werk in Bologna trotz der vielversprechenden positiven Ergebnisse zu schliessen. Dies führte im Jahr 1953 zu einer Teilung der Marke, in »DUCATI ELETTRONICA« und »DUCATI MECCANICA«. Letztere geht 1959 in den Besitz einer staatlichen Teilhabergesellschaft über. Obwohl ohne die Führung der Firmengründer und kurz vor dem Ruin, hatte das Unternehmen das Glück in diesen Jahren *Fabio Taglioni*, den Schicksalsmann für die zukünftige Motorradproduktion zu treffen. Ein 34 Jahre alter Bologneser und Ingenieur von Beruf und Berufung.

Schicksalsmann

Fabio Taglioni begann sein Berufsleben als Lehrkraft am Technischen Institut von Bologna. Schon immer hatte er schnelle Motoren im Kopf und im Herzen. In seiner Freizeit entwickelte er einen Einzylinder-Rennmotor mit oben liegender Nockenwelle, den er an die Firma CECCATO abtrat, die daraus eine erfolgreiche Rennmaschine mit sehenswertem Erfolg machte. Die Gelegenheit Motoren zu entwerfen bot sich ihm dann durch eine Anstellung bei MONDIAL, wo er die legendären Einzylinder-Rennmotoren entwickelte, die auf allen Rennpisten der Welt Lorbeeren ernteten.

Im Jahr 1954 entschied er sich, das Angebot von **DUCATI** anzunehmen und entwickelte hier seinen Wunschmotor, der 1955 im Gewand der »Gran Sport« mit 98 cm^3 Gestalt annahm. Innerhalb weniger Jahre gelang es **DUCATI**, aus der Mittelmässigkeit der Alltagsmotorräder hervorzutreten und sich auf internationalem Niveau zu etablieren. Und dies vor allem dank des Nockenwellenantriebs des stehenden Einzylinders mittels Königswelle, d.h. die Nockenwelle wird durch eine vertikale Welle, die an ihren Enden jeweils ein schräg verzahntes Kegelzahnrad hat und die in ebensolche Zahnräder an Kurbel- und Nockenwelle eingreifen, in Drehung versetzt. Es ist der Motor von Taglioni, zu dem es weltweit keinen Vergleich in der Serienproduktion gibt.

Über drei Jahrzehnte der DUCATI-Motor schlechthin: der Einzylinder mit der aufwändigen Königswelle.

So sehen sportliche Traummaschinen der 50er-Jahre aus: auch heute noch gut und schnell.

Eigentlich wäre der selige »Apollo«-Motor (leider nie in die Produktion gegangen) der richtige Motor für die »Monster«.

◄ Der Vierventiler im Aufschnitt gehört zu den Leckerbissen für High-Tech-Fans im Ducati-Museum.

(Freilich gab es vorher schon »Königswellen«-Motorräder und sogar auch -Automobile – stellvertretend sei an die Norton International –, aber in Serie gibt es so etwas erst heute wieder als verspielten Nostalgie-Gimmick, und zwar an der 1999 präsentierten W 650 von Kawasaki.) Ständig entwickelt und verbessert, erreichte der ursprüngliche 98 cm^3-Einzylinder von Taglioni in der letzten Version einen Hubraum von 435,7 cm^3. Es war ein Motor, dem die sportliche Auslegung anzumerken war und der erst mit dem wachsenden Erfolg des L-förmigen Zweizylinders verdrängt wurde. Obwohl **Ducati** hochwertige Motorräder produzierte, entkam das Unternehmen der Krise Mitte der 50er nicht, die den Motorradmarkt voll erwischte. Für das Unternehmen war es aus finanzieller Sicht eine schwierige Zeit, welche das geniale Potential von Taglioni stark einschränkte, der nach wie vor am laufenden Band neue Ideen und Motoren hervorbrachte. Er war geprägt von einer beeindruckenden Vitalität. Tagsüber betreute er die Produktion in der Fabrik und abends widmete er sich der Revision von Projekten in seinem Technischen Büro in dem er Skizzen anlegte für den darauffolgenden Tag.

Die »Scrambler«: Wirtschaftliche Stütze für das Werk in den 70er-Jahren und in der dicksten Version mit 435,7 cm_3. Vor Allem in der USA vergnügten sich die Kids mit dem Vorläufer der Enduros.

Neben dieser geregelten Aktivität verfolgte er an den Wochenenden auf den Rennstrecken seine eigenen Rennmaschinen, die er sehr oft auch persönlich betreute. Einige Jahre lang produzierte **Ducati** auf Wunsch des Managements nur Einzylindermaschinen, bis sich im Jahr 1969, die Geschäftsleitung mit der Ankunft von Arnoldo Milvio und Fredmano Spairano erneuerte, die angesichts der Ergebnisse der grossen Zweizylinder von Laverda und Moto Guzzi entschieden, dass auch **Ducati** in den Wettstreit dieser Klasse mit einem ganz besonderem Produkt eintreten musste.
Daraufhin wurde Ingegnere Taglioni, gleichzeitig auch technischer Direktor, damit beauftragt eine Zweizylinder mit 750 cm³ zu entwerfen. Ein Paralleltwin, mit dem Taglioni schon seit 1965 experimentierte, schied wegen der übertriebenen Vibrationen aus. Motoren mit längs liegender Kurbelwelle wie der Boxer bzw. V-Motor waren schon von BMW und Moto Guzzi übernommen worden, die daraus ihr unverwechselbares Markenzeichen machten. Es blieb nur der längs angeordnete V-Motor, der aus Wuchtgründen im 90°-Winkel (daher auch die Bezeichnung »L«-Motor) angeordnet sein musste. Taglioni hatte schon 1948 einen Vierzylinder in V-Form und im 90°-Winkel mit lediglich 250 cm³ entwickelt und zu Beginn der 60er Jahre, als der amerikanische **Ducati**-Importeur Berliner ein Motorrad für die amerikanische Polizei in Auftrag gegeben hatte, nahm er diese Idee wieder auf. Er entwickelte einen interessanten Vierzylinder, »Apollo« getauft, mit einem 90°-V-Motor, der über Stössel und Kipphebel betätigt und mit 1260 cm³ aufwartete. Das hintere Zylinderpaar war um 15° nach hinten geneigt, um ausreichende Bodenfreiheit der Auspuffkrümmer zu gewährleisten.
Als es darum ging die neue 750er zu zeichnen, übernahm Taglioni das Schema des Apollo Motors, in Längsrichtung halbiert, um einen Zweizylinder zu bekommen, aber mit Königswellenantrieb der Nockenwelle ausgestattet – das altbewärtes Rezept der Einzylinder-Maschinen. Das Motorrad hatte eine sehr kurze Entwicklungszeit. Anfang 1970 war sie entworfen und im September wurde schon der Prototyp vorgestellt. Es folgte der Feinschliff und im Juli 1971 wurde schon das erste Modell verkauft, die 750 GT (Bohrung und Hub 80 x 74,4 mm, 747,6 cm³ Hubraum, Verdichtung 8,5 : 1, Nasssumpf-Schmierung, Zahnradprimärantrieb und Mehrscheibenkupplung).

Ein Königswellen-Motor aus der O-Serie der Zweizylinder (erkennbar an der kleineren Ölwanne).

Das Formel 750-Fahrzeug schlechthin. Der Hauptständer wurde wohl nachträglich montiert.

1972 folgte die »Sport«-Version. Die aufwändige Mechanik fand sich in einem hohen Preis wider, aber trotz des aggressiven Designs und den hervorragenden Leistungen fand die Sport nur geringen Absatz. Die Firmenleitung, die zwischenzeitlich von Taglioni zu Wettbewerbszwecken einen Zweizylinder mit 500 cm³ entwickeln liess, der aber nicht zur Serienreife weiterentwickelt wurde, entschied sich, diese in der Formel 750, eine Serie für modifizierte Serienmotorräder, einzusetzen. Nachdem die Idee verworfen worden war am berühmten Rennen von Daytona teilzunehmen, sollte sie im 200 Meilen Rennen von Imola eingesetzt werden.
Auf der Suche nach immer höheren Leistungen, bediente sich Taglioni der desmodromischen Ventilsteuerung (Zwangsteuerung der Ventile: die Ventile werden nicht per Federkraft, sonder per Schliesserhebel geschlossen – nur der Vollständigkeit halber).

Zu Ruhm und Ehre ist die Desmodromik zum Beispiel schon in den 50er-Jahren durch die Grand-Prix-Fahrzeuge von Daimler-Benz gekommen. **Ducati** ist jedoch die Ehre zuteil, weltweit der einzige Motorradhersteller zu sein, der serienmässig eine solch effiziente Gaswechselsteuerung einsetzt.
Taglioni bereitete für das Imola-Rennen einige Zweizylinder mit desmodromisch gesteuerten Ventilen vor, die sich gegen die stärksten Maschinen und Piloten bewähren mussten, u.A. Giacomo Agostini, Phil Read und John Cooper.

Ducati vertraute ihre Maschinen den Fahrern Paul Smart und Bruno Spaggiari an. Smart fuhr dem gesamten Feld davon. Der unerwartete Erfolg von **Ducati** fand grosse Resonanz: noch nie hatte sich eine neue Maschine so deutlich behaupten können. Selbstverständlich hagelte es anschliessend Angebote für das Siegermodell von Imola, von dem 1973 eine Strassenversion mit dem Namen 750 SS produziert wurde. Die »Super Sport« war schlicht das leistungsstärkste Strassenmotorrad seiner Zeit. Im selben Jahr werden die Modelle GT und Sport von der 860 GT ersetzt, während die 750 SS im Jahr 1975 von der 900 SS ersetzt wird.

Die Produktion der nachfolgenden Jahre war von zahlreichen Detailverbesserungen geprägt. Die **Ducati** entpuppte sich als bevorzugtes Motorrad der sportlich ambitionierten Hobby-Rennfahrern und Motorrad-Enthusiasten. Am Rande ein Kuriosum der Sportgeschichte aus dem Jahr 1978:
Taglioni entschied sich seine 900 SS zur Tourist Trophy mitzunehmen, ihm stand für die vermeintlich schwierigste Strecke der Welt aber kein erfahrener Pilot zur Verfügung. Auf der *Isle of Man* angekommen erkundigte er sich bei seinen Freunden, ob ein Pilot zur Verfügung stünde. Ja sicher, Mike Hailwood, antwortete jemand scherzhaft. Der ehemalige Weltmeister, der seit acht Jahren keine Rennen mehr gefahren war, hielt sich tatsächlich auf der Insel auf, allerdings nur als Tourist mit seiner Familie. Taglioni kannte Hailwood schon seit vielen Jahren aus der Zeit als sich der damals noch ganz junge und unbekannte Pilot von **Ducati** eine Zweizylinder-Rennmaschine mit 250 cm³ für den Grand Prix konstruieren liess. (Hailwood war zwar unbekannt, sein Vater aber **Ducati**-Importeur für England...)
Auf die Frage, ob Hailwood für **Ducati** fahren würde musste Hailwood nicht lange nachdenken, besorgte sich einen Rennanzug und fuhr eine Proberunde: Trotz stehen-

Die Super Sport-Serienmaschine und ihre Schwester, die »normale« Sport. Für SS-Modelle der ersten, ursprünglichen Serie wechseln heute 30 bis 40 Tausend Mark den Besitzer.

dem Start legte er auf Anhieb die beste Rundenzeit hin. Das Rennen endete mit einem Triumph von Hailwood, und die Weltpresse lobte daraufhin sowohl die unverändert gebliebene Begabung von *Mike the Bike*, als auch die aussergewöhnliche Leistungsfähigkeit des Motorrads. Nochmals musste sich **Ducati** auf Druck der Öffentlichkeit beeilen, eine Strassenversion dieser Rennmaschine herzustellen, die zu solch aussergewöhnlichen Leistungen fähig war.
Die Strassenversion bekam den Namen »Mike Hailwood Replica« und blieb in den Jahren 1979 bis 1986 das Spitzenmodell von **Ducati**.
In der Zwischenzeit hatte Taglioni eine einfachere Version des Zweizylinders entwickelt, eine mit Zahnriemen gesteuerte Maschine mit 350 cm^3 Hubraum. Das Projekt und dessen Marktpotential wurde von der Unternehmensleitung nicht sofort erkannt, so dass die Genehmigung sich lange verzögerte. Die neue Zweizylinder wurde Ende 1977 präsentiert, ging aber erst 1979 als »Pantah« mit 500 cm^3 in Produktion. Auf diese folgten die Versionen mit 600, 650 und 350/400 cm^3, wobei letztere vor allem auf dem japanischen Markt gefragt war. Diesem neuen Zweizylinder gelang es, das »alte« Königswellenschlachtross dank seiner geringeren Produktionskosten (und natürlich auch durch modernere und technisch überlegene Konstruktionsdetails) zu verdrängen, und folglich dessen Produktion 1986 auslief.

1985 wird **Ducati** von Cagiva übernommen, dem Unternehmen der Brüder Castiglioni, die auch schon die einstige Europa-Dependance von Harley-Davidson »Aermacchi« in Varese aus der Tristesse führten. Technischer Höhepunkt dieser Entwicklung ist Zweifel los die »916«, mit der es endgültig gelang, der Marke neuen Glanz zu verleihen, um daraus das weltweite Aushängeschild italienischer Motorradbaukunst zu machen.
Anlässlich der Aufnahme der Serien-Produktion 1994 bekam das neue Image von **Ducati** die ersten Schrammen, die Produktion lief nur schleppend und holprig an. Es fehlten Zuliefererteile, und es ging das Gerücht von in dunklen Kanälen verschwundenem Geld um. Vielleicht war es ja auch das ehrenvolle, aber teure Grand-Prix Engagement von Cagiva, mit dem sich die Castiglioni-Brüder übernommen haben. So oder so, 1996 tritt die Texas Pacific Group auf den Plan, eine amerikanische Finanzholding, die die Mehrheitsanteile an **Ducati** erwirbt. Die amerikanische Finanzspritze wird für Investitio-

Die Ahnin der modernen SS-Baureihe: die »Pantah« im TT-Formeltrimm.

Darunter: **Der halbverkleidete SS (»Semi Carenata«) sieht man ihren Heisshunger auf Landstrassen schon im Stand an.**

nen ins Werk und »Mitarbeiteraufstockung« verwendet. Präsident ist Claudio Castiglioni, ihm zur Seite stehen der General Manager Massimo Bordi (der Nachfolger Fabio Taglionis und Vater der Vierventil-Desmodromik) und der Italo-Amerikaner Federico Minoli von der Texas Pacific Group als Managing Director.
Und dass sich **Ducati** im Aufwind befindet, wird hier wohl niemand bestreiten wollen. Beleg dafür sind nicht nur die anhaltende Superbike-Dominanz, sondern auch die Entwicklung solcher Motorräder wie der ST-Baureihe, die die Tradition der GT-Modelle wieder aufnehmen. Und zwar so, dass sie sich mit den Besten ihrer Klasse nicht nur im Handling und Motorcharakteristik (ist natürlich auch Geschmackssache), sondern auch in der Verarbeitungs-Qualität messen können.

So ziehen sich Legenden bildende Motorräder wie ein roter Faden durch die Geschichte von **Ducati**, die dem kleinen Motorradwerk in Bologna/Italien nicht nur einen festen Ehrenplatz im Reigen der bedeutendsten Hersteller garantieren, sondern auch dessen Überleben gegen erdrückende Uniformität.
Folgerichtig versucht sich **Ducati** auch nicht an glattgeleckten Massemotorrädern, sondern muss polarisieren. Mit der SS-Baureihe sind klar die Puristen angesprochen: Einfacher Aufbau sorgt für Leichtigkeit und weitgehend verlustfreie Umsetzung der Motorleistung in Fortbewegung auf der Strasse.
Die elektronische Einspritzung der aktuellen SS-Generation tut dem Anspruch auf Einfachheit vielleicht einen kleinen Abbruch, ist aber nur vordergründig, tatsächlich sind Wartung und mechanischer Aufbau der Drosselklappeneinheit ebenbürdig bzw. einfacher als beim Vergaser. Anders sieht es natürlich bei den Prüfmethoden für defekte Komponenten der Regelelektronik ...

In eigener Sache:
Dieser Band kann keine dreijährige Motorradmechaniker-Lehre ersetzen, setzt aber geübten Umgang mit Werkzeug und Materie voraus.
Für einzelne Arbeitsgänge, zu deren Durchführung spezielle Sonderwerkzeuge und ein ebenso umfangreicher Maschinenpark (spezielle Dorne, Hülsen und Pressen) benötigt werden, empfehlen wir den Besuch der nächsten ***Ducati****-Werkstatt.*
Um sich und andere nicht zu gefährden, sind Arbeiten an der Bremsanlage ebenfalls versierten Fachkräften vorbehalten!

Ducati

Werkzeug und Ersatzteile

1.1 Werkzeug

Das mit der Maschine gelieferte Bordwerkzeug können wir für umfangreichere Wartungsarbeiten oder gar Motorüberholungen vergessen. Also muss passendes Qualitätswerkzeug selbst besorgt werden, mit dem der Freizeit-Mechaniker seine Maschine mit Spass bei der Arbeit in Schuss halten kann.
Hier eine Aufstellung von Werkzeugen, über die der engagierte Hobby-Schrauber verfügen sollte:

1 Gabelschlüssel (kompletter Satz ab 6/7 bis 30/32)
2 Ringschlüssel (abgekröpft, kompletter Satz ab 6/7)
3 Steckschlüssel (kompletter Satz ab 8/9 bis 20/22 und SW 30, 32)
4 Innensechskantschlüssel (kompletter Satz 2 – 8 mm, abgewinkelt)
5 Schraubendreher für Schlitzschrauben (ein kompletter Satz)
6 Schraubendreher für Kreuzschlitzschrauben (ein kompletter Satz)
7 Schlosserhämmer (200 g, 500 g, 1000 g)
8 Meissel (ein Satz = Meissel, Durchtreiber, Körner)
9 Stroboskoplampe (Zündungskontrolle)
10 Feilen und Ölstein (je ein Satz)
11 Flachschaber (verschiedene Klingenbreiten, im Durchschnitt 23 mm)
12 Dreikant-Schaber
13 Zangen (Kombi-, Wasserpumpen-, kleine Flachspitz,- Rundspitz-, Innen- und Aussenseegerring- und Grip-Zange)
14 Isolierter Seitenschneider
15 Schlagschraubendreher (mit Schlitz- und Kreuzschlitz-Einsätzen)
16 Knarre (komplett mit allen Einsätzen)
17 Drehmomentschlüssel (5 – 60 Nm/60 – 300 Nm, dazu alle nötigen Werkzeuge und Nüsse)
18 Gewindeschneid-Ausrüstung (komplett mit Lehre und Schneider)
19 Gewindereparatur-Ausrüstung
20 Elektrische Bohrmaschine (komplett mit Ausrüstung, inklusive Ständer)
21 Schraubstock
22 Werkbank

Das könnte genügen, aber der sichere Mann treibt die Freude noch weiter und gönnt sich noch andere gute Sachen.

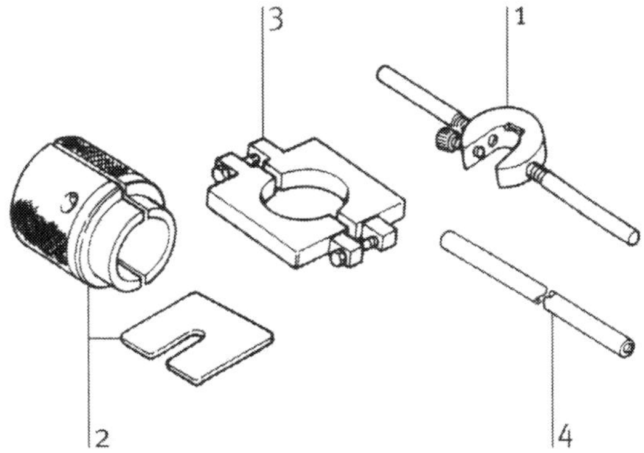

Bild 1
Werkzeuge für Teleskopgabel
1 Niederhalter für Vorspannhülse 88713.0960
2 Klemmstück und Treibhülse 88713.0957
3 Halter für Standrohr 88713.0959
4 Knebel 88713.0958

23 Verschiedene Abzieher, von denen der wichtigste ein einfacher zweiarmiger ist
24 Lötlampe mit verschiedener Ausrüstung
25 Elektrische Heizplatte (ca. 25 cm Durchmesser)
26 Schiebelehre (Messschieber) und Messuhr (letztere komplett mit Halter)
27 Schraubzwingen zum Festhalten von Teilen
28 Ventilfeder-Spanner
29 Kolbenring-Spannzange
30 Lötkolben (verschiedene Grössen – 30, 80, 150 Watt)
31 Für die Elektrik: Prüflampe, Ohm-Meter, Volt-Meter, Säureprüfer

Ausserdem muss der Hobbymechaniker über Verbrauchsstoffe verfügen, als da wären:

32 Spiritus oder Bremsenreiniger zum Entfetten von Dichtflächen (und natürlich Bremsscheiben reinigen)
33 Flüssige Silikon-Dichtmasse (Drei-Bond o.Ä.)
34 Montage-Fett mit MoS_2-Anteil
35 Kupferpaste
36 Polfett (säurefrei)
37 Schraubensicherung (Loctite 221 o.Ä.)

Dermassen ausgerüstet bereitet es auch keine Schwierigkeiten, sich aus den Beständen des nächstgelegenen Schrotthändlers Abzieher, Abdrücker oder Spezialdorne und -halter zu konstruieren. Nützlich ist in diesem Fall auch noch ein Schleifbock. Eine Motorradhebebühne stellt ebenfalls eine nicht zu unterschätzende Arbeitserleichterung dar. Auf die Reifenmontage wird hier nicht eingegangen, da der Reifenhändler erstens die Felgen Ihrer Supersport schonender behandelt, als dies bei einem Reifenwechsel in Eigenregie vonstatten geht, und er zweitens auch für die richtige Auswuchtung (dynamisch) zuständig ist.

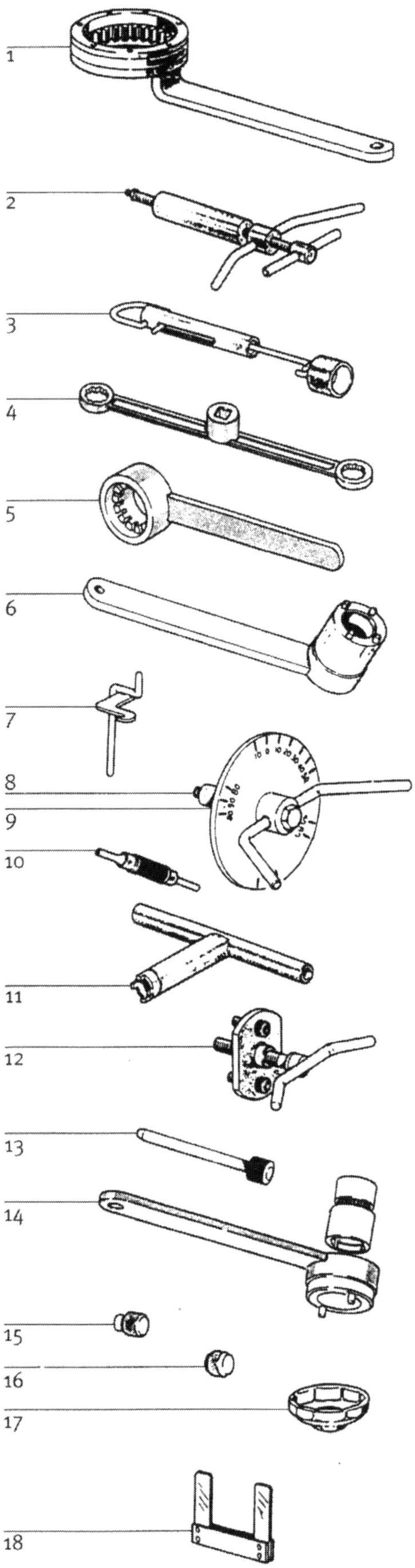

Bild 2.1
Ducati-Werkzeug
1 Kupplungshalter 88713.0146
2 Kipphebelachsen-Auszieher 88713.0120
3 Federwaage für Steuerriemen-Einstellung 88713.0748
4 Zylinderkopfmuttern-Schlüssel 88713.0768
5 Generatorrotor-Schlüssel 88713.0710
6 Steuerriemenrolle-Schlüssel 88713.0137
7 Halter für Kipphebel und Feder 88713.0143
8 Einstellscheibe 98112.0002
9 Halter 88713.0123 für Einstellscheibe
10 Abzieher für Steckkontakte 88713.0114
11 Schlüssel für Steuerriemenrollen-Mutter 88713.0139
12 Generatordeckel-Abdrücker 88713.0144
13 Stift für Kipphebeleinbau 88713.0262
14 Halteschlüssel Steuerriemenrolle 88700.5644
15 Unteres Distanzstück 0004.4119
16 Unteres Distanzstück 0004.4120
17 Ölfilterschlüssel 06750.3210
18 Distanzstück für Pleuelmontage 88765.1000 (0,1, 0,2 und 0,3 mm dick)

1.2 Ducati-Werkzeug

Für bestimmte Arbeiten am **Ducati**-Twin ist das richtige Spezialwerkzeug Grundvoraussetzung, um Teile nicht zu beschädigen oder gar zu zerstören. Nicht alle aufgeführten Teile (**Bilder 1** und **2.1**) sind unabdingbar, und es muss jeder für sich entscheiden, ob das Werkzeug in Heimarbeit hergestellt werden kann oder das Original-**Ducati**-Werkzeug an der heimischen Werkzeugwand hängen soll.
Auf jeden Fall dient der Einsatz dieser Werkzeuge (bei richtiger Handhabung) auch dem Werterhalt.

TIPP **Bild 2.2:** Das im Bild dargestellte »Spezialwerkzeug« ist ein wichtiges Utensil für sicheres Arbeiten an der Maschine und kann gegenenfalls leicht selbst hergestellt werden. Es verhindert das ungewollte Einklappen des Seitenständers äusserst zuverlässig. (Im Notfall Seitenständer mit Spanngurt am Vorderrad festlegen.)

TIPP *Mehr zum leidigen Thema Seitenständer auch ab Seite 55.*

1.3 Ersatzteile

⚠ **Bilder 3** und **4:** Halten Sie die Rahmen- und Motornummer bei Ersatzteil-Bestellungen grundsätzlich bereit, um auf diese bei Änderungen an Bauteilen, die während der laufenden Baureihe vielleicht vorgenommen wurden, leichter und schneller zurückgreifen zu können. Sie ersparen sich Wartezeit, und Ihr **Ducati**-Händler berät Sie auch lieber in Tuning-Angelegenheiten, als in technischen Unterlagen herumzustöbern.

Bild 2.2
Das kleine angeschraubte Blechstück kann teure Lackschäden wegen zur Unzeit eingeklapptem Seitenständer verhindern (Ausbau vor der Probefahrt nicht vergessen!)

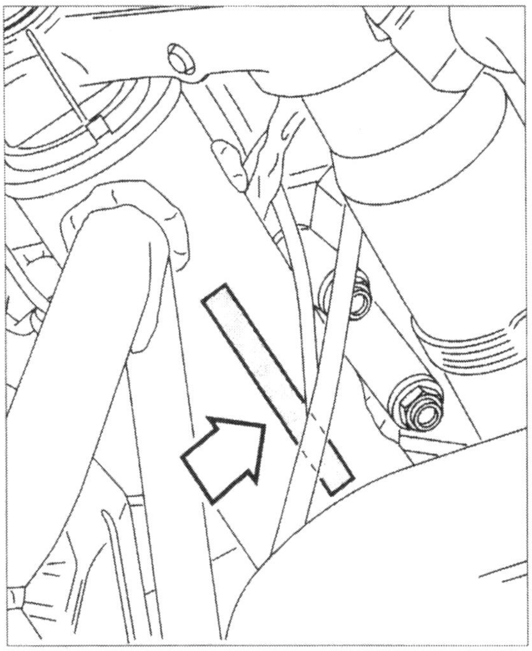

Bild 3
Rahmennummer (Fahrzeug-Ident.nummer)

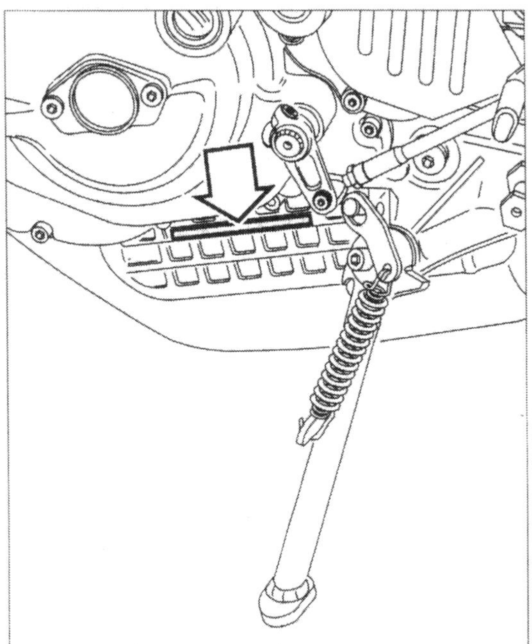

Bild 4
Motornummer

Störungssuche

Bitte keine Klagen über die Zuverlässigkeit von **DUCATIS** Zweiventil-Twins! Störungen sind zwar bei richtiger Pflege nicht zu erwarten, kommen aber natürlich dennoch gelegentlich vor.
Folgende Liste soll helfen, Fehler zu lokalisieren. Jedoch ist die Liste nicht erschöpfend (leider!), da nicht jede mögliche Ursache für die aufgeführten Störungen angegeben werden kann. Sie kann lediglich als Hilfe zur Erleichterung der Störungssuche bei häufiger vorkommenden Störungen dienen.

2.1 Schmiersystem

2.1.1 Ölstand zu niedrig, hoher Ölverbrauch

- Öl läuft aus, Dichtungen lassen durch
- Kolbenringe verschlissen
  → *siehe Kapitel 11 ab Seite 95*
- Ventilführungen abgenutzt
  → *siehe Kapitel 10 ab Seite 89*

2.1.2 Öl verschmutzt

- Öl oder Ölfilter nicht rechtzeitig gewechselt
  → *siehe Kapitel 3.11 ab Seite 41*
- Kolbenringe verschlissen
  → *siehe Kapitel 11 ab Seite 95*

2.1.3 Öldruck zu niedrig

- Ölstand zu niedrig
  → *siehe Kapitel 3.11 ab Seite 41*
- Überdruckventil geöffnet oder festgeklemmt
- Ölpumpe verschlissen/Öl läuft aus
  → *siehe Kapitel 8 ab Seite 78*

2.1.4 Öldruck zu hoch

- Überdruckventil ist entweder geschlossen oder festgeklemmt
- Ölfilter, Öltunnel verstopft
- Falsche Ölviskosität
  → *siehe Kapitel 3.11 ab Seite 41*

2.1.5 Kein Öldruck

- Ölstand zu niedrig
  → *siehe Kapitel 3.11 ab Seite 41*
- Ölpumpe defekt
  → *siehe Kapitel 8 ab Seite 78*
- Internes Ölleck

2.2 Kraftstoffsystem

2.2.1 Motor wird durchgedreht, springt aber nicht an

- Kein Kraftstoff im Tank
- Benzinpumpe defekt
- Kraftstoff gelangt nicht zum Vergaser/Einspritzanlage
- Motor mit Kraftstoff überflutet (»abgesoffen«)
  → *siehe Kapitel 4 ab Seite 61*
- Kein Funke an den Zündkerzen
  → *siehe Kapitel 3.5 ab Seite 34*
- Kraftstoff-Filter verstopft
- Ansaugen von Nebenluft
  → *siehe Kapitel 4 ab Seite 61*
- Luftfilter zugesetzt
  → *siehe Kapitel 3.5 ab Seite 34*
- Falsche Choke-/Gasdrehgriff-Betätigung

2.2.2 Motor springt schlecht an oder geht sofort wieder aus

- Falsche Choke-Betätigung
- Versagen der Zündanlage
  → *siehe Kapitel 5 ab Seite 69*
- Vergaser/Einspritzanlage defekt
  → *siehe Kapitel 4 ab Seite 61*
- Kraftstoff verschmutzt
- Ansaugen von Nebenluft
- Leerlaufdrehzahl falsch eingestellt
  → *siehe Kapitel 3.4 ab Seite 31*

2.2.3 Unruhiger Leerlauf

- Zündsystem defekt
  → *siehe Kapitel 5 ab Seite 69*
- Leerlaufdrehzahl falsch eingestellt
- Vergaser nicht synchronisiert
  → *siehe Kapitel 3.4 ab Seite 31*
- Kraftstoff verschmutzt
- Einspritzanlage/Vergaser-Einheit defekt
  → *siehe Kapitel 4 ab Seite 61*

2.2.4 Zündaussetzer beim Beschleunigen

- Zündsystem defekt
- Falscher Elektroden-Abstand der Zündkerzen
  → *siehe Kapitel 36 ab Seite 34*

2.2.5 Fehlzündungen

- Zündsystem defekt
- Vergaser-Einheit oder Einspritzanlage defekt
  → *siehe Kapitel 4 ab Seite 61*
- Falscher Elektroden-Abstand der Zündkerzen
  → *siehe Kapitel 3.6 ab Seite 34*
- Vergaser/Drosselklappengehäuse ziehen Neben- bzw. Falschluft

2.2.6 Schlechte Leistung und hoher Verbrauch

- Kraftstoffsystem verstopft
  → *siehe Kapitel 4 ab Seite 61*
- Zündsystem defekt
  → *siehe Kapitel 5 ab Seite 69*
- Luftfilter verschmutzt
  → *siehe Kapitel 3.5 ab Seite 34*

2.2.7 Zu mageres Gemisch

- Düsen verstopft
  → *siehe Kapitel 4 ab Seite 61*
- Tank-Belüftung verstopft, Belüftungsschlauch eingeklemmt
  → *siehe Kapitel 3.2 ab Seite 26*
- Kraftstoffschlauch eingeklemmt
  → *siehe Kapitel 3.2 ab Seite 26*
- Ansaugen von Nebenluft

2.2.8 Zu fettes Gemisch

- Choke bei warmem Motor betätigt
- Luftfilter verschmutzt
  → *siehe Kapitel 3.5 ab Seite 34*

2.3 Zylinderkopf, Ventile und Zylinder

2.3.1 Zu niedrige oder ungleichmässige Kompression

- Ventile falsch eingestellt
  → *siehe Kapitel 3.9 ab Seite 36*
- Ventile verbrannt oder verbogen
- Falsche Ventilsteuerzeiten (Montagefehler)
- Ventilfeder gebrochen
- Zylinderkopf-Abdichtung bläst durch
- Zylinderkopf verzogen oder gerissen
  → *siehe Kapitel 10 ab Seite 89*
- Zylinder oder Kolbenringe verschlissen
- Zylinderkopf-Abdichtung bläst durch
  → *siehe Kapitel 10 ab Seite 89*

2.3.2 Zu hohe Kompression

- Übermässige Ölkohlebildung im Brennraum
  → *siehe Kapitel 10 ab Seite 89*

2.3.3 Starke Geräuschentwicklung

- Ventile falsch eingestellt
  → *siehe Kapitel 3.9 ab Seite 36*
- Steuerriemen zu locker oder verschlissen
  → *siehe Kapitel 3.10 ab Seite 39*
- Kolben oder Zylinder verschlissen
  → *siehe Kapitel 11 ab Seite 95*
- Übermässige Ölkohlebildung im Brennraum
  → *siehe Kapitel 10 ab Seite 89*

2.3.4 Starke Rauchentwicklung

- Zylinder oder Kolben verschlissen
- Kolbenringe falsch montiert oder gebrochen
- Kolben oder Zylinderwand mit Riefen oder Schrammen
  → *siehe Kapitel 11 ab Seite 95*

2.3.5 Überhitzen

- Übermässige Ölkohlebildung im Brennraum
  → *siehe Kapitel 10 ab Seite 89*

2.4 Kupplung und Getriebe

2.4.1 Kupplung rutscht beim Beschleunigen

- Feder erlahmt oder zu schwach
- Kupplungsbeläge verschlissen
  → *siehe Kapitel 8 ab Seite 78*
- Wellendichtringe der Trockenkupplung verschlissen und versorgen Beläge mit Schmierstoff
  → *siehe Kapitel 8 ab Seite 78*

2.4.2 Kupplung rückt nicht aus

- Zuviel Spiel in Betätigung/Luft im Hydrauliksystem bzw. undicht
  → *siehe Kapitel 3.10 ab Seite 46*
- Scheibe(n) verzogen
  → *siehe Kapitel 8 ab Seite 78*

2.4.3 Kupplung rupft

- Kupplungskorb/-nabe riefig (Nuten eingeschlagen)
  → *siehe Kapitel 8 ab Seite 78*

2.4.4 Übermässig starker Hebeldruck

- Nehmerzylinder beschädigt oder verschmutzt
  → *siehe Kapitel 15 ab Seite 109*

2.4.5 Getriebe schwer schaltbar

- Luft in Hydrauliksystem bzw. undicht
  → *siehe Kapitel 3.14 ab Seite 46*
- Schaltgabeln/Schaltwelle verbogen
- Schaltwalze beschädigt
  → *siehe Kapitel 14 ab Seite 105*

2.4.6 Gänge springen heraus

- Schaltklauen verschlissen oder verbogen
- Schaltwelle verbogen
- Schaltwalzen-Anschlag defekt
  → *siehe Kapitel 14 ab Seite 105*

2.5 Frontpartie

2.5.1 Lenkung schwergängig

- Lenkkopfmutter zu fest angezogen
- Lenkkopflager beschädigt
- Lenkkopflager defekt
  → *siehe Kapitel 3.19 ab Seite 55*
- Reifenluftdruck zu niedrig

2.5.2 Motorrad zieht nach einer Seite

- Gabelbeine falsch mit Öl befüllt
- Standrohr verbogen
- Vorderachse verbogen
- Rad falsch eingebaut
  → *siehe Kapitel 16 ab Seite 113*

2.5.3 Vorderrad flattert

- Rad verzogen
- Vorderradlager ausgeschlagen
- Reifen falsch montiert
- Reifen defekt
- Reifen unwuchtig
- Achsmutter nicht genügend angezogen
  → *siehe Kapitel 16 ab Seite 113*

2.5.4 Federung zu weich

- Gabelfedern ermüdet
- Zu wenig Gabelöl
- Falsche Gabelöl-Viskosität
  → *siehe Kapitel 16 ab Seite 113*

2.5.5 Federung zu hart

- Zu viel Gabelöl
- Falsche Gabelöl-Viskosität
  → *siehe Kapitel 16 ab Seite 113*

2.5.6 Geräusche beim Einfedern

- Gleitrohr abgenutzt
- Führungsbuchsen abgenutzt
- Zu wenig Gabelöl
- Vorderradgabel-Befestigungsteile lose
  → *siehe Kapitel 16 ab Seite 113*

2.6 Kurbelgehäuse und Kurbelwelle

2.6.1 Übermässig starkes Geräusch

- Kurbelwellenhauptlagerzapfen oder Lager verschlissen (Rumpeln)
- Pleuellager verschlissen (Klopfen)
  → *siehe Kapitel 13 ab Seite 102*

2.7 Vorderradbremse

2.7.1 Schlechte Bremsleistung

- Luft im Hydrauliksystem
- Abgenutzte Bremsklötze
- Bremsklötze verschmutzt oder verglast
- Hydrauliksystem undicht
  → *siehe Kapitel 3.14 ab Seite 46*

2.7.2 Handbremse rubbelt

- Bremsscheibe mit unzulässig hohem Schlag
- Bremsscheibe(n) unterschiedlich dick
  → *siehe Kapitel 15 ab Seite 109*

2.7.3 Schlechte Bremsleistung

- Luft in der Bremsleitung
- Bremsbeläge abgefahren
- Bremsbeläge verglast
  → *siehe Kapitel 3.15 ab Seite 49*

2.7.4 Nachlassende Bremswirkung unter starker Belastung

- Bremsflüssigkeit überaltert
  → *siehe Kapitel 3.14 ab Seite 46*
- Beläge am oder unter Verschleisslimit
  → *siehe Kapitel 3.15 ab Seite 49*

2.8 Hinterrad, Bremse und Aufhängung

2.8.1 Trommeln oder seitliches Flattern des Rads

- Rad/Felge verzogen
- Radlager lose
- Reifen falsch montiert
- Reifen defekt oder unwuchtig
- Rad nicht festgezogen
  → *siehe Kapitel 17 ab Seite 121*
- Schwingen-Lagerung zu viel Spiel/defekt
  → *siehe Kapitel 17 ab Seite 121*

2.8.2 Bremspedal wippt

- Bremsscheibe unterschiedlich dick
  → *siehe Kapitel 15 ab Seite 109*

2.8.3 Federung zu weich

- Federn ermüdet
- Stossdämpfer falsch eingestellt oder defekt
  → *siehe Kapitel 3.20 ab Seite 56*

2.8.4 Geräusche beim Einfedern

- Stossdämpfergehäuse klemmt
- Befestigungsteile lose
- Schwingenlagerung verschlissen
  → *siehe Kapitel 17 ab Seite 121*

2.8.5 Schlechte Bremsleistung

- Bremsbeläge verölt, verglast oder abgefahren
  → *siehe Kapitel 3.15 ab Seite 49*

2.9 Batterie und Batterieaufladung

2.9.1 Kein Strom bei eingeschalteter Zündung

- Batterie leer/zu niedriger Säurestand
- Zu geringe spezifische Dichte
  → *siehe Kapitel 3.13 ab Seite 44*
- Störung im Ladekreis
  → *siehe Kapitel 5 ab Seite 69*
- Batteriekabel abgetrennt
- Hauptsicherung durchgebrannt
  → *siehe Kapitel 3.23 ab Seite 58*
- Zündschalter defekt

2.9.2 Schwacher Strom bei eingeschalteter Zündung

- Batterieanschluss lose
- Batterie nicht aufgeladen
- Zu niedriger Säurestand
- Zu geringe spezifische Dichte
  → *siehe Kapitel 3.13 ab Seite 44*
- Störung im Ladesystem
  → *siehe Kapitel 5 ab Seite 69*

2.9.3 Schwacher Strom bei laufendem Motor

- Batterie nicht ausreichend geladen
- Zu niedriger Säurestand
- Eine oder mehrere tote Zellen
  → *siehe Kapitel 3.13 ab Seite 44*
- Störung im Ladekreis (Reglerdefekt)
  → *siehe Kapitel 5 ab Seite 69*

2.9.4 Zeitweilig aussetzender Strom

- Lose Kabelanschlüsse (Wackelkontakte)
- Kurzschluss in der Anlage

2.9.5 Störung im Ladekreis

- Kabel oder Anschluss lose, gerissen oder kurzgeschlossen
- Regler/Generator defekt
  → *siehe Kapitel 5 ab Seite 69*

2.10 Zündsystem

2.10.1
Motor wird durchgedreht und springt nicht an

- Kein Funke an den Zündkerzen
- Zündgeberspulen defekt
  → *siehe Kapitel 5 ab Seite 69*
- Kabel zwischen Zündkerzen oder Zündgeberspulen und Zündbox/-spule ungenügend angeschlossen, gerissen oder kurzgeschlossen

2.10.2
Kein Funke an den Zündkerzen

- Kurzschlussschalter auf OFF
- Kabel schlecht angeschlossen, gerissen oder kurzgeschlossen zwischen Generator und Zündspule, Zündgeberspule und/oder Kurzschluss-Schalter, Zündgeberspule und Zündspule, Zündgeberspule und Zündschloss oder zwischen Zündspule und Zündkerze
- Zündschloss defekt
- Zündspule/Zündgeberspule defekt
  → *siehe Kapitel 5 ab Seite 69*

2.10.3
Motor springt an, läuft aber stotternd oder dreht nicht hoch

- Defekt im Primärzündstromkreis
- Zündspule/Zündkerze defekt
- Loses oder blankes Kabel
- Wackelkontakt oder loses Zündkabel
- Defekt im Sekundärzündstromkreis
- Zündkabel defekt
- Falscher Zündzeitpunkt
- Zündgeberspule defekt
- Falsche Distanz zwischen Zündgeberspule und Gebernase auf Rotor
  → *siehe Kapitel 5 ab Seite 69*
- Defekt im Kraftstoffsystem
  → *siehe Kapitel 3.3 ab Seite 30*

2.11 Starter

2.11.1
Startermotor dreht sich nicht

- Batterie entladen
- Zündschalter defekt
- Startknopf/Leerlaufschalter defekt
- Starter-Relaisschalter defekt
- Kabel lose oder abgetrennt

2.11.2
Startermotor dreht den Motor nur langsam durch

- Zu schwache Batterie
- Hoher Widerstand im Schaltkreis
- Startermotor klemmt, defekt

2.11.3
Starter läuft, ohne den Motor durchzudrehen

- Freilauf/Zwischenzahnrad defekt
- Zahnräder des Startermotors defekt

Wartung

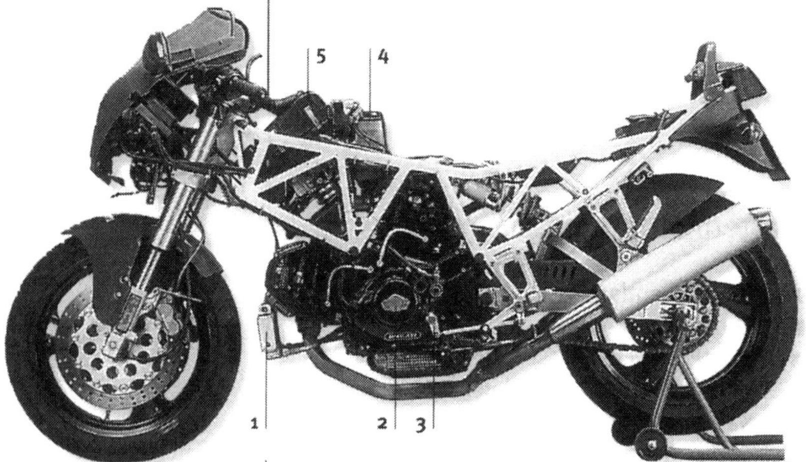

Wer lange Freude am zuverlässigen Funktionieren seiner Maschine haben will, kommt um regelmässige Wartungsarbeiten nicht herum. Die Zweiventiler sind jedoch einfach im Grundaufbau, so dass die Pflegedienste keinen grossen Werkzeug- und Zeitaufwand erfordern. Die **Wartungsintervalle 3.1** müssen bei normaler Fahrweise nicht sklavisch eingehalten werden. Während einer Urlaubsfahrt kann die fällige Inspektion auch einmal um 500 Kilometer hinausgeschoben werden.

Anders sieht es bei häufigem Kurzstreckenverkehr, Sportbetrieb oder dauernden Regenfahrten aus. Eine Fahrerin oder ein Fahrer mit Durchblick werden erkennen, ob sie ihre Maschine erschwerten Bedingungen aussetzen und die höher beanspruchten Baugruppen deshalb vorzeitig überprüfen.

Auch bei Wartungsarbeiten gilt: Ohne gutes Werkzeug in den benötigten Grössen fängt man mit dem Schrauben gar nicht erst an. Arbeiten an hydraulischen Scheibenbremsen sollten allerdings aus Sicherheitsgründen nur bei entsprechenden Vorkenntnissen selbst durchgeführt werden, ansonsten ist das Motorrad in einer Fachwerkstatt besser aufgehoben.

Bild 5.1
Vergaser-Modell
Seitenansicht von links
1 Ölkühler
2 Generator
3 Kupplungsnehmerzylinder
4 Batterie
5 Luftfilter

Bild 5.2 ➤
Vergaser-Modell
Seitenansicht von rechts
1 Kupplung
2 Ölfilter
3 Bremsflüssigkeit-Ausgleichsbehälter/hinten

- **Bilder 5.1, 5.2, 6.1** und **6.2** zeigen Seitenansichten der SS, die letzte Unklarheiten darüber ausräumen, wo sich was befindet.

Bild 6.1
Einspritzer-Modell
Seitenansicht von links
1 Ölkühler
2 Generator
3 Kupplungsnehmerzylinder
4 Batterie
5 Luftfilter

Bild 6.2 ➤
Einspritzer-Modell
Seitenansicht von rechts
1 Kupplung
2 Ölfilter
3 Bremsflüssigkeit-Ausgleichsbehälter/hinten

3.1 Tabelle für periodische Wartung

Intervall/km		1000	5000	10000	20000
Luftfilter		R	R/E	–	–
Ventilspiel					
Vergaser-Modelle		P	P	–	–
i.e.-Modelle					
Steuerriemen		P	P	–	E
Zündkerze		–	P/E	–	–
Motoröl	**Alle 1000 km kontollieren**				
Vergaser-Modelle		E	E	–	–
i.e.-Modelle		E	–	E	–
Motorölfilter		–	E	–	–
Filtersieb		–	–	R	–
Kraftstoffschläuche	**Alle 4 Jahre erneuern**				
Kraftstofffilter		–	–	–	E
Vergaser: Leerlaufdrehzahl und Abgleich		P	P	–	–
Gaszugspiel		P	P	–	–
Seilzüge		S	S	–	–
Brems und Kupplungsflüssigkeit	**Alle 2 Jahre erneuern**	P	P	P	P
Brems- und Kupplungsschläuche	**Alle 4 Jahre erneuern**	P	P	P	P
Bremsverschleiss		P	P	–	–
Reifen/Luftdruck		P	P	–	–
Lenkkopflager		–	P	–	–
Hinterradaufhängung		–	P	–	–
Fahrgestellschrauben und -muttern		A	A	A	A
Scheinwerfereinstellung		P	P	P	P
Bremslichtfunktion		P	P	P	P
Gabelöl		–	–	–	E

A Anziehen
E Erneuern
P Prüfen und gegebenenfalls einstellen, reinigen, schmieren bzw. erneuern
R Reinigen
S Schmieren

3.2 Sitzbank, Tank und Verkleidung

⚠ *Ausbau dieser Teile ist nicht grundsätzlich Voraussetzung zu jeder Wartungsarbeit. Die betreffenden Abschnitte enthalten einen Verweis auf dieses Kapitel.*

- **Bild 7:** Sitzbank mit Zündschlüssel entriegeln und abnehmen.
- **Bild 7.1:** Dabei Sitzbank leicht nach unten drücken.

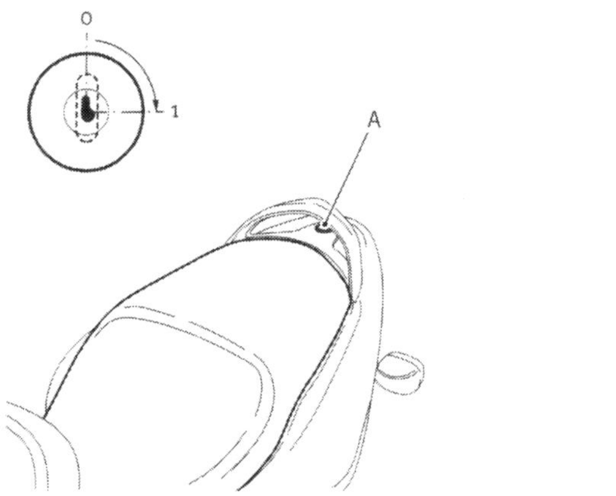

Bild 7
Sitzbank entriegeln
A Schloss
0 geschlossen
1 geöffnet

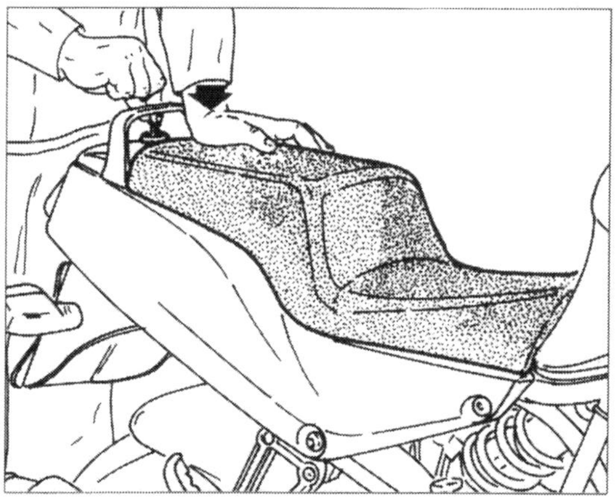

Bild 7.1
Sitzbank eindrücken und Schloss entlasten

3.2.1 Kraftstofftank

- Zur Wartung von Batterie, Luftfilter und der Zündspulen (Letzteres beim Vergaser-Modell) genügt es, Tank vorn zu entriegeln und nach oben zu klappen (nicht komplett abbauen).
- **Bild 8** und **Bild 9:** Belüftungsschlauch abnehmen, Tank vorn entriegeln bzw. Haltegummi aushängen, nach oben klappen und mit Stütze sichern (**Bild 10**).

⚠ Damit kein Benzin aus dem Überlauf-/Belüftungsschlauch ausläuft, dürfen sich noch maximal 5 Liter Sprit im Tank befinden (RESERVE leuchtet).

- **Bild 11:** Kraftstoffhahn ③ zudrehen.
- Werkstattlumpen für Leckbenzin bereithalten und Schläuche nach Lockern der Schlauchschellen abziehen.
- **Bild 11** und **Bild 12:** Tankanzeigekabel trennen und Überlauf-/Belüftungsschlauch lösen.
- **Bild 13:** Splint ziehen und Achse herausziehen.
- Tank vorsichtig abnehmen und in umgekehrter Reihenfolge montieren.

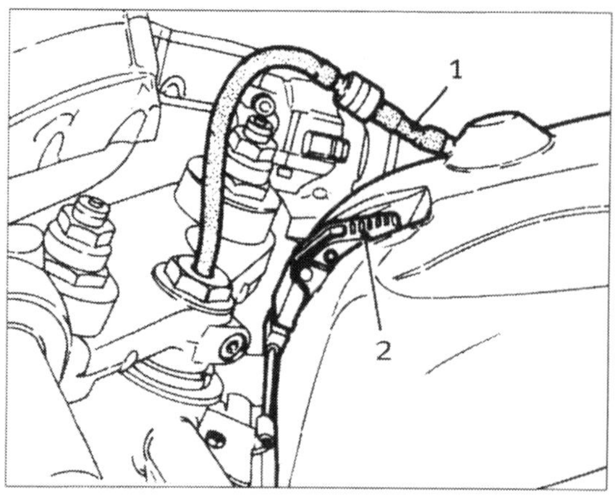

Bild 8 ➤
Tank entriegeln/ Vergaser-SS
1 Belüftungsschlauch
2 Klappe

Bild 9
Tank entriegeln/ Einspritzer-SS
1 Gummilasche

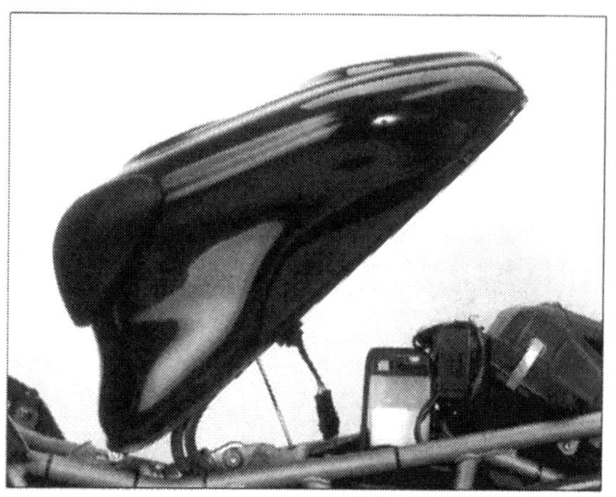

Bild 10 ➤
Tank mit Stütze sichern

TIPP Haltebolzen des Tanks leicht mit Fett balsamieren.

- Kraftstoffschläuche mit Federschelle sichern.

Auf sauberen Sitz der Federschellen achten.

Bei laufendem Motor Schlauchverbindungen auf Dichtheit kontrollieren.
Siehe auch Kapitel 3.3.

3.2.2 Verkleidung

Vergaser-Modelle

TIPP Montier-Untergrund mit alter Pappe o.Ä. auslegen, um Lackschäden vorzubeugen – insbesondere beim Ausbau des Verkleidungskiels der vollverkleideten SS (der kann natürlich auch komplett abgenommen werden).

- **Bild 14:** Heckverkleidung nach Ausdrehen der Befestigungsschrauben ① vorsichtig aus Aufnahmen herausführen.
- **Bild 15:** Zwei Schrauben ① ausdrehen.
- **Bild 15:** SEMI-CARENATA (Halbverkleidung): Schrauben ② und ③ ausdrehen und Seitenteile abnehmen.
- **Bild 16:** Vollverkleidung: Zwei Schrauben ① ausdrehen.
- **Bild 17:** Verkleidungsunterteile (Kiel) nach Ausdrehen der Schrauben ① abnehmen (Lackbeschädigung vermeiden!).

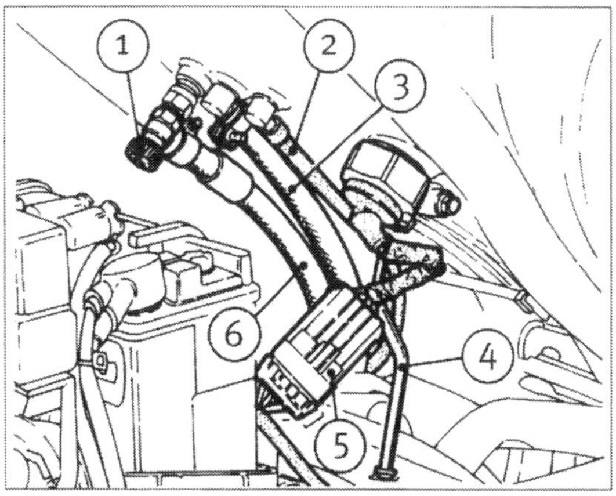

Bild 11
Vergasermodell-Tank
1 Kraftstoff-Handhahn
2 Überlaufschlauch
3 Rücklaufschlauch
4 Stütze
5 Stecker der Benzinpumpe und Pegelanzeige
6 Zulaufschlauch zum Vergaser

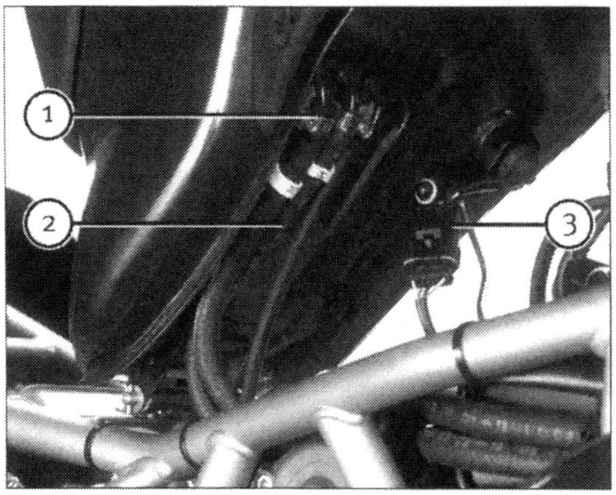

Bild 12
Tankunterseite
Einspritzer-Modell
1 Zulaufschlauch zur Einspritzdüse
2 Rücklaufschlauch
3 Stecker der Benzinpumpe und Pegelanzeige

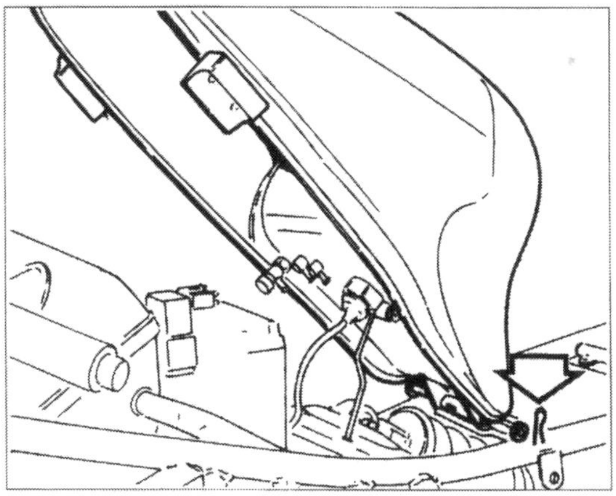

Bild 13
Splint entfernen und Haltebolzen herausziehen
→ Splint (wiederverwendbar)

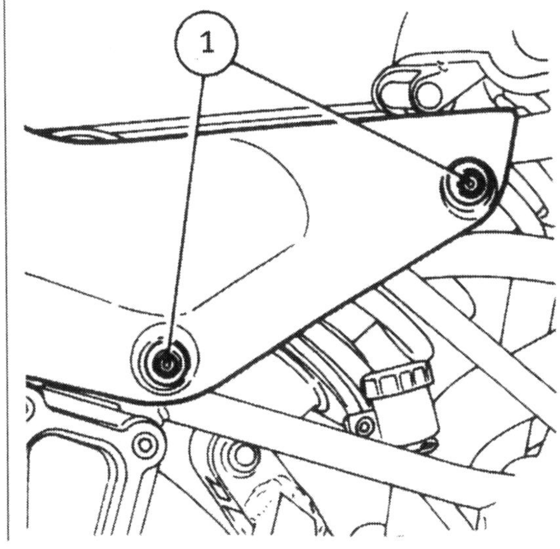

◄ **Bild 14**
Heckverkleidung
1 Befestigungs-schrauben

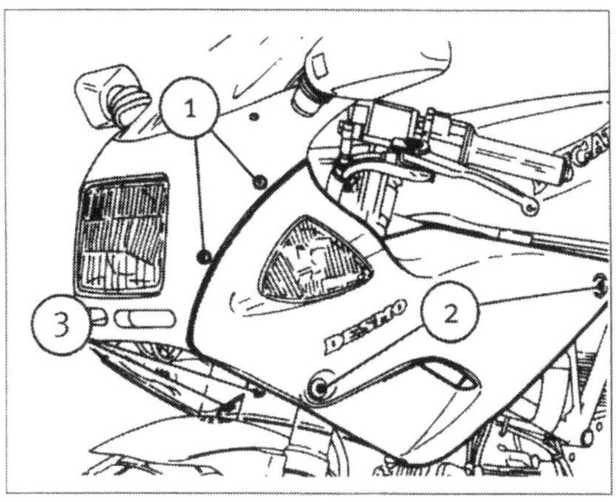

Bild 15
SEMI-CARENATA (Halbverkleidung)
1 Befestigungs-schrauben vorn
2 Befestigungs-schrauben seitlich
3 Befestigungs-schrauben innen

Einspritzer-Modelle

TIPP Montier-Untergrund mit alter Pappe o.Ä. auslegen, um Lackschäden vorzubeugen – insbesondere beim Ausbau des Verkleidungskiels der vollverkleideten SS (der kann natürlich auch komplett abgenommen werden).

- **Bild 18:** Heckverkleidung nach Ausdrehen der Befestigungsschrauben vorsichtig aus Aufnahmen herausführen.
- **Bild 19:** Zwei Schrauben ausdrehen und Rückblickspiegel abnehmen.

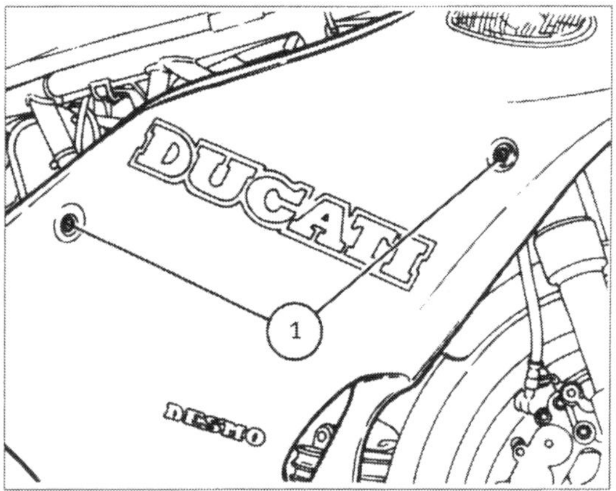

Bild 16
Seitliche Befestigungsschrauben ①
(Vollverkleidung)

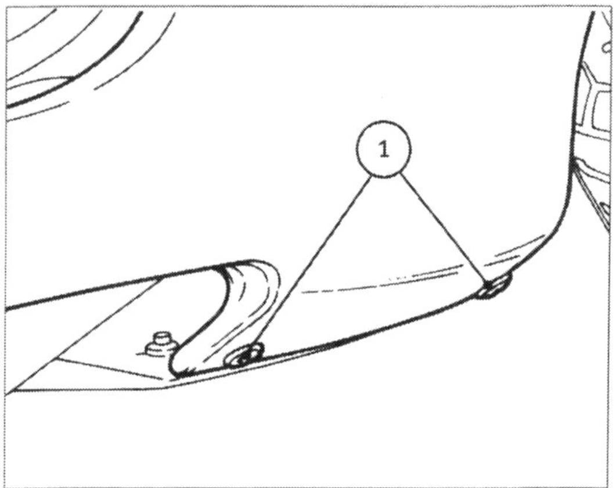

Bild 17
Befestigungsschrauben des Verkleidungskiels ①

Bild 18 ➤
Heckverkleidung
Kreis Befestigungsschrauben

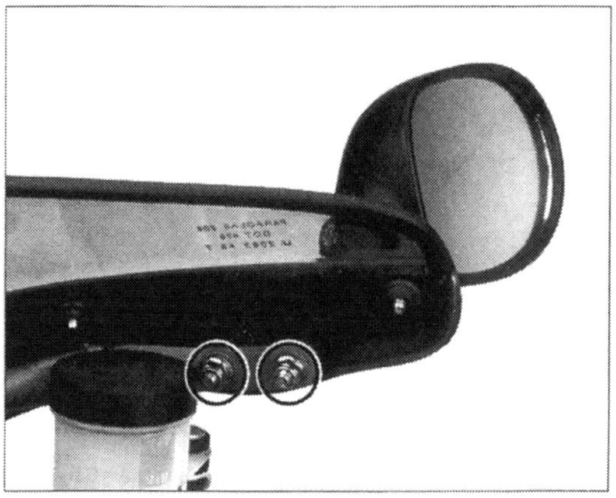

Bild 19
Rückblickspiegel abnehmen

Bild 20 ➤
Drei Befestigungsschrauben ausdrehen

Bild 21
Oberteil-Befestigungsschrauben

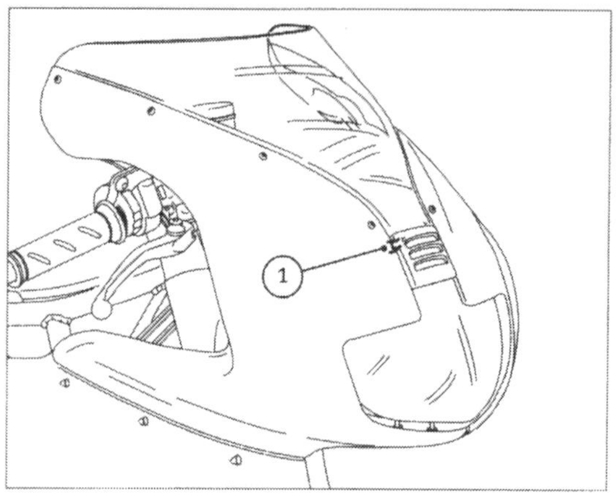

Bild 22 ➤
Haltestift des Verkleidungs-Oberteils ①

- **Bild 20:** Drei Schrauben ausdrehen und Seitenteile vorsichtig nach unten abziehen.
- **Bild 21:** Zwei Oberteil-Schrauben ausdrehen.
- **Bild 22:** Haltestift ausdrehen und Verkleidungs-Oberteil über Scheinwerfer abnehmen.
- **Bild 23 und Bild 24:** Verkleidungsunterteile (Kiel) nach Ausdrehen der Befestigungsschrauben abnehmen (Lackbeschädigung vermeiden!).
- **Bild 25:** Trennen der Blinkerstecker nicht vergessen!

Bild 23
Befestigungsschrauben des Verkleidungs-Unterteils und -Kiels

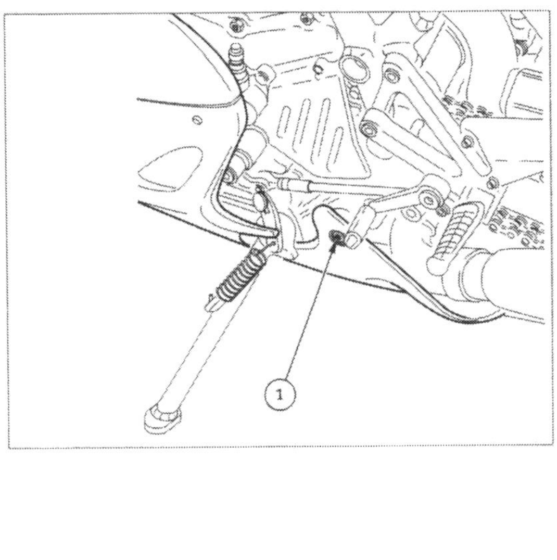

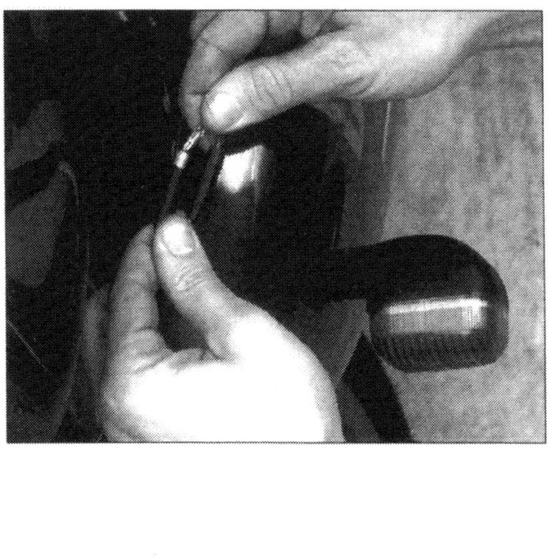

◄ Bild 24
Hintere Befestigungsschraube ① auf der linken Fahrzeugseite

Bild 25
Blinkerstecker trennen

Vorsicht! ⚠
Aufgepasst!

3.3 Kraftstoff-Leitungen und -Filter

Kraftstoffschläuche haben die unangenehme Eigenschaft, im Laufe der Zeit zu verhärten (der Weichmacher im Kunststoff verdunstet) und dann einzureissen. Die Schläuche (auch Unterdruckschlauch, Motorgehäuse-Entlüftung usw.) lassen sich jedoch bei gelegentlichem Ausbau von Verkleidung oder Tank auf Beschädigung oder Undichtheit kontrollieren.

TIPP *Im Zweifelsfall einen angefressenen Schlauch lieber auswechseln, denn das Gummiröhrchen platzt garantiert während der nächsten Nachtfahrt auf der Autobahn.*

3.3.1 Kraftstoff-Filter

Wenn der knackige Desmodue plötzlich unsauber am Gas hängt oder bei höheren Drehzahlen aussetzt, kann das am zugesetzten Kraftstoff-Filter liegen. Im Tankinneren abgeplatzte Lackpartikelchen oder Verunreinigungen im Sprit sammeln sich im feinen Geflecht.

- **Bild 26:** Im Regelfall Filter alle 30 000 km ersetzen; bei ungünstigen Kraftstoffverhältnissen alle 15 000 km.
- Tank abbauen (3.2) und Kraftstoff in geeignetes Gefäss ablassen oder Tank so plazieren, dass beim Ausbau des Schlauchs bzw. Filters kein Kraftstoff auslaufen kann.

⚠ Bei Arbeiten mit Benzin auf gute Belüftung achten und gegen Benzin-Entzündung entsprechende Vorsichtsmassnahmen ergreifen (Rauchen und offenes Feuer unbedingt vermeiden)!

- Bei starker Verschmutzung Tank mit Lösungsmittel ausschwenken.
- Schlauch und Filter wieder anschliessen und bei laufendem Motor auf Dichtheit kontrollieren.

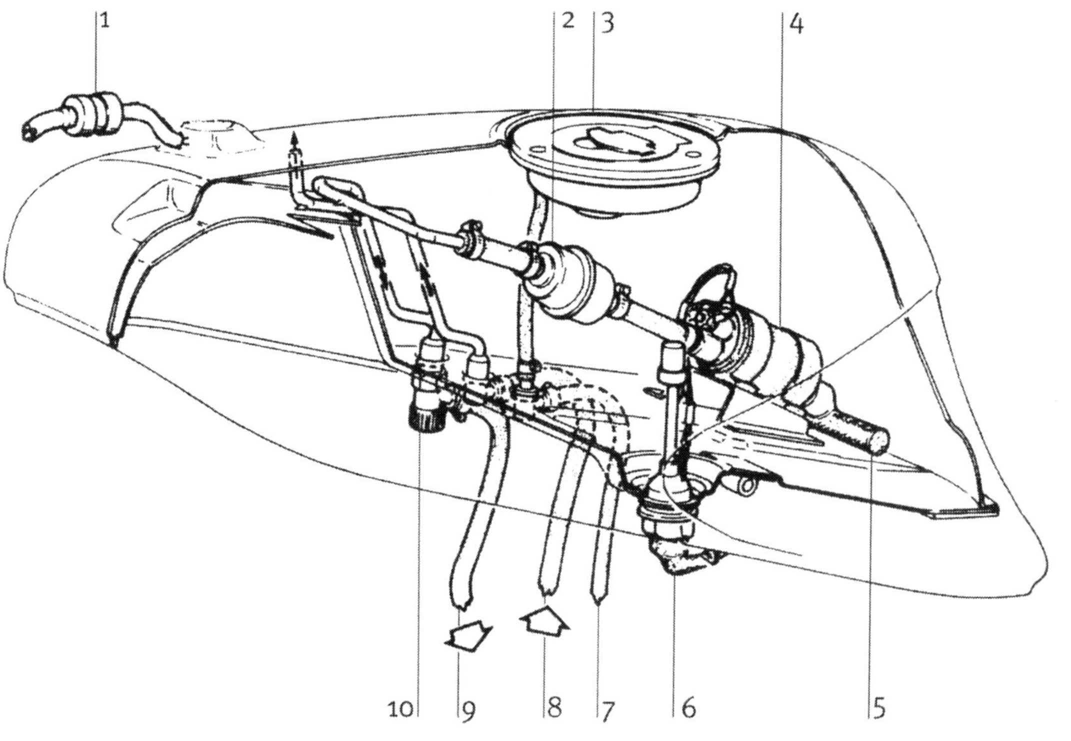

Bild 26
Kraftstofftank
1 Belüfterventil
2 Benzinfilter
3 Tankdeckel
4 Benzinpumpe
5 Pumpenfilter
6 Benzinstandgeber
7 Überlaufschlauch
8 Rücklaufschlauch
9 Zulaufschlauch
10 Handhahn *(nicht bei i.e.)*

3.4 Kraftstoff-Aufbereitung

Der etwas gestelzte Titelgebung soll die Vergaser- und Einspritzversion unter einen Hut bringen. Wobei sich Wartungsarbeiten bei der Einspritzversion auf das Kontrollieren des Seilzugspiels beschränken.
Das Einstellen der Leerlaufdrehzahl und der Abgleich der Drosselklappen muss mit Hilfe des etwa 3000 Mark teuren MATHESIS-Testers bewerkstelligt werden, alles Andere bringt nur unbefriedigende Ergebnisse und kann die Steuerelektronik aus dem Tritt bringen.
Wie unanfällig die Drosselklappen-Einheit und Steuerungselektronik sind, mag daran abzulesen sein, dass nur etwa jeder zehnte **DUCATI**-Händler dieses oben genannte Testgerät in seiner Werkstatt hat.

3.4.1 Seilzugspiel

Dem Gasdrehgriff kommt beim Motorrad die wichtige Rolle des Mittlers zwischen Fahrer und Motor zu. Unregelmässigkeiten bei der Feindosierung der Motordrehzahl können fatale Folgen haben.

⚠ Deshalb muss sich der Gasdrehgriff bei allen Lenkerstellungen leicht öffnen lassen, selbsttätig in seine Ausgangsposition zurückkehren (trotz »Schliesser«-Seilzugs beim Vergasermodell!) und ein Betätigungsspiel von 2–5 mm (i.e.: 1,5–2 mm) am Griffumfang aufweisen.

Ist das auch nach Abschmieren nicht der Fall, Gaszüge auf Beschädigung untersuchen und eventuell austauschen.

- Seitenverkleidung abbauen *wie in Kapitel 3.2 beschrieben.*
- **Bilder 27** und **28:** An Vergaser/Drosselklappeneinheit unten Gummistaubkappen abziehen und Gegenmuttern der Seilzugwiderlager lösen. Einsteller auf grösstmögliches Spiel eindrehen.
- **Bilder 29** und **30:** Am Gasdrehgriff Staubkappe(n) abziehen und wie unten auf grösstmögliches Spiel einstellen.
- **Bild 31.1:** Zwei Gehäuseschrauben des Drehgriffs ausdrehen, beim Vergasermodell beide Gehäusehälften abnehmen, Nippel aus Aufnahme(n) nehmen.
- Nippel am Vergaser/Drosselklappeneinheit aushängen.

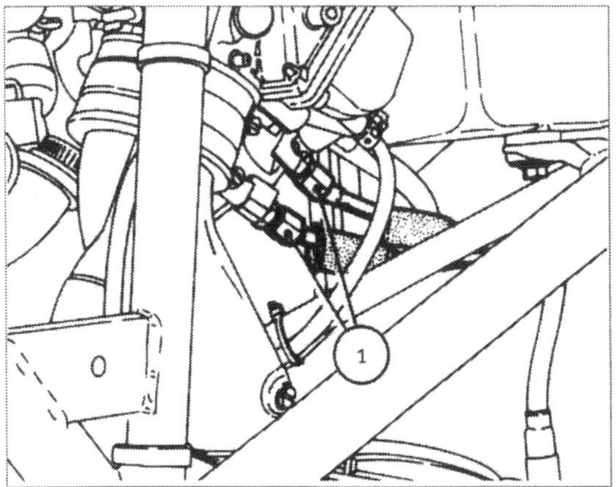

Bild 27
Seilzugspiel-Einsteller ① am Vergaser

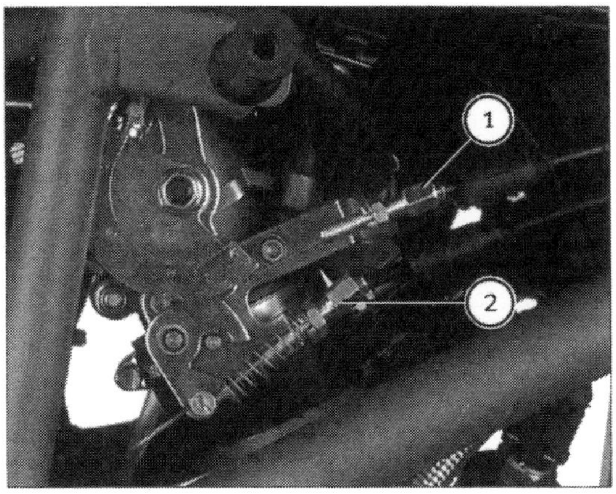

Bild 28
Seilzugspiel-Einsteller am Einspritzermodell
1 Gasseilzug
2 Chokeseilzug (richtiger: Leerlaufdrehzahl-Anhebung)

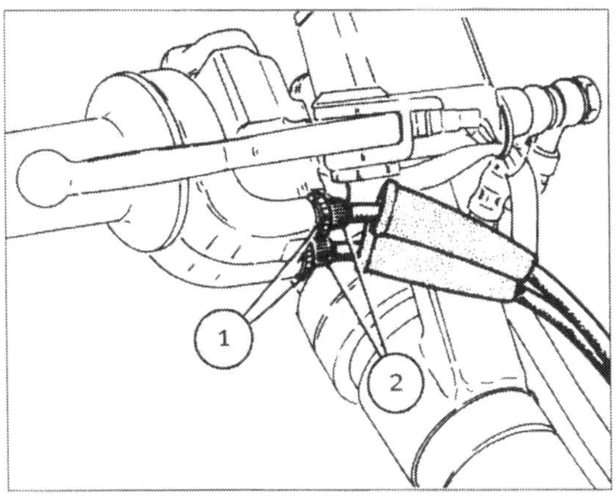

Bild 29
Seilzugspiel-Einsteller am Gasdrehgriff/Vergaser
1 Gegenmutter
2 Einsteller

Bild 30
Seilzugspiel-Einsteller am Gasdrehgriff/i.e.
1 Gegenmutter
2 Einsteller

Bild 31.1
Praktischer Wartungsdeckel an der i.e.
1 Deckelschrauben
2 Deckel

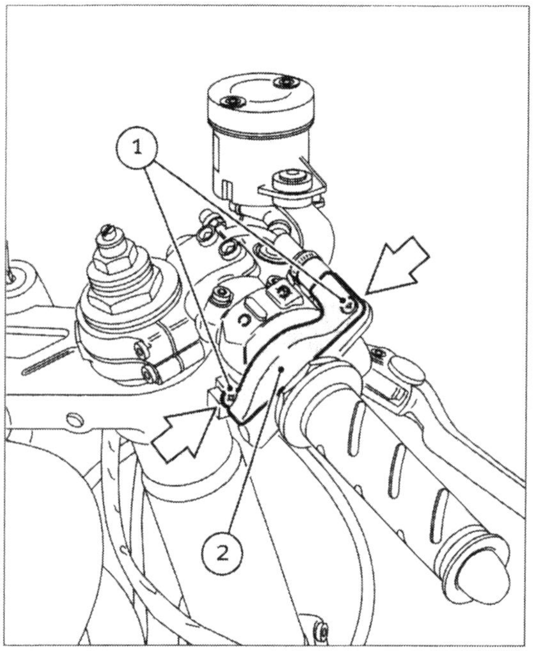

Bild 31.2
Seilzug im Deckel ① verlegen (i.e.)

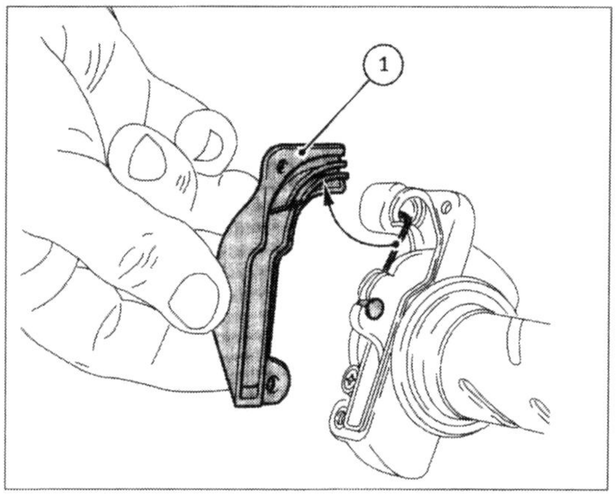

Bild 32
Seilzugspiel des Chokes am Vergasermodell einstellen
1 Gegenmutter
2 Einsteller

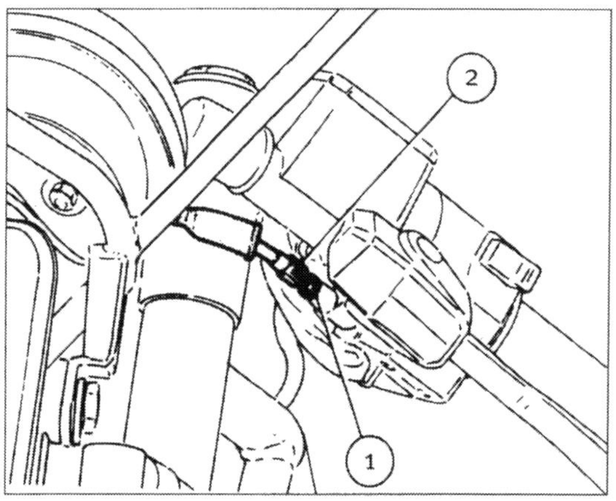

Bild 33 ➤
Chokehebel auf Leichtgängigkeit prüfen
1 geschlossen
2 geöffnet

⚠ Den Massstab, ob Gaszug verschlissen oder beschädigt ist, streng anlegen. Sparsamkeit ist hier fehl am Platz.

- Neuen Zug geölt und ohne Knick- und Scheuerstellen einfädeln, Drehgriffgehäuse leicht eingefettet wieder verschliessen.
- **Bild 31.2**/i.e.: Seilzug wie gezeigt im Deckel verlegen.
- Kleinere Einstellungen am oberen Einsteller (am Gasdrehgriff) vornehmen. Zum Einstellen des Spiels Gegenmutter ösen und Einsteller drehen. Anschliessend Gegenmutter wieder anziehen.
- Grössere Einstellungen am unteren Einsteller (am Vergaser/Drosselklappeneinheit) vornehmen. Zum Einstellen des Spiels Gegenmutter lösen und Einsteller drehen. Anschliessend Gegenmutter wieder anziehen.
- **Bild 32:** Betätigungsspiel des Chokeseilzugs (2 – 4 mm) am Einsteller einstellen.
- **Bild 28:** Betätigungsspiel der Leerlaufdrehzahl-Anhebung (i.e.) am Einsteller ② berichtigen.
- **Bild 33:** Chokehebel auf Leichtgängigkeit prüfen.
- Bei Schwergängigkeit Chokezug schmieren (Staubschutzkappe am Einsteller abziehen und mit Sprayöl o.Ä. einspritzen).

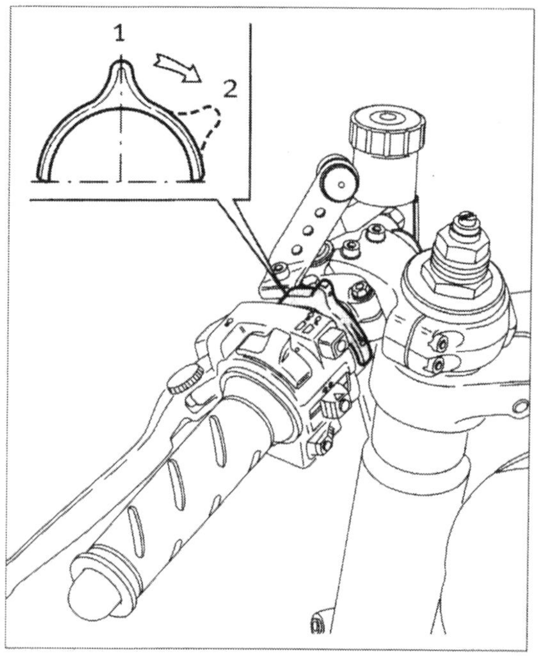

3.4.2
Abgleich und Leerlaufdrehzahl

Für optimale Leistungsfähigkeit des V-Twins ist es unumgänglich, dass die Vergaser absolut synchron arbeiten (selbstverständlich auch die Drosselklappen, allerdings siehe hierzu die Einleitung zu diesem Kapitel...). Schon die geringsten Unterschiede bewirken, dass der besser gefütterte Zylinder den benachteiligten »mitschleppen« muss.

⚠ Einstellschrauben sind nur wegen besserer Sicht und leichterer Lichtführung bei ausgebauten Vergasern aufgenommen. Vergaser müssen nicht ausgebaut werden!

⚠ Abgleich- (Synchron-) und Leerlaufdrehzahl-Einstellung erfolgt bei betriebswarmem Motor und korrekt eingestelltem Ventilspiel.

⚠ In geschlossenen Räumen für ausreichende Belüftung sorgen! Abgase enthalten geruchloses giftiges Kohlenmonoxid, das Bewusstlosigkeit verursachen und zum Tod führen kann.

- **Bild 34:** An beiden Einlass-Stutzen Unterdruckschläuche der Messuhren mit passendem Adapter anschliessen.
- **Bild 35:** Durch Drehen der Abgleich- bzw. Synchronisierschraube, beide Vergaser auf gleichen Unterdruckwert einstellen.

⚠ Vergaser des hinteren Zylinders ist Bezugsvergaser, d.h. der vordere Vergaser wird dem hinteren angeglichen.

- Abschliessend Schraubenverschlüsse (gegebenenfalls mit neuen Dichtscheiben) am Einlassstutzen wieder anbringen und Leerlaufdrehzahl kontrollieren.
- **Bild 36:** Leerlaufdrehzahl durch Drehen der Anschlagschraube auf 1200–1300/min einstellen.

Bild 34
Verschlussschrauben der Unterdruck-Anschlüsse (im Bild natürlich die »schöner« zu fotografierende des stehenden Zylinders)

Bild 35
Abgleichschraube (Luftfiltergehäuse ist nur zu Fotozwecken ausgebaut)

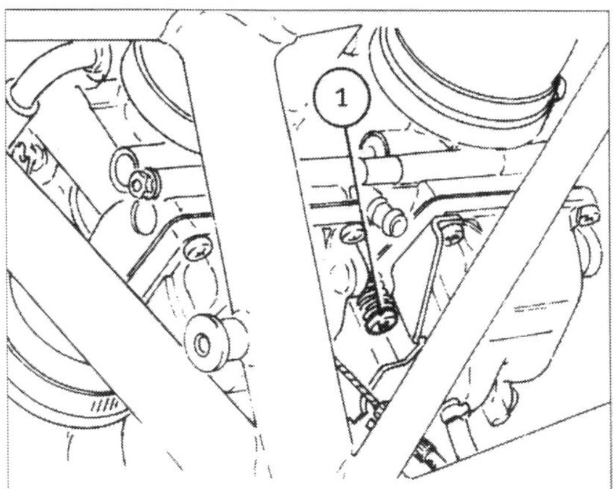

Bild 36
Leerlaufdrehzahl-Einstellschraube ①

Vorsicht! ⚠
Aufgepasst! 👁

3.5 Luftfilter

- Luftfilterelement alle 5000 km abwechselnd reinigen und erneuern (bei Betrieb in sehr feuchten oder staubigen Gegenden häufiger durchführen).
- **Bild 10:** Sitzbank abnehmen und Tank nach Lösen der Schnalle hochklappen und abstützen.
- **Bild 37:** Verschlussschnallen aushebeln und Filterdeckel abnehmen.
- **Bild 38:** Filterelement entnehmen. Filterelement mit Druckluft ausblasen bzw. bei Beschädigung ersetzen.
- Neues (oder gereinigtes) Filterelement in umgekehrter Reihenfolge montieren.

👁 Auf sauberen Sitz des Filterdeckels und der Halteclipse achten.

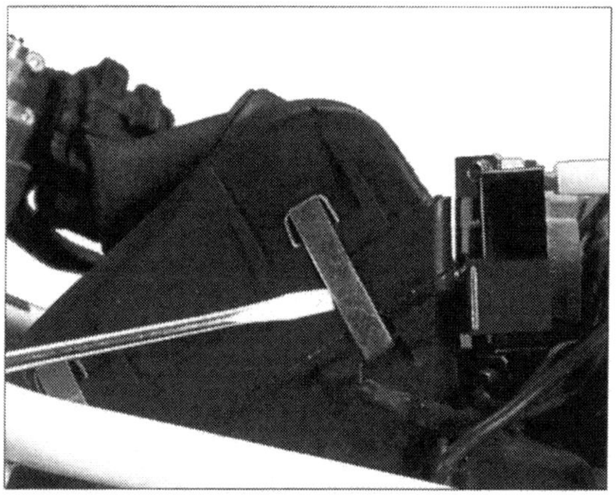

Bild 37
Haltespanner ausclipsen

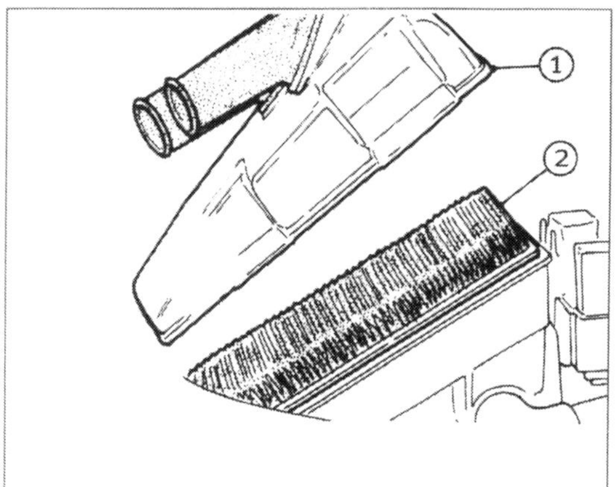

Bild 38
Luftfilterwartung
1 Deckel
2 Filterelement

3.6 Zündkerze

- Kerzenstecker abziehen und Zündkerze mit Steckschlüssel herausdrehen.

👁 Kerzenbild sollte einen rehbraunen Farbton zeigen, bei weissem bis aschgrauem Bild ist die Vergasereinstellung zu mager, der Motor läuft zu heiss.

⚠ Bei der empfohlenen Standard-Zündkerze bleiben die Elektroden so heiss, dass Russablagerungen stets verbrennen, jedoch so kühl, dass Motor und Kerze selbst nicht beschädigt werden. Diese Temperatur liegt im Bereich von 400–800°C. Sie ist nach Zustand und Farbe der Keramikisolation am Umfang der Mittelelektrode zu beurteilen. Wenn die Keramikisolation sauber ist und den berühmten »rehbraunen« Farbton zeigt, ist Kerze mit richtigem Wärmewert im Einsatz.

- Bei weissem bis aschgrauem Bild ist Kraftstoffluftgemisch zu mager, der Motor läuft zu heiss.
- Bei dunkelbraunem bis schwarzem Kerzenbild ist das Gemisch zu fett (was auch vom zugesetzten Luftfilter herrühren kann).
- Schwarz verrusste, feuchtglänzende Kerzen deuten auf verschlissene Ventilführungen oder abgenutzte Kolbenringe, durch die Öl in den Verbrennungsraum gelangen kann.
- Bei den entsprechenden Russablagerungen springt auch kein Funke mehr am Spalt über, und es entsteht eine Kurzschlussbrücke zwischen den Elektroden oder auf der Keramikisolation. Durch trockene Russablagerungen auf der Kerze können zudem die Elektroden rotglühend werden, wodurch unkontrollierte Frühzündungen entstehen. Diese machen sich durch Klopfen (bei niedrigen Drehzahlen und hoher Motorbelastung gut zu hören) oder Klingeln (bei hoher Drehzahl und leider kaum zu hören) bemerkbar und führen dazu, dass schliesslich ein Loch in den Kolben gebrannt wird.

👁 **Bild 39:** Mit Messingdrahtbürste Kerze reinigen und Isolator auf Risse oder Absplitterungen untersuchen. Dichtring muss einwandfreie Planflächen aufweisen, bei Beschädigungen Dichtring erneuern.

👁 Mittelelektrode muss rechteckige Kanten haben.

👁 Masse-Elektrode muss gleichbleibende Dicke aufweisen.

- Bei Beschädigungen Kerze erneuern.

TIPP Fingerzeig
Exakt messen

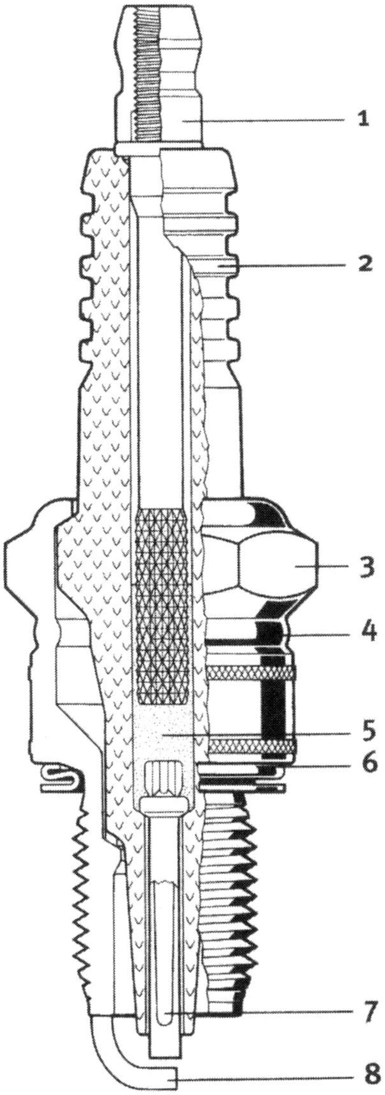

◄ **Bild 39**
Zündkerze
Standard-Typ 750/Vergaser und i.e.-Modelle:
Champion RA 6 HC
Standard-Typ 900/Vergaser:
Champion RA 6 YC

1 Anschlussmutter (entfernen)
2 Isolierkörper (Al_2O_3-Keramik)
3 Gehäuse
4 Warmschrumpfzone
5 Leitendes Glas
6 Dichtring
7 Mittelelektrode
8 Masseelektrode

■ **Bild 40:** Elektrodenabstand mit Fühlerlehre messen, er muss 0,6 mm betragen.

⚠ Masse-Elektrode nicht nachbiegen – Bruchgefahr im Betrieb!

⚠ Zündkerzen-Gewinde muss fettfrei sein! Zur Schmierung ausschliesslich Kupferpaste verwenden.

⚠ Zündkerze gefühlvoll von Hand einschrauben, unbedingt darauf achten, dass schon der erste Gewindegang richtig greift. Eine schräg angesetzte Kerze ruiniert mit ihrem harten Stahlgewinde das weiche Gewinde im Aluminium-Zylinderkopf schon nach einer halben Umdrehung.

■ Erst bei richtigem Sitz Kerze mit Kerzensteckschlüssel anziehen; alte Kerze (alter Dichtring) nach Aufsetzen ⅛ Umdrehung anziehen. Neue Kerze (neuer Dichtring) nach Aufsetzen ¼ Umdrehung anziehen.

■ Kerzenstecker wieder aufsetzen.

3.7 Zündzeitpunkt

Der Zündzeitpunkt moderner elektronischer Zündanlagen ist nicht veränderbar, da Erzeugung und Steuerung des Zündfunkens keinem mechanischen Verschleiss unterliegen. Das hier beschriebene Verfahren der Überprüfung des Zündzeitpunkts dient dazu, einwandfreies Funktionieren der Zündsystem-Bauteile festzustellen.

■ **Bild 41:** Stroboskop an Zündkabel von vorderem oder hinterem Zylinder anschliessen, auf Schauloch links/Motorgehäuse richten.

■ **Bild 42:** Zündzeitpunkt ist korrekt, wenn Zündmarke auf Generatorrotor bei Leerlaufdrehzahl der Marke am Kurbelgehäuse gegenübersteht. Leicht Gas geben und so langsam Drehzahl steigern.

👁 **Bild 43:** Ab etwa 2600/min muss Frühzündmarke mit Gehäusemarkierung fluchten.

Bild 40
Elektroden-Abstand 0,6 mm

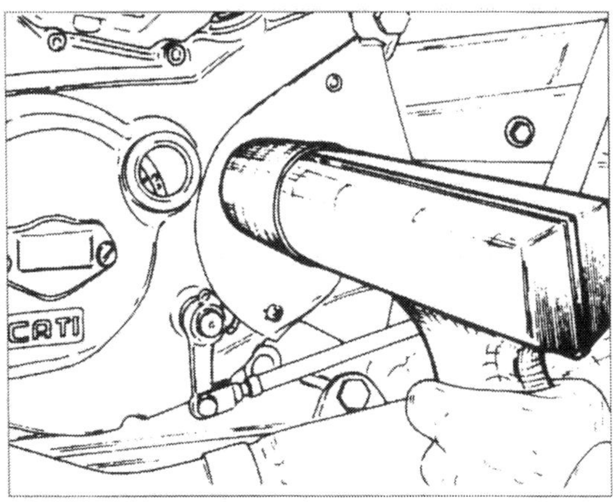

Bild 41
Zündzeitpunkt mit Stroboskop prüfen

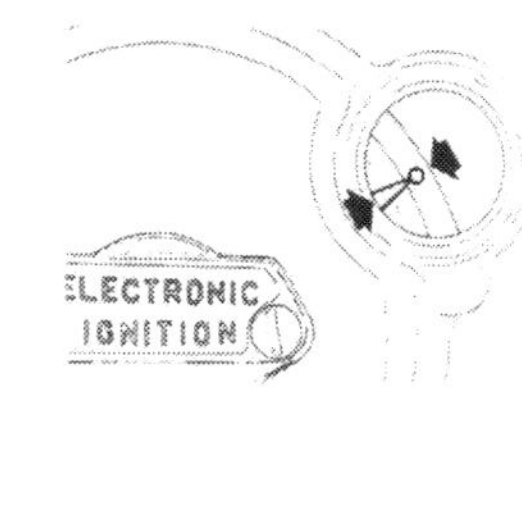

◄ **Bild 42**
»Spät«-Zündmarke bei Leerlaufdrehzahl

Bild 43
»Früh«-Zündmarke ab etwa 2600/min

3.8 Kompression

Ob eine Motorrevision droht, kann häufig anhand einer Kompressionsdruckprüfung von Zylinder und Zylinderkopf festgestellt werden.

⚠ Kompression bei korrektem Ventilspiel und normaler Betriebstemperatur messen. Zündkerzen herausschrauben und Kompressionsmessgerät anschliessen.

- Gasgriff voll öffnen und Motor mit Starter durchdrehen, bis Anzeige des Kompressionsmessers nicht mehr weiter steigt. Das geschieht normalerweise nach 10 Sekunden.
- Der Kompressionsdruck soll 7–10 kg/cm² betragen.

⚠ Nicht der einzelne gemessene (und relativ geringe) Druckwert ist massgebend, sondern dass der Druckunterschied der einzelnen Zylinder unter 1 kg/cm² liegt.
Der relativ geringe Druckwert wird von der Ventil-Zwangssteuerung verursacht, welche die Ventile im Stand- bzw. Leerlauf noch nicht hundertprozentig schliesst, es dazu auch des verbrennenden Gases bedarf (zu diesem Zweck auch die kleine Hilfsfeder ① **Bild 50**).

- Zu geringer Druck deutet auf undichte Ventile, zu enges Ventilspiel, undichte Zylinderkopfdichtung, verschlissenen Kolben, Kolbenringe oder Zylinder.
- Zu hohe Kompression wird meist von Ölkohleablagerungen im Brennraum verursacht.

TIPP Um die Fehlerquelle einzukreisen:

- Öl durch Kerzenloch des betreffenden Zylinders möglichst gleichmässig auf Zylinderwand spritzen.
- Kompri-Test wiederholen.
- Erhöhte Werte lassen auf verschlissene Kolben/Ringe schliessen.
- Gleichbleibender Wert auf verschlissenen Zylinderkopf (Ventil, -sitz und -führungen).
- Werkstatterfahrung lässt es wahrscheinlicher erscheinen, dass letzterer Fall zuerst eintritt. Und zwar in der Regel (wenn man dafür überhaupt eine Regel aufstellen kann) nach einer Laufleistung von etwa 50 000 km, wobei sie dann natürlich nicht schlagartig ihren Dienst einstellen, sondern lediglich die Verschleissgrenzen für Ventilsitzbreite und Ventilführungsspiel erreichen und der Motor nicht mehr seine volle Leistung abgibt – worauf er dann auch mit deutlichen Rauchzeichen aufmerksam macht.

3.9 Ventilspiel

Ein gewisses Spiel zwischen Nockenwelle, Kipphebeln und Ventilen ist nötig, damit die Ventile den Brennraum bei allen Betriebstemperaturen dicht abschliessen und der geringstmöglichen mechanischen Belastung ausgesetzt sind.

⚠ Einstellung des Spiels der Ventil-Zwangssteuerung (Desmodromik) gehört unbedingt zu den höheren Weihen des **Ducati**-Schraubers. Zur Einstellung des Schliesser-Kipphebels gehört unbedingt Fingerspitzengefühl. Bevor Sie sich diese Arbeit zutrauen, erfragen Sie beim **Ducati**-Händler Ihres Vertrauens die Ersatzteilpreise für Schliesser-Kipphebel, Nockenwelle und Ventil. Die Folgekosten eines abgerissenen Ventils, das dann lustig im Brennraum herumklimpert, lassen wir dabei noch aussen vor.

⚠ Lesen Sie beide Abschnitte (Öffner- und Schliesser-Kipphebel) sowie Kapitel 3.10 Steuerriemen, zuerst ganz durch, da sich Arbeitsgänge teilweise überschneiden, aber der Klarheit wegen getrennt aufgeführt sind. Und sinnvollerweise gemeinsam durchgeführt werden!

⚠ Ventilspiel bei kaltem Motor (handwarm, unter 35°C) kontrollieren und einstellen!

- Maschine am Motor aufbocken, damit Federbein ausgebaut werden kann (zur Kontrolle am stehenden Zylinder; *Kapitel 17*) und um Hinterrad frei drehen zu können (falls **Ducati**-Spezialwerkzeug 88713.0123 nicht zur Verfügung steht, mit dem Kurbelwelle gedreht werden kann).
- Zur Arbeitserleichterung (kein Muss) Batterie ausbauen (*Kapitel 3.13*).
- Tank abnehmen (*3.2*).

Bild 44 ➤
Ölkühler-Befestigung i.e.
Bei der Vergaser-Ausführung ist der Ölkühler unterhalb des Zylinderkopfs angebracht.

- **Bild 44:** Ölkühler am Zylinderkopf lösen und gegen Beschädigung sichern.
- Kontrolle und Einstellung des Ventilspiels erfolgen am hinteren Zylinder in gleicher Weise wie am vorderen Zylinder.
- Maschine so aufbocken, dass Hinterrad frei von Hand gedreht werden kann.
- Zündkerzen herausdrehen und Getriebe in letzten Gang schalten.
- **Bild 45:** Beide Ventildeckel (Ein- und Auslass) des zu bearbeitenden Zylinders abbauen.
- Hinterrad drehen bis Kolben des zu bearbeitenden Zylinders im oberen Totpunkt (OT) des Zündtaktes stehen (durch Zündkerzenbohrung kontrollieren).

⚠ Achtung, Kolben steht nur jede zweite Umdrehung im Zündtakt-OT!

- Kolben steht im Zünd- oder Arbeits-OT, wenn an beiden Öffner-Kipphebeln (Ein- und Auslass) Spiel spürbar ist.

Spieleinstellung des Öffner-Kipphebels

- **Bild 46:** Fühlerlehrenblatt zwischen Kipphebel und Ventilschaft schieben und auf festen Schiebesitz prüfen.

Ventilspiel Öffner-Kipphebel	
Einlass	0,08 – 0,10 mm
Auslass	0,10 – 0,12 mm

TIPP **Ducati**-Schrauber mit schwarzem Gürtel geben stehendem Zylinderkopf, der etwas wärmer wird, ein oder zwei Hundertstel mehr Spiel.

- Falls Ventilspiel nicht korrekt, d. h. kein fester Schiebesitz spürbar, mit passendem Fühlerlehrenblatt Ventilspiel möglichst genau bestimmen.
- **Bild 47:** Federklammer ① von Kipphebelachse abziehen.

⚠ Einbaulage und Anzahl der Scheiben notieren.

⚠ Scheiben in ursprünglicher Einbaulage wieder montieren.

- **Bild 48:** Kipphebel zur Seite schieben und Einstellkappe entnehmen.
- **Bild 49:** Käppchendicke mit Mikrometer messen und gegen entsprechend dickeres oder dünneres tauschen, um Spielmass in Toleranzbereich einzustellen.
- Käppchen sind erhältlich in 0,05 mm-Abstufung von 2 – 5 mm Dicke.

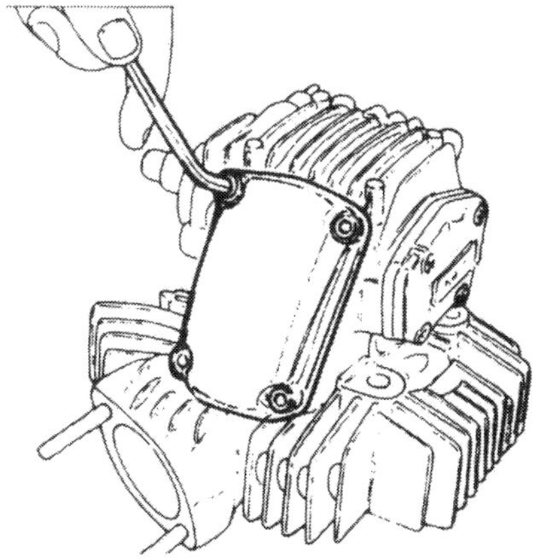

Bild 45
Ventildeckel abbauen

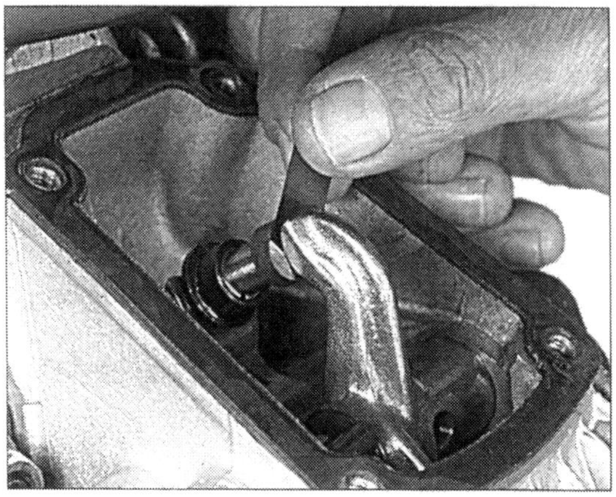

Bild 46
Ventilspiel erfühlen

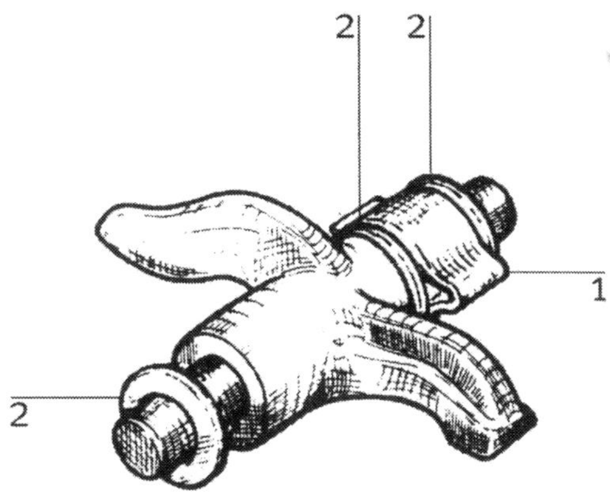

Bild 47
Öffner-Kipphebel mit Kipphebelachse
1 Federklammer
2 Scheibe

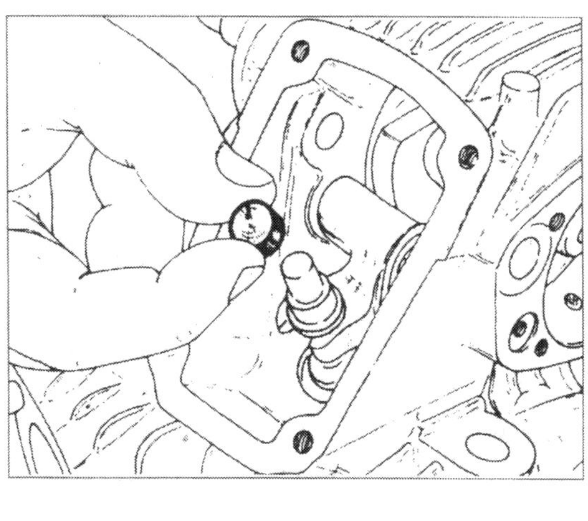

Bild 48
Einstellkappe entnehmen

Vorsicht! ⚠
Aufgepasst!

TIPP Manchmal ist es sinnvoll, ein etwas zu dickes Einstellkäppchen abzuschleifen, um Toleranzmass genau zu erhalten. Käppchen allerdings nur einmal abschleifen, da sonst Härteschicht auf Käppchen zu dünn wird! Einmal abgeschliffene Käppchen markieren (mit Reissnadel am Umfang!).

- Käppchen abschleifen: 1000er-Leinen auf Glasplatte spannen und Käppchen in Achterbahn ohne zu verkanten abschleifen. Nach zwei Achtern Käppchen abnehmen, um eine viertel Umdrehung versetzen und wieder zwei Achter fahren... bis errechnetes Mass erreicht ist. Zwischendurch immer wieder messen!
- **Bild 47:** Passendes Käppchen einsetzen, Kipphebel einschieben und Federklammer auf Kipphebelwelle aufschieben. Dabei auf ursprüngliche Einbaulage der Scheiben achten (Scheiben sorgen für 0 mm bis max. 0,05 mm Axialspiel der Kipphebel auf Welle). Scheiben beidseitig an Federklammer positionieren.
- Ventilspiel kontrollieren und gegebenenfalls korrigieren.

Spieleinstellung des Schliesser-Kipphebels

- Spielmessung im OT des Zündtaktes wie an Öffner-Kipphebeln beschrieben vornehmen.

Ventilspiel des Schliesser-Kipphebels
Ein- und Auslass: 0,00 – 0,02 mm

Bild 50: Spiel zwischen gegabeltem Schliesser und Einstellhülse erfühlen. Hülse darf praktisch kein messbares Spiel aufweisen und muss frei drehbar sein. Dabei von Hand oder mit passendem Schraubendreher gegen Hilfsschliesserfeder drücken, um »Messergebnis« nicht zu verfälschen.

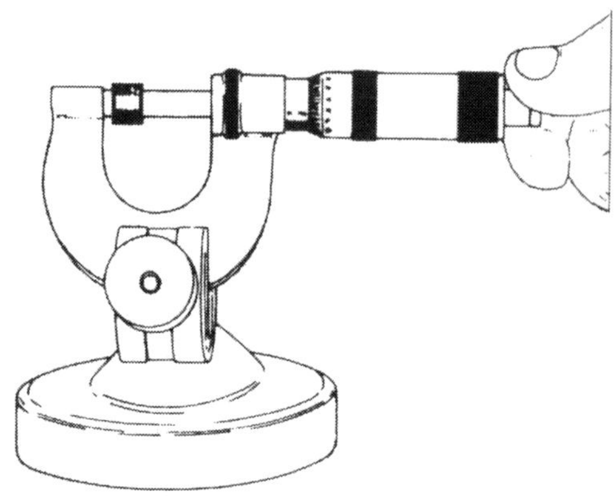

Bild 49
Käppchendicke mit Mikrometer messen

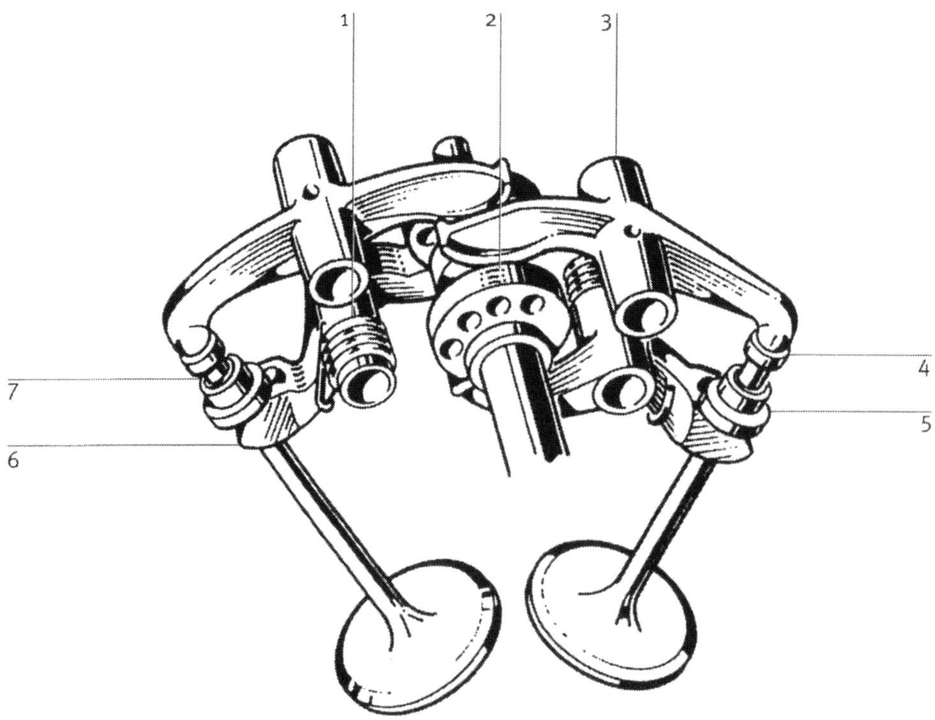

Bild 50
Die Ventil-Zwangssteuerung (Desmodromik)
1 Hilfsfeder
2 Schliessernocke
3 Öffner-Kipphebel
4 Öffnerspiel-Einstellkappe
5 Schliesser-Einstellhülse
6 Schliesser-Kipphebel
7 Halbringe

- Falls Spiel mit 0,05-mm-Fühlerlehrenblatt messbar ist oder die Hülse sich nicht frei dreht, Hülse ausbauen. Dazu Öffner-Kipphebel wie oben beschrieben zur Seite schieben.
- Kurbelwelle weiterdrehen, bis Schliesser ganz öffnet, d.h. Ventilschaft gegen Federdruck der Hilfsfeder nach unten gedrückt werden kann.
- Ventilschaft anheben und mit flacher Wäscheklammer (Eigenbau-Spezialwerkzeug) am Abtauchen in Brennraum hindern. Hülse nach unten drücken, damit Federhalbringe ⑦ **Bild 50** freikommen und entnommen werden können. Hülse abziehen.

TIPP Eine andere Sicherungsmöglichkeit des Ventils ergibt sich beim Abnehmen des Steuerriemens (Kapitel 3.10): Steuerriemen im Zünd-OT abnehmen. Kurbelwelle ¼ Umdrehung drehen, damit Kolben etwa zwischen oberem und unterem Totpunkt steht. So ist Nockenwelle frei drehbar. Nockenwelle so drehen, dass Schliesser ganz öffnet. Dann Ventil von Hand am Schaft hochziehen und Kurbelwelle so drehen, dass Kolben kurz vor OT steht (Stellung des gegenüberliegenden Ventils beachten!). So kann Ventil nicht mehr abtauchen. Hülse wie oben beschrieben abziehen.

Bild 51: Länge der Hülse mit entsprechenden Mess-Aufnahmen messen.

- Hülse gegen entsprechend längere oder kürzere Hülse tauschen, um Spiel wieder in Toleranz zu bringen.
- Passende Einstellhülse geölt auf Ventilschaft aufschieben, Sicherungsfederhälften einlegen und Hülse nach oben schnappen lassen.

Bild 50: Auf richtigen Sitz der Federhalbringe in Einstellhülse ⑤ achten.

- Öffner-Kipphebel montieren, siehe oben.
- Sind alle Ventile eingestellt, Kurbelwelle zwei Mal um 360° drehen und Spiel nochmals prüfen.
- **Bild 45:** Ventildeckel mit einwandfreier Dichtung wieder anbringen (Schrauben schrittweise über Kreuz anziehen).
- Steuerriemen montieren *siehe folgendes Kapitel.*

3.10 Steuerriemen

Steuerriemen alle 5000 km auf korrekte Spannung kontrollieren, alle 20 000 km auswechseln.

- Kolben des zu bearbeitenden Zylinders durch Drehen der Kurbelwelle in Stellung Zünd-OT bringen *(siehe voriges Kapitel).*
- **Bild 52**/750: Befestigungsschrauben der Riemen-Abdeckung ausdrehen und Abdeckung abnehmen.
- **Bild 53**/900: Falls nur Spannung des Riemens kontrolliert werden soll, nur Schrauben ① ausdrehen. Zum Riemenwechseln übrige Schrauben auch ausdrehen und Abdeckung abnehmen.

Riemen muss bei Kolben-Stellung OT im Zündtakt ohne Luft an Spann- und Führungsrolle »satt« anliegen.

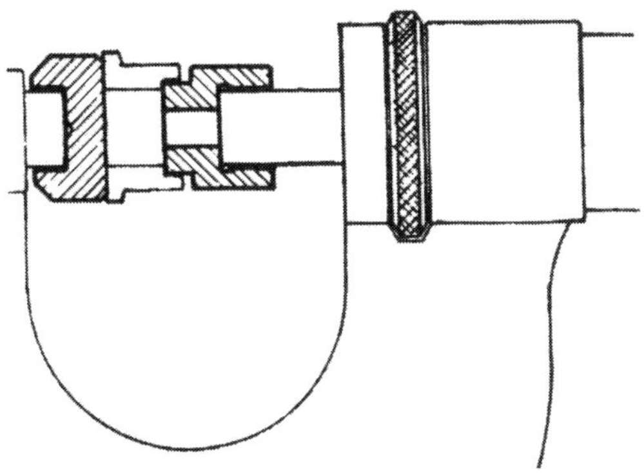

Bild 51
Hülsen mit passenden Messaufnahmen messen

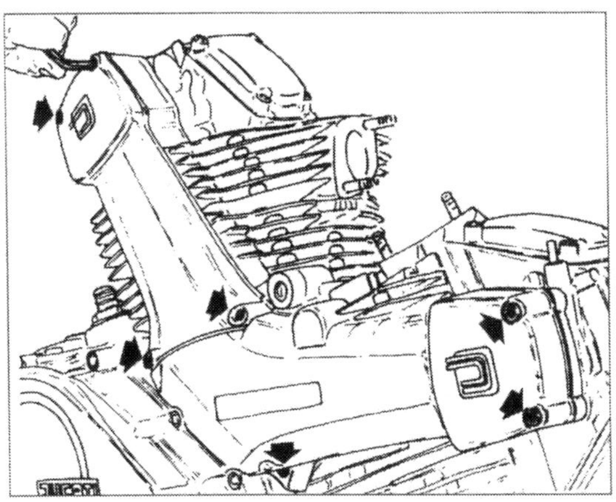

Bild 52
750: Befestigungsschrauben der Riemenabdeckung

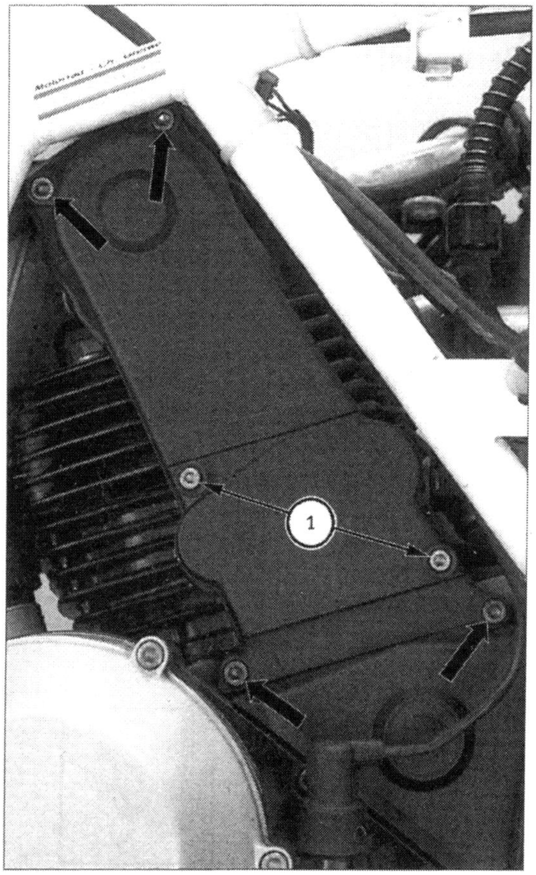

Bild 53
900: Befestigungsschrauben der Riemenabdeckung
1 Wartungsdeckel der Riemenspannung

3.10.1 Riemen spannen

- **Bilder 54** und **55:** Falls Riemen zu locker oder zu fest sind, Befestigungsschrauben der Spannereinrichtung lockern.
- **Bild 56:** Spannerrollen entweder von Hand andrücken (1,5 – 1,8 kg drücken) oder mit Federwaage, die an Spannrolle eingehängt wird (**Ducati**-Spezialwerkzeug), und mit 1,5 – 1,8 kg angezogen wird.
- Spannrolle gedrückt bzw. gezogen halten und Befestigungsschrauben wieder anziehen.
- Abdeckungen wieder anbringen.

3.10.2 Riemen wechseln

- Spannereinrichtung lockern und feste Führungsrolle ausbauen.
- Riemen von Hand von Treibscheiben herunternehmen. Falls Riemen wiederverwendet werden soll, Drehrichtung (Kreidepfeil) und Einbaulage (stehender oder liegender Zylinder) am Riemenumfang vermerken.

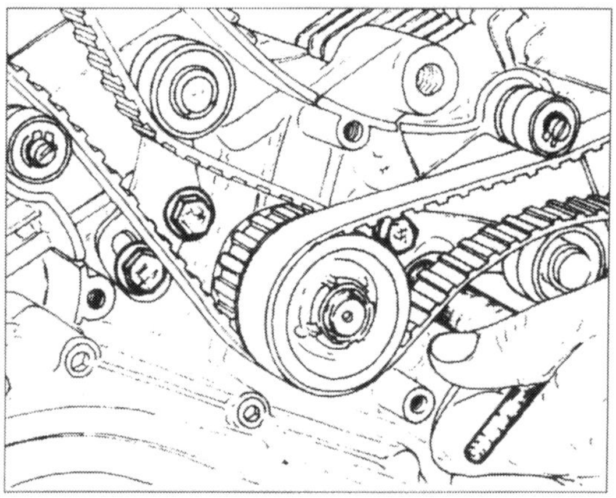

Bild 54
750: Riemenspannung lockern

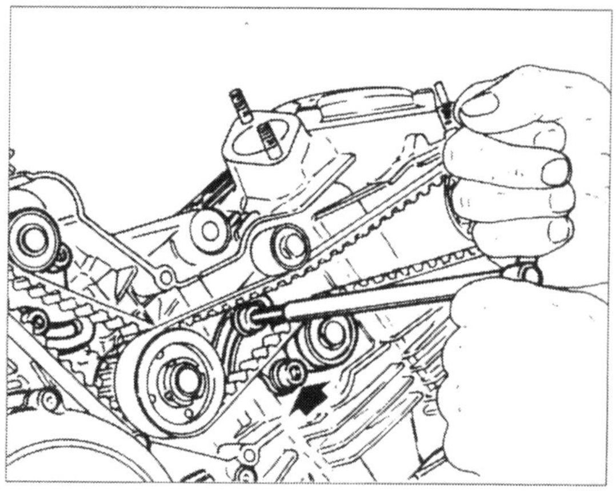

Bild 55 ➤
900: Riemenspannung lockern

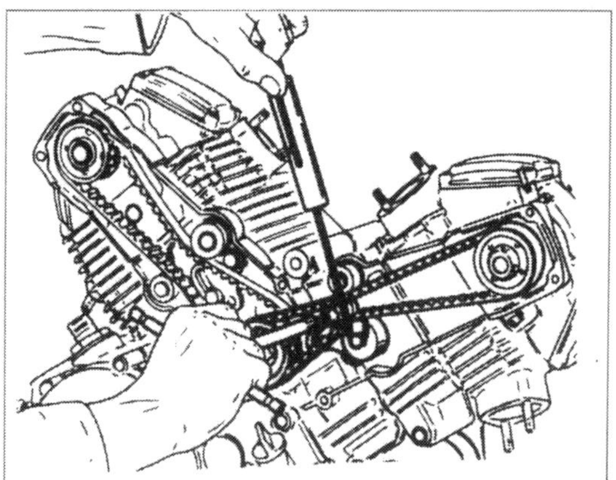

Bild 56
Mit Federwaage Riemenspannung einstellen

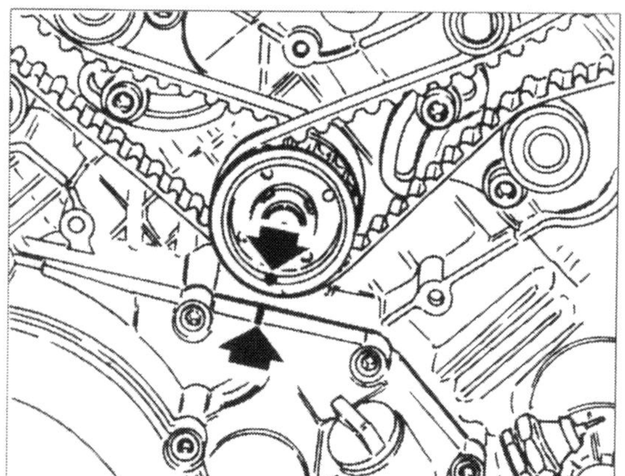

Bild 57 ➤
Markierungen fluchten

Es empfiehlt sich jedoch, grundsätzlich nur neue Riemen einzubauen.

- **Bild 57:** Zum Einbau des Riemens Kurbelwelle so drehen, dass Markierung auf Treibrolle auf Zwischenwelle mit Kurbelgehäusemarkierung fluchtet.
- **Bild 58:** Markierung auf Treibrolle der Nockenwelle muss mit Markierung am Zylinderkopf-Gehäuse fluchten.
- ⚠ Falls alter Riemen wieder montiert wird, Riemen so auflegen, dass er in Richtung des beim Ausbau gemachten Pfeils läuft. (Es empfiehlt sich, nur neue Riemen einzubauen.)
- ⚠ Riemen ausschliesslich von Hand auf Treibrollen aufschieben (Beschädigungsgefahr durch scharfkantige Werkzeuge).
- Feste Führungsrolle anbringen und Riemen spannen wie oben beschrieben.

3.11 Motoröl und -Filter

Das Öl ist sozusagen der Lebenssaft für jedes Triebwerk. Klar, dass da der Pegelstand regelmässig kontrolliert wird:

- ⚠ Ölstand bei betriebswarmer Maschine kontrollieren. (Trotzdem vor Starten des Motors einen Blick auf das Schauglas werfen, es zeigt dann zwar einen zu hohen Ölpegel an, da sich das Öl noch nicht verteilt hat, aber sicher ist sicher.)
- Betriebswarmen Motor stoppen und kurz warten, bis sich Öl eingepegelt hat.
- **Bilder 59, 60 und 61:** Ölpegel muss im Schauglas bei senkrechter Maschine auf ebenem Untergrund sichtbar sein und MAX nicht überschreiten (900er-Vergaser) bzw. sich zwischen unterer und oberer Marke befinden (i.e. und 750er-Vergaser).

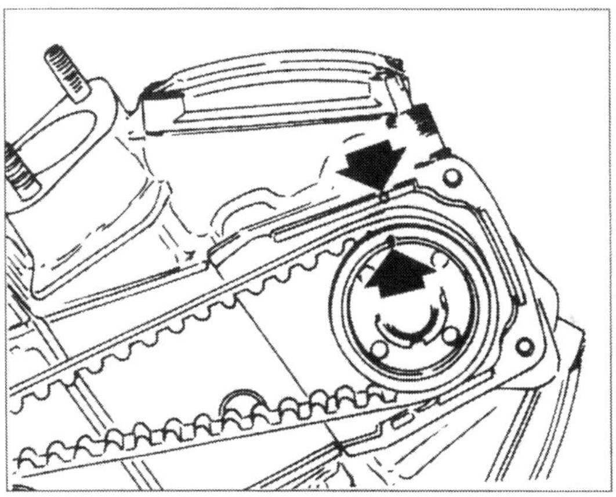

Bild 58
Markierungen fluchten

◄ Bild 59
Ölschauglas und Pegelmarkierung der Vergaser 900er.
Nicht über MAX auffüllen!

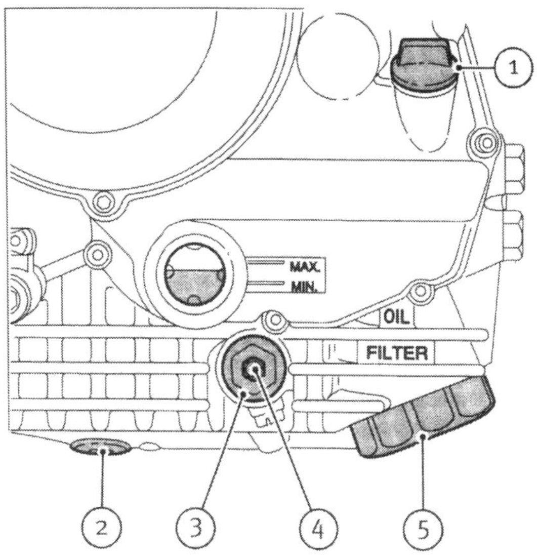

Bild 60
Ölschauglas und Pegelmarkierung der Vergaser 750er und i.e.-Modelle.
Pegel zwischen MIN und MAX!

1 Einfüllstopfen
2 Ablassschraube (35 Nm)
3 Siebfilter
4 Thermosensor
5 Filterpatrone

◄ Bild 61
Ölpegel gegebenenfalls durch Verkleidungsöffnungen kontrollieren

- Gegebenenfalls Verkleidungskiel oder rechte Seitenverkleidung abnehmen *(Kapitel 3.2)* und Motoröl der Viskosität 20W40 der API-Qualität SE, SF oder SG am Einfüllstopfen entsprechend **Bild 59** oder **Bild 60** auffüllen.

3.11.1 Motorölwechsel und Siebfilterreinigung

- Alle 5000 km bei den Vergasermodellen und mittlerweile alle 10 000 km bei den i.e.-Modellen (analog zur Ventilspielkontrolle), bedürfen Motoröl *und Filter* einer Erneuerung, mindestens aber einmal jährlich.

⚠ Motoröl bei betriebswarmer Maschine ablassen, damit sich Metallabriebteilchen noch in der Schwebe befinden und sich noch nicht abgesetzt haben.

- Das Siebfilter im Motorgehäuse alle 10 000 Kilometer mit Pinsel und Reinigungsflüssigkeit oder mit Druckluft reinigen.
- **Bild 62:** Motorrad sicher aufbocken und geeignetes Auffanggefäss (mindestens vier Liter Fassungsvermögen) unterschieben, Ölablassschraube ausdrehen.

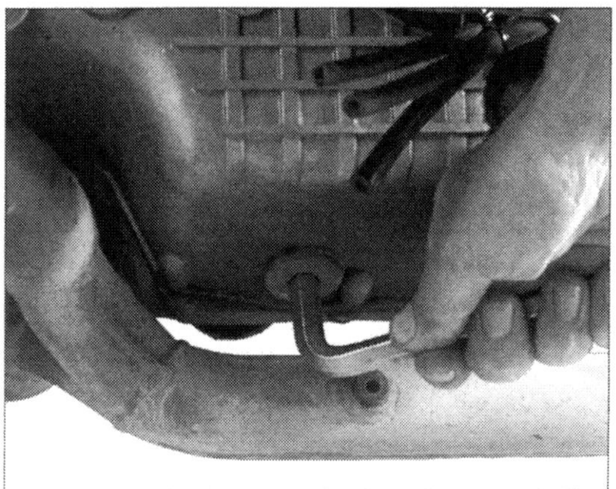

Bild 62
Ölablassschraube aus-/eindrehen (35 Nm)

⚠ Finger nicht am heissen Öl verbrühen! Öl läuft erst im Schuss, nach einiger Zeit nur noch tröpfchenweise. Geduldig warten, bis der letzte Tropfen den Weg ins Auffanggefäss gefunden hat.

- Ablassschrauben sind mit einem Alu- oder Kupferdichtring versehen, der bei mindestens jedem zweiten Ölwechsel erneuert werden sollte.
- **Bild 60:** Siebfilter ③ nach Abnehmen des Öldruckgeber-Kabels (nur i.e.) ausdrehen und mit alter Zahnbürste in Waschbenzin o.Ä. reinigen, mit Druckluft freiblasen (Filterdrahtgewebe nicht beschädigen!) und mit so gut wie neuer Dichtung wieder eindrehen.
- Vor Eindrehen der Ablassschraube Filterpatrone erneuern *(siehe folgender Abschnitt)*.

3.11.2 Filterwechsel

Der Ölfilter hat die Aufgabe, kleinste Partikelchen aus dem Motoröl herauszufiltern. Sobald der Motor läuft, befindet sich das Öl in dauerndem Kreislauf vom Ölsumpf zum Motor und seinen Schmierstellen und tropft dort ab in den Ölsumpf.

⚠ **Bild 60:** Filterpatrone ⑤ deshalb bei jedem Ölwechsel erneuern.

- Auffangwanne unter Ölfilter stellen.
- Ölfilter mit passendem Filterschlüssel (DUCATI-Spezialwerkzeug 067503210) abschrauben.
- O-Ring des neuen Ölfilters einölen, und neuen Filter handfest eindrehen.
- **Bild 62:** Ölablassschraube eindrehen (35 Nm) und 3,5 Liter Motoröl der Viskosität 20W40 und API-Qualität SE, SF oder SG am Einfüllstopfen entsprechend **Bild 59** oder **Bild 60** auffüllen.
- Motor kurze Zeit im Leerlauf tuckern lassen und wieder abstellen. Nach zwei Minuten Ölstand kontrollieren.

Öl sollte an oberer Pegelmarke stehen, darf aber nie MAX überschreiten!

⚠ Altöl nicht »weggiessen« (!), sondern an einer Sammelstelle (in jeder grösseren Stadt zu finden) oder Tankstelle abliefern!

⚠ Jeder Ölverkäufer ist zur Zurücknahme von Altöl verpflichtet!

3.12 Antriebskette

Die Antriebskette ist eigentlich das Teil am Motorrad, dem man seinen Pflegezustand auf den ersten Blick ansieht. Doch wird die als lästig empfundene Kettenpflege häufig sträflich vernachlässigt, obwohl sie doch wesentlichen Einfluss auf die Fahrleistungen eines Motorrades hat.

⚠ Antriebskette niemals bei laufendem Motor prüfen oder einstellen.

- Maschine so aufbocken, dass Hinterrad frei drehbar ist.
- Hinterrad von Hand drehen und Stelle mit dem geringsten Kettendurchhang suchen (von Hand Kette nach oben und unten drücken), da sich Kette oft ungleichmässig längt.
- Maschine wieder ablassen und Kettendurchhang bei senkrechtem Motorrad ohne Fahrer messen.

Bild 63: Kette muss unten mittig zwischen den Kettenrädern 38 mm (750er) bzw. 25 mm (900er) Abstand von Schwinge haben.

- **Bild 64:** Zum Korrigieren des Durchhangs Hinterachsmutter ② lockern.
- **Bild 64:** Gegenmuttern ④ lösen und Einsteller ③ jeweils um gleiche Anzahl von Umdrehungen herausdrehen, bis Kette korrekten Durchhang erreicht.
- Kettendurchhang darf keinesfalls weniger als angegeben betragen: Gefahr durch stossartige Drücke für Getriebe-Abtriebslager!
- **Bild 64:** Falls Kettendurchhang vergrössert werden muss, Einsteller ③ eindrehen und Hinterrad bis zum Anschlag der Achsführung ① an Einsteller ③ nachsetzen.
- Gegenmuttern wieder anlegen.
- Hinterachsmutter anziehen (69–73 Nm).

Sicherstellen, dass Einstellmarkierungen der Achsführungen auf gleiche Teilstriche der Skalen auf Schwinge links und rechts ausgerichtet sind.

- Als letzte Kontrolle Motorrad mit Fahrer besetzen. Auch jetzt darf die Kette keinesfalls voll gespannt sein.

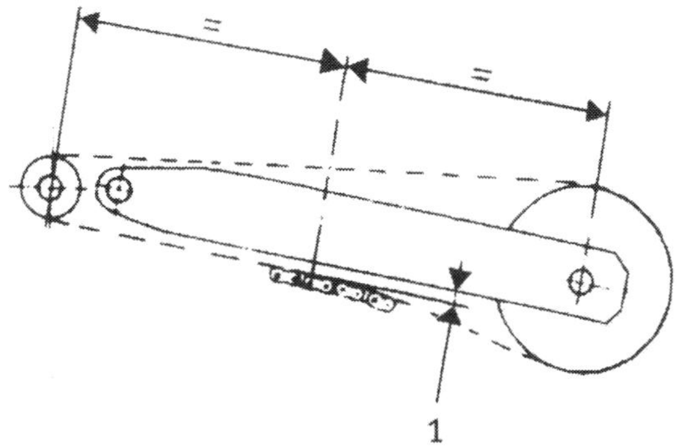

Bild 63
Kettendurchhang ① prüfen
750er: 38 mm
900er: 25 mm

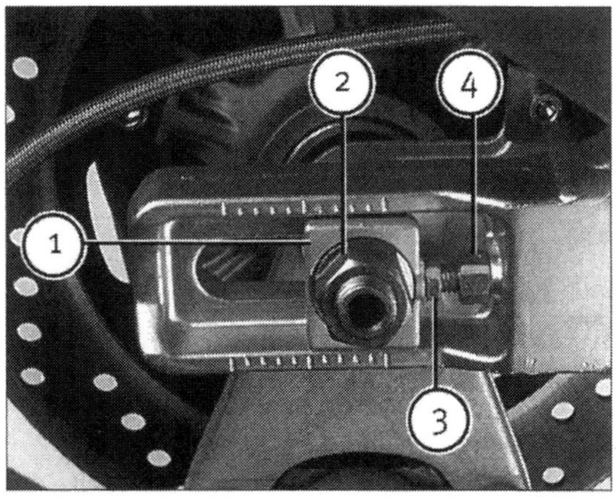

Bild 64
Kettendurchhang einstellen
1 Achsführung
2 Achsmutter (69–73 Nm)
3 Einsteller
4 Gegenmutter

Bild 65
Die Kette darf sich bei korrektem Durchhang in der Mitte des Kettenblatts maximal 4 mm weit abziehen lassen.

- **Bild 65:** Falls Kette nicht mehr »gespannt« werden kann, ist Kette übermässig gelängt und muss erneuert werden.

TIPP Antriebskette kann ohne Ausbau der Schwinge gewechselt werden, da Schwinge nicht im Rahmen, sondern im Motorgehäuse gelagert ist. Kette zusammen mit Kettenrädern wechseln.

- Standardkettengrössen, Gliederzahl und Übersetzungsverhältnise *siehe Technische Daten ab Seite 124.*

Bild 66
Kettenräder auf Verschleiss kontrollieren

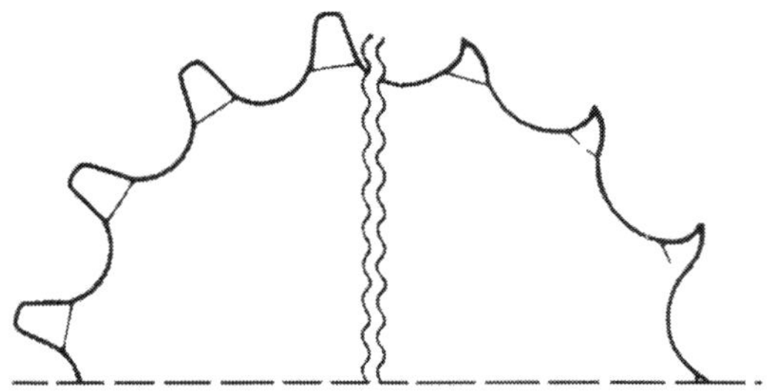

Bild 66: Zähne der Kettenräder auf Abnutzung untersuchen.

■ Falls verschlissen, beide Kettenräder zusammen mit Kette im Satz wechseln (vorderes Kettenrad: *Kapitel 9.1 Motorausbau*, hinteres Kettenrad: *Kapitel 17 Heckpartie*).

⚠ Niemals neue Kette mit alten Kettenrädern oder umgekehrt kombinieren, da sich Teile gegenseitig extrem schnell verschleissen.

■ Kettengleitschiene auf Schwinge auf Verschleiss oder Beschädigung prüfen (Mindestdicke 3 mm).

⚠ Kettengleitschiene und/oder Kette auswechseln, bevor Kette auf Schwinge schleift!

3.13 Batterie

Wie die meisten Motorräder hat auch die »Zahnriemen«-SS-Baureihe von **Ducati** keinen Kickstarter mehr. Diese Einsparung hat sich bewährt, allerdings muss die Batterie immer optimal in Schuss sein, um auch bei kalter Witterung ausreichend Energie liefern zu können. Allerdings müssen wir uns damit abfinden, dass beim gegenwärtigen Stand der Technik die durchschnittliche Lebensdauer einer Starterbatterie nur 4,6 Jahr beträgt.

Säurestand alle 3 Monate prüfen.

⚠ In südlichen Ländern mit höheren Umgebungstemperaturen wegen dann erhöhter Verdunstung öfter kontrollieren.

⚠ Batterie-Elektrolyt enthält Schwefelsäure! Deshalb Flüssigkeit nicht mit Kleidung in Berührung bringen. Falls Flüssigkeit in die Augen gerät, sofort gründlich mit Wasser spülen und sofort Augenarzt aufsuchen!

■ Sitzbank abnehmen und Tank hochklappen.

■ **Bilder 67** und **68:** Batterie-Flüssigkeitsstand muss zwischen oberer und unterer Pegelmarkierung liegen (MAX-UPPER LEVEL/ MIN-LOWER LEVEL).

Batteriespannung beträgt voll geladen (bei 20°C) über 12,72 Volt, halb geladen unter 12,5 Volt, leer 12 Volt.

⚠ Falls Batterie nur noch Spannung von 12 Volt abgibt, sind Startversuche sinnlos. Batterie zuerst laden, da Tiefentladung Lebensdauer verkürzt.

■ Bei zu niedrigem Stand oder zum Nachladen Batterie ausbauen:

■ **Bilder 67** und **68:** Zuerst negatives Batteriekabel (Minuspol) abklemmen, Entlüftungsschlauch abziehen, Pluskabel abklemmen und Spanngummis aushängen.

⚠ Falls Batterie nachgeladen werden soll, erst nach Ladevorgang bis UPPER LEVEL auffüllen! Vor Ladevorgang gegebenenfalls nur bis LOWER LEVEL nachfüllen.

■ Bereich der Zellenstopfen säubern, damit kein Schmutz in die Zellen gelangt.

■ Zellenstopfen entfernen und destilliertes Wasser bis UPPER LEVEL nachfüllen.

Batterie wechseln, wenn sich am Batterieboden grünlicher Belag bildet oder Ablagerungen ansammeln.

■ Batterie in umgekehrter Reihenfolge einbauen (Pluspol zuerst anschliessen).

■ Batterie-Anschlüsse mit Polfett (säurefrei) abschmieren.

3.13.1
Batterie laden

- ⚠ Maximaler Ladestrom darf 10 Prozent der Batterie-Ladekapazität nicht überschreiten.
  Beispiel 16 Ah-Batterie:
  Ladestrom max. 1,6 Ampère
  Ladezeit 5–10 Stunden
- ⚠ Kurzes Laden mit hohem Ladestrom verkürzt Lebensdauer der Batterie.
- ■ Ladezustand der Batterie mit Säureheber prüfen; Säuredichte bei vollgeladener Batterie: 1,26 – 1,30 g/ml bezogen auf 20°C.
- ■ Nach Laden Batterie leicht schütteln, damit Gasbläschen aufsteigen.
- ■ Nach Beruhigung der Flüssigkeit eventuell destilliertes Wasser bis zur MAX-/UPPER LEVEL-Markierung auffüllen.
- ■ Verschlussstopfen eindrehen.
- ■ Batterie in umgekehrter Reihenfolge einbauen (Pluspol zuerst anschliessen).
- ■ Batterie-Anschlüsse mit Polfett (säurefrei) abschmieren.

3.13.2
Inbetriebnahme einer neuen Batterie

- ■ Nach Befüllen Batterie etwa eine Stunde stehen lassen, Batterie leicht schütteln und Flüssigkeit bis MAX/UPPER LEVEL auffüllen.
- ⚠ Nach Befüllen der trocken vorgeladenen Batterie mit Säure erreicht sie nur 60 % der Nennkapazität. Batterie also unbedingt laden!
- ⚠ Lange Standzeiten gefüllter Batterien vermeiden. Daher Batterie erst kurz vor Bedarf mit Säure befüllen.
- ■ Batterie in umgekehrter Reihenfolge einbauen (Pluspol zuerst anschliessen).
- ■ Batterie-Anschlüsse mit Polfett (säurefrei) abschmieren.

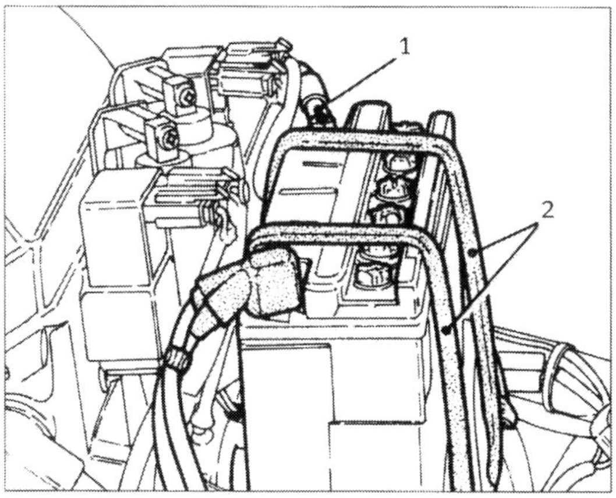

Bild 67
Batterie-Wartung
Vergaser-Modelle
1 Masseanschluss
2 Spanngummis

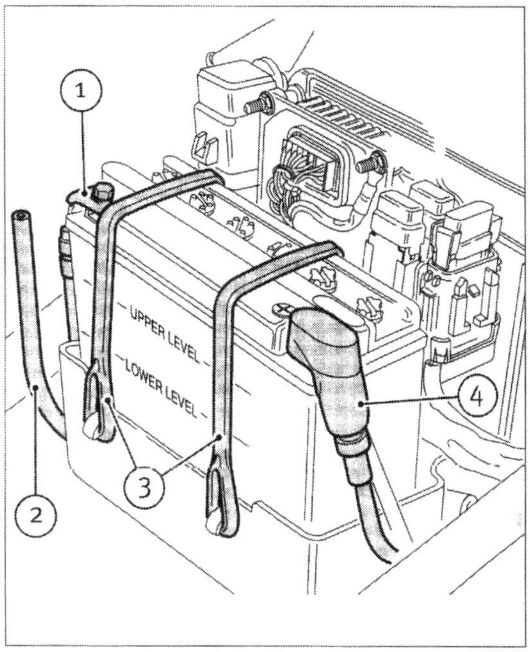

Bild 68
Batterie-Wartung
i.e.-Modelle
1 Masseanschluss
2 Entlüftungsschlauch
3 Spanngummis
4 Pluskabel

3.14 Brems- und Kupplungsflüssigkeit

Mag man einem Motorrad kurzzeitig einen defekten Auspuff oder auch mal ein durchgebranntes Blinkerbirnchen zubilligen – beim Thema Bremsen gibt es keine Kompromisse. Hier muss bei jedem Fahrmeter hundertprozentige Leistungsfähigkeit sichergestellt sein.
Auf die Wirkung der BREMBO-Bremsanlage der Bologneser-Twins kann sich der Motorradfahrer verlassen. Damit das immer so ist, sollten Wartungsarbeiten an der Bremshydraulik nur bei fundierten Vorkenntnissen vorgenommen werden. Beim geringsten Zweifel am eigenen Können ist die Fachwerkstatt die bessere Wahl.

⚠ Mit zunehmendem Belagverschleiss (Bremse und Kupplung) fliesst Hydraulikflüssigkeit nach, da der Kolben im Zylinder immer weiter ausrücken muss und so der Pegel im Ausgleichsbehälter sinkt.
Also vor Auffüllen von Bremsflüssigkeit zuerst Bremsbelagstärke kontrollieren! Falls Belagstärke im grünen Bereich ist und Flüssigkeitsstand rasch absinkt, komplettes System nach Undichtheiten absuchen.

- Dazu Hebel/Pedal anziehen und etwa zwei Minuten unter Druck halten.

👁 Hydraulikleitungen auf feuchte Stellen absuchen, insbesondere an den Verbindungsstellen von Schlauch und Pumpe/Nehmerzylinder.

- **Bild 69** bis **Bild 73:** Am Schauglas des Vorratbehälters für Brems- bzw. Kupplungsflüssigkeit Pegelstand kontrollieren. Behälter muss dabei waagrecht stehen.
- Falls Pegel sichtbar oder unter MIN-/LOWER-Marke, zuerst Belagstärke der Bremsklötze kontrollieren (siehe oben!).

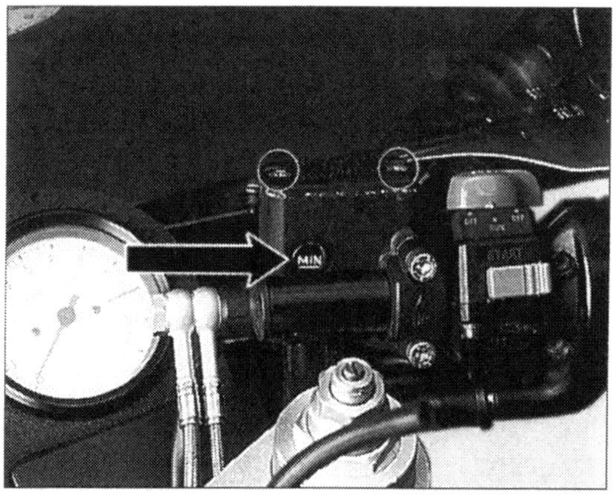

Bild 69
Bremsflüssigkeitsbehälter der Vergaser-Modelle (Kupplungsflüssigkeitsbehälter genauso am linken Lenkerstummel)
Pfeil Kontrollfenster mit MIN-Pegel
Kreis Befestigungsschraube des Behälterdeckels

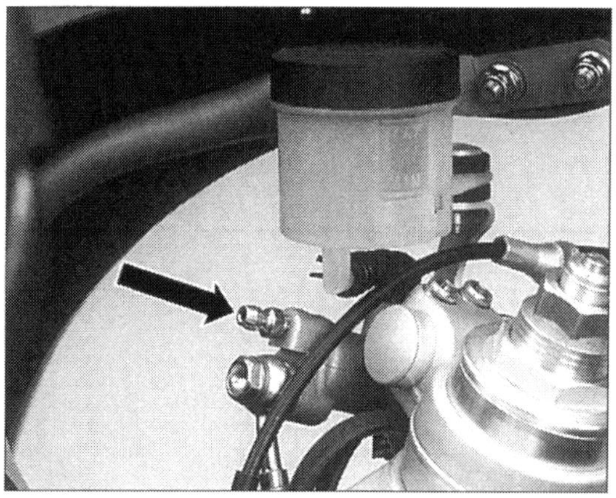

Bild 70
i.e.: Bremsflüssigkeitsbehälter vorn/Bremse
Pfeil Entlüfterventil der Handpumpe

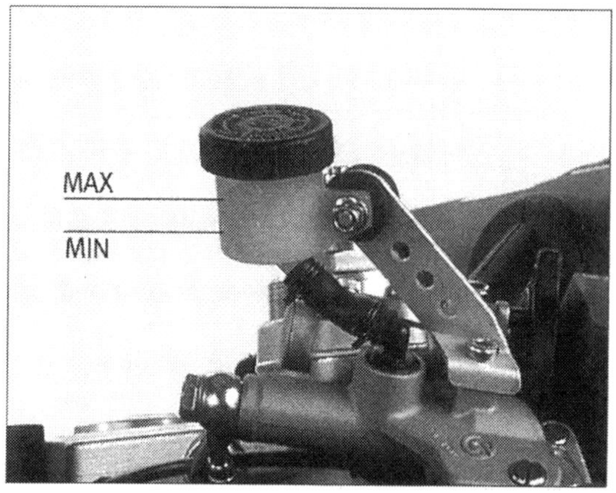

Bild 71 ➤
i.e.: Bremsflüssigkeitsbehälter vorn/Kupplung

Bild 72
Vergaser-Modelle: Bremsflüssigkeitsbehälter hinten

Bild 73 ➤
i.e.: Bremsflüssigkeitsbehälter hinten

- Beide Schrauben am Deckel ausdrehen (am Behälter der Hinterradbremse Deckel ausdrehen) und Deckel samt Membran abnehmen (zwei Deckelschrauben ausdrehen bzw. Deckel aufdrehen).

Bild 74: Separate Mutter der Deckelbefestigung bei i.e.-Modellen nicht verlieren.

⚠ Beim Öffnen des Deckels muss Behälter waagerecht stehen, damit keine Bremsflüssigkeit überschwappt, die sich sehr aggressiv verhält und den Lack angreift.

- Pegelstand bis zur oberen Markierung auf der Behälter-Innenseite, bzw. hinten bis zur UPPER-Markierung auffüllen.
Nur Bremsflüssigkeit der Qualität DOT 3 oder DOT 4 verwenden!

⚠ Da sich Bremsflüssigkeit hygroskopisch verhält, also Wasser anzieht, muss Behälter immer gut verschlossen sein. Keinesfalls dürfen Verunreinigungen, Schmutz oder Wasser in Behälter gelangen.

- Alle zwei Jahre *Hydraulikflüssigkeit erneuern* und entlüften.
- Deckel des Flüssigkeitsbehälters samt Membran entfernen (bei abgenommenem Deckel Lappen zum sofortigen Abwischen von Kleckereien und Spritzern der Hydraulikflüssigkeit bereithalten!) und alte Bremsflüssigkeit mit Einwegspritze aus Apotheke absaugen. Dabei muss Nachlaufbohrung am Grund des Behälters mit Flüssigkeit bedeckt bleiben, andernfalls gelangt Luft in das Hydrauliksystem.

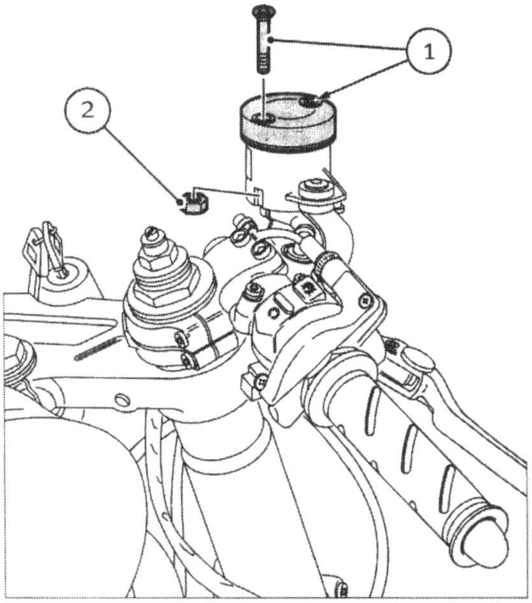

Bild 74
Deckelbefestigung der Bremshandpumpe/i.e.
1 Schraube
2 Mutter

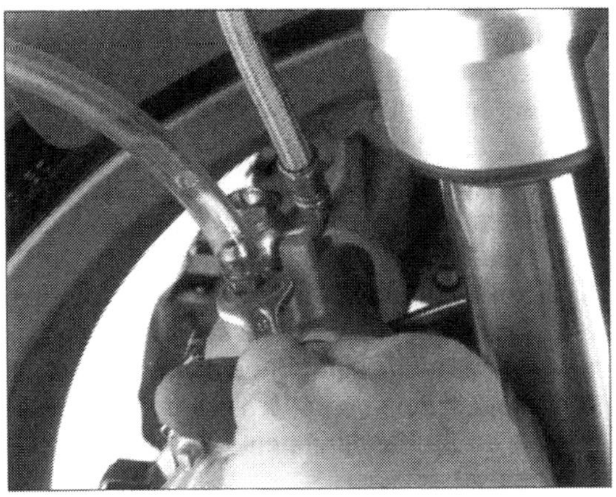

Bild 75
Bremssattel vorn: Entlüfterventil mit $^1/_4$ bis $^1/_3$ Umdrehung öffnen

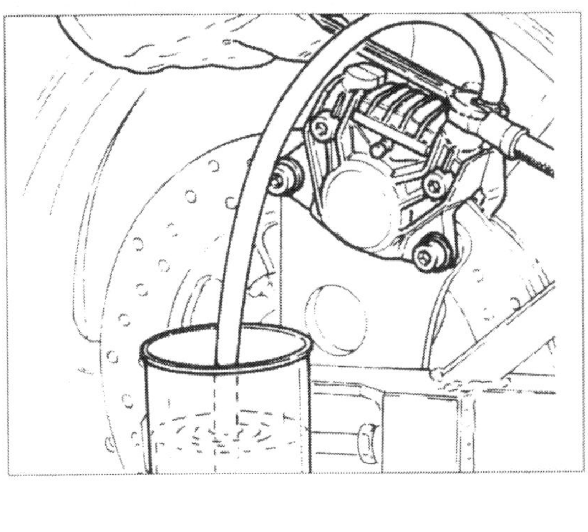

Bild 76
Bremssatttel/hinten der Vergaser-Modelle entlüften

Bild 77
900er: Nehmerzylinder der Kupplung mit Entlüfterventil

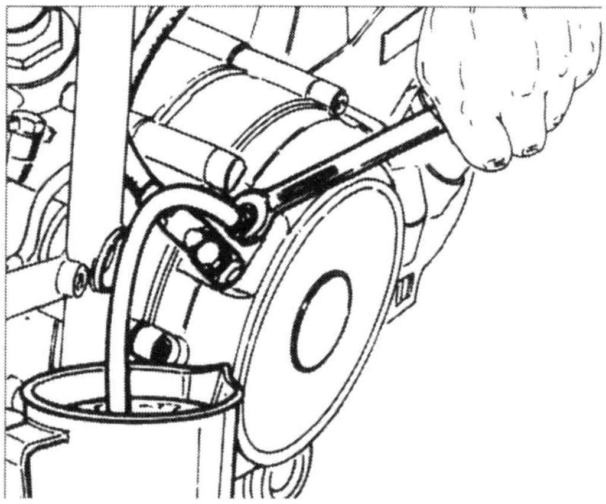

Bild 78
Kupplungshydraulik der 750er entlüften

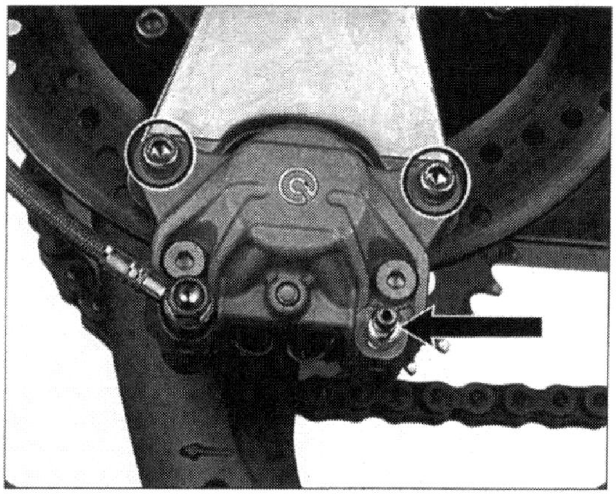

Bild 79
Bremssattel hinten der i.e.
Kreis Befestigungsschrauben
Pfeil Entlüfterventil

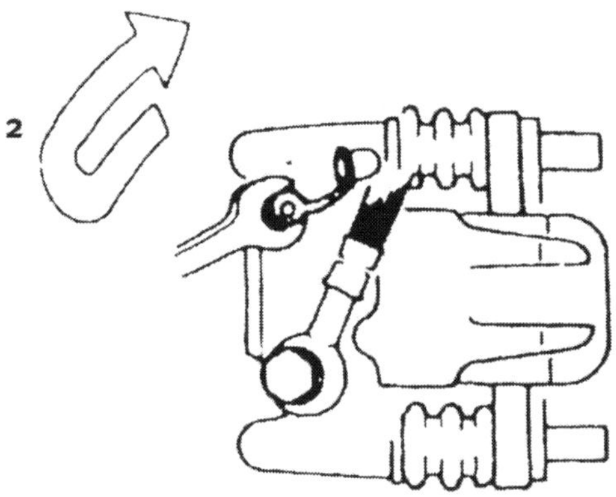

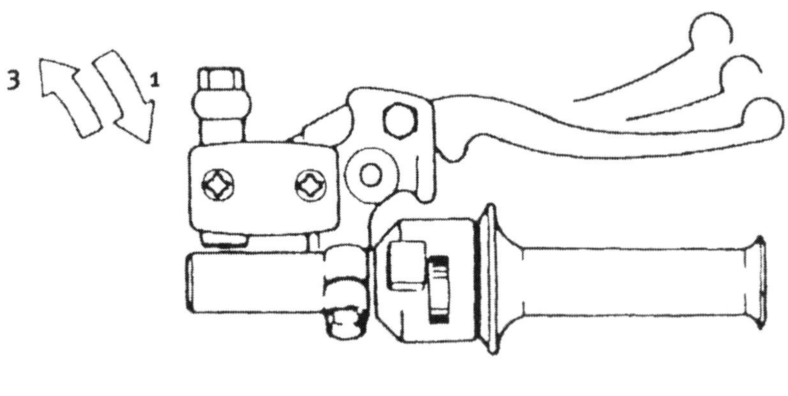

Bild 80
Entlüftungsschema
1 Hebel/Pedal anziehen
2 Entlüfterventil $\frac{1}{3}$ – $\frac{1}{2}$ Umdrehung öffnen und wieder schliessen
3 Hebel/Pedal wieder herauslassen

- **Bild 75** bis **Bild 78:** Passenden, durchsichtigen Schlauch über das Entlüfterventil am Brems- bzw. Kupplungszylinder stülpen, der in Auffanggefäss endet.

TIPP **Bild 79:** Bremssattel/hinten vom Träger abnehmen und so plazieren, dass sich Entlüfterventil am höchsten Punkt des Hydrauliksystems befindet.

- **Bild 70:** Die i.e.-Modelle haben an der Handpumpe ein zusätzliches Entlüfterventil, an dem die Luft an der höchsten Stelle des Hydrauliksystems abgelassen wird. Also zuerst an der Handpumpe Hebel bzw. Pedal betätigen bis Druckpunkt spürbar, dann mit Gabelschlüssel Entlüftungsventil $\frac{1}{3}$ – $\frac{1}{2}$ Umdrehung öffnen.
- **Bild 80:** Am Ende des Pumpenwegs Pedal bzw. Hebel angezogen bzw. gedrückt halten und Entlüfterventil wieder schliessen (anziehen). Hebel bzw. Pedal langsam wieder herauskommen lassen.

TIPP Schön langsam pumpen und Hebel zwischendurch immer einige Sekunden in Ruhestellung belassen, um zu gewährleisten, dass sich System luftfrei füllt.

- Währenddessen in Vorratsbehälter zügig Bremsflüssigkeit nachgiessen, damit keine Luftbläschen ins System gelangen können. So wird mit neuer Bremsflüssigkeit die alte weggespült.
- Tritt am Entlüftungsschlauch keine Luft, bzw. dunkle alte Bremsflüssigkeit, mehr aus, Hebel/Pedal noch einmal langsam anziehen und gleichzeitig Entlüftungsventil schliessen.

TIPP Beim Entlüften immer bedenken, dass sich Bläschen am höchstgelegenen Teil des Systems sammeln – bei entsprechender Lenkerstellung am Anschluss der Bremsleitungen an Handpumpen (Kupplung und Bremse).

- Wenn die Handpumpe vom Lenker abgenommen wird, Handpumpe vorsichtig so anstellen, dass Ausgleichbohrungen innen am Behälterboden oberster Teil des Systems sind.

Kontrollieren, ob Ausgleichsbohrungen mit Blech abgedeckt sind.

TIPP Fingerzeig
Exakt messen

Falls nicht, Hebel nur ganz vorsichtig und langsam anziehen, da sonst Hydraulikflüssigkeit in Fontäne herausgeschleudert wird!

TIPP Hebel mehrmals nur leicht antippen. Mit etwas Glück steigen dann die letzten hartnäckigen Bläschen im Ausgleichsbehälter auf (»nach oben entlüften«).

- Vergaser-Modelle: Handhebel von Bremse und Kupplung so einstellen, dass Leerweg des Druckbolzens zum Pumpenkolben 1,0–1,5 mm beträgt (»Schnüffelspiel«).
- **Bild 81:** Dazu Schraube A ein- oder ausdrehen, bis Leerweg innerhalb der Toleranz liegt.
- Die Handhebel der i.e.-Modelle erlauben eine Anpassung der Hebellage an die individuelle Fingerlänge.
- **Bild 82:** Darauf achten, dass Markierungspfeil immer mit Zahl auf Einstellrad fluchtet. Also keine Zwischenstellungen benutzen!

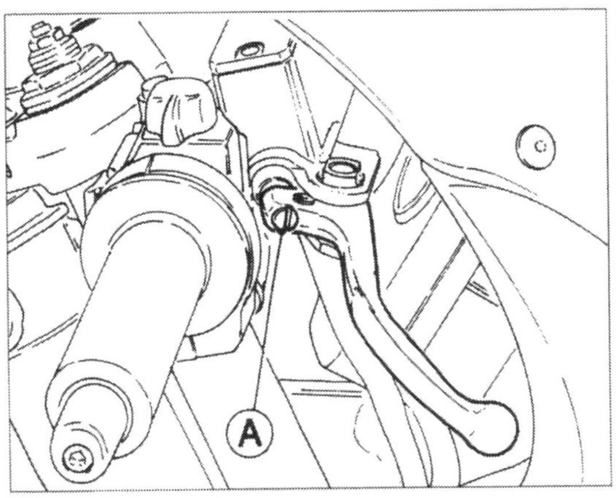

◄ Bild 81
Schnüffelspiel am Einsteller »A« einstellen

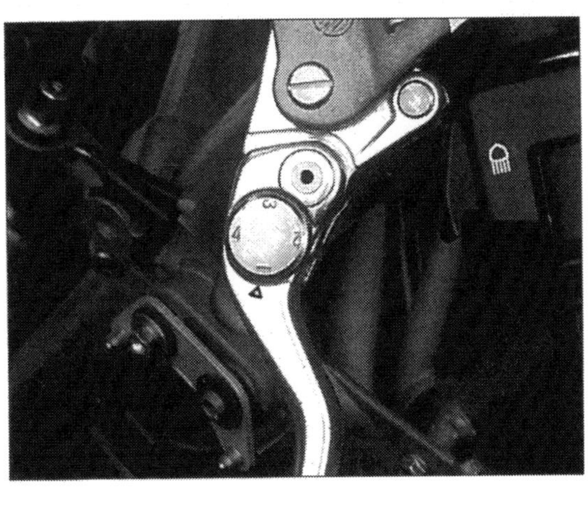

◄ Bild 82
Handhebellage der Fingerlänge anpassen. Keine Zwischenstellungen benutzen!

3.15 Bremsbeläge, Bremslichteinstellung, Brems- und Schaltpedal

⚠ Auch die beste Bremse funktioniert nur mit ordentlichen Belägen. Deshalb ist die regelmässige Kontrolle der Belagstärken so wichtig.

⚠ Beläge nur im Satz austauschen.

👁 Belagstärke der vorderen Scheibenbremse durch Sichtprüfung von oben in Belagschacht schätzen (bei i.e. durch Schlitz in Belagfeder sichtprüfen). Klötze austauschen, wenn sich Belagstärke der Verschleissanzeige (Nut im Belag) nähert (Mindestbelagstärke 1,0 mm). Lieber zu früh als zu spät (mit zerschrappter Bremsscheibe) wechseln!

- **Bild 83:** Zum Austausch der vorderen Bremsbeläge der Vergaser-Modelle Belagstift mit Zange herausziehen und Beläge mit Drahtöse o.Ä. herausziehen.
- **Bild 84:** Zum Austausch der vorderen Bremsbeläge der i.e.-Modelle Belagfeder ③ abnehmen, Sicherungssplinte und Belagstifte mit Zange herausziehen.
- **Bild 85:** Beläge mit Drahtöse o.Ä. herausziehen.
- **Bild 86:** Belagkontrolle am hinteren Bremssattel der Vergaser-Modelle nach Aushebeln der Kunststoff-Abdeckung sichtprüfen (Verschleissgrenze und Belagwechsel wie vorn).
- **Bild 87:** Belagkontrolle am hinteren Bremssattel der i.e.-Modelle wie gezeigt vornehmen.
- **Bild 79:** Bremssattel vom Träger abnehmen (zwei Befestigungsschrauben).
- **Bild 88:** Sicherungsring mit kleiner Zange abziehen und Belagstift mit passendem Durchschlag und Hammer heraustreiben.

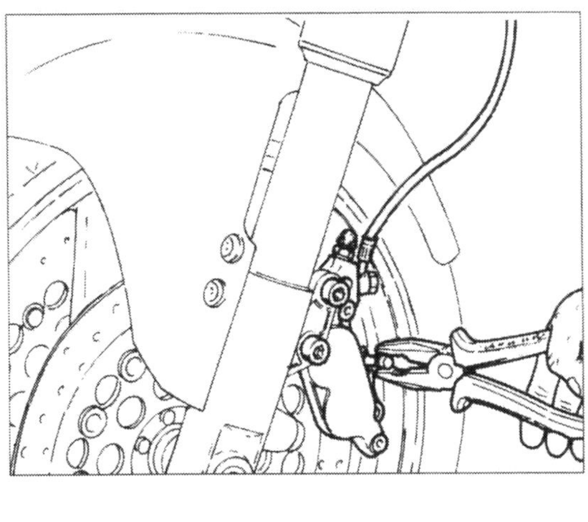

Bild 83
Vergaser-Modelle: Belagstift mit Zange herausziehen

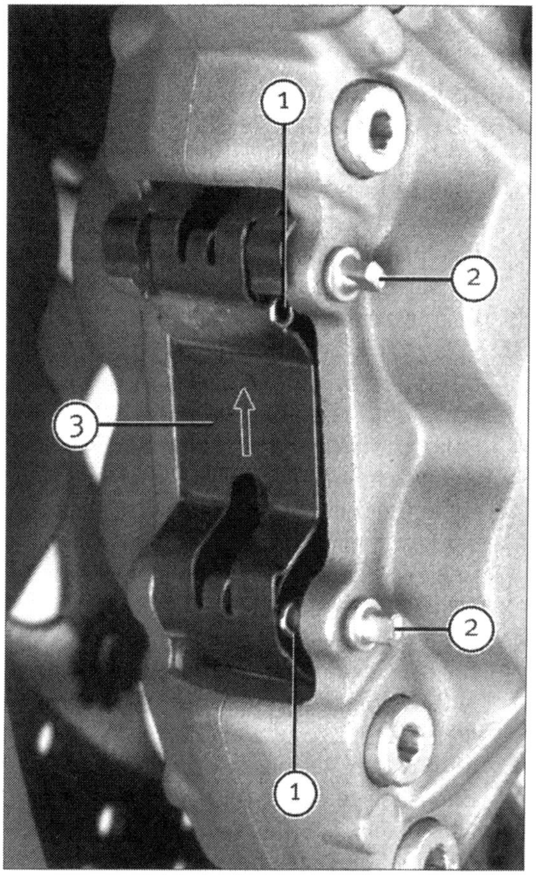

Bild 84
Vorderer i.e.-Bremssattel:
1 Sicherungssplint
2 Belagstift
3 Belagfeder (Pfeil weist in Drehrichtung)

Beläge mit Drahtöse o.Ä. herausziehen.

- Vor Einbau der neuen Beläge mit Hartholz o.Ä. Bremskolben vorsichtig in Sattel eindrücken. Dies um Platz zu machen für neue dicke Bremsklötze. Dabei Kolben und Scheibe nicht verkratzen!
- Neue Beläge von oben in Sattel einschieben und Bremsbeläge mit Stift(en) sichern. Darauf achten, dass Stift(e) sauber einrasten.
- Hinten Belagstift mit Hämmerchen eintreiben. Dabei auf Einbaulage der Belagfeder achten.
- i.e.-Modelle: Federsplint (vorn) und Sicherungsring (hinten) an Bremsklotzstift anbringen.

⚠ Bremshebel/-Pedal betätigen, bis Druckpunkt deutlich spürbar ist. Erst dann ist Bremse betriebsbereit!

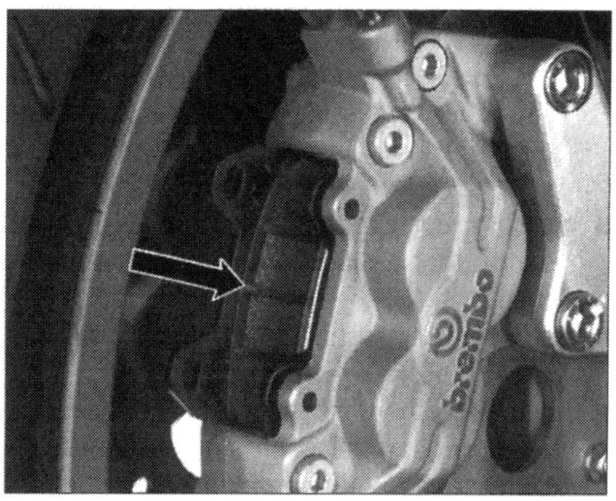

Bild 85
Beläge nach oben herausziehen
Pfeil Verschleissanzeigenut

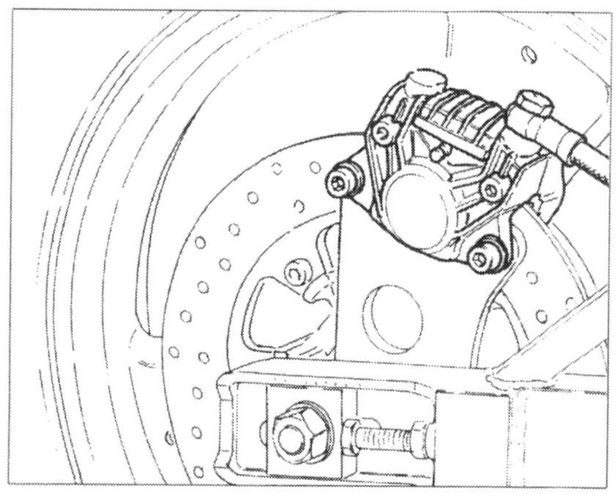

Bild 86 ➤
Hinterrad-Bremssattel der Vergaser-Modelle

Bild 87
i.e.-Bremssattel hinten Belagstärke durch Spalte sichtprüfen (Hier übrigens der Bremssattel der gleich ausgestatteten MONSTER)

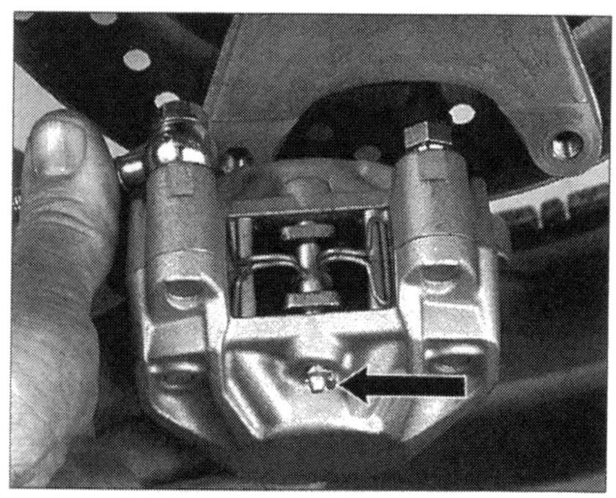

Bild 88 ➤
i.e.-Bremssattel hinten
Pfeil Sicherungsring

3.15.1 Bremspedal-Einstellung

⚠ In Notsituationen ist es äusserst wichtig, dass die Bremswirkung sofort ohne Verzögerung eintritt. Deshalb Position des Bremspedals der Fussstellung des Fahrers anpassen.

- **Bild 89**/Vergaser-Modelle: Gegenmutter lösen und Gewindespindel ein- oder ausdrehen, bis gewünschte Pedalstellung erreicht ist.

⚠ Gewindespindel nicht weniger als 5 mm tief in Muttergewinde einschrauben.

- **Bild 90**/i.e.-Modelle: Gegenmutter mit Gabelschlüssel lösen, Sicherungsklammer der Gewindespindel ausfedern und Verbindungsbolzen aus Gelenk nehmen. Gewindespindel ein- oder ausdrehen, bis gewünschte Pedaleinstellung erreicht ist.
- Gegenmutter wieder anziehen.

3.15.2 Bremslicht-Einstellung

- Nach Einstellen der Bremspedalhöhe, Ansprechen des hinteren Bremslichtschalters kontrollieren. Dieser soll in Aktion treten, bevor Bremswirkung der Hinterradbremse einsetzt.
- **Bilder 89** und **90:** Zum Einstellen Gegenmutter des Einstellers lockern und Ansprechen des Schalters durch Drehen des Einstellers vornehmen (nicht Schaltergehäuse drehen). Gegenmutter wieder anlegen.
- **Bild 91:** Bremslichtschalter vorn kann nicht eingestellt werden; hier kann lediglich eine Funktionsprüfung durchgeführt werden.

Bild 89
Pedal- und Bremslichteinstellung der Vergaser-Modelle
1 Gewindespindel
2 Gegenmutter
3 Kontaktstift des Bremslichtschalters
4 Einsteller

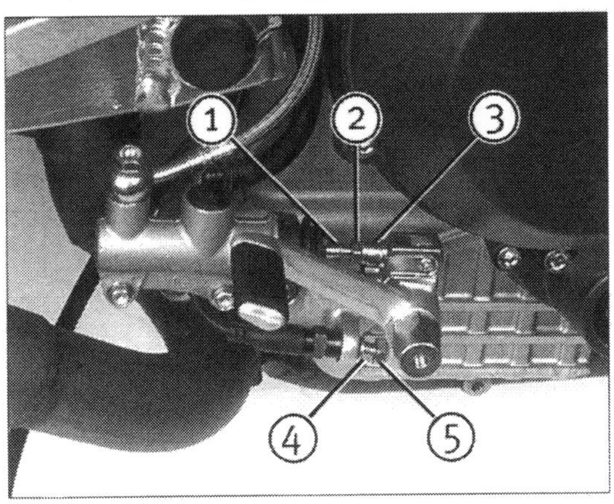

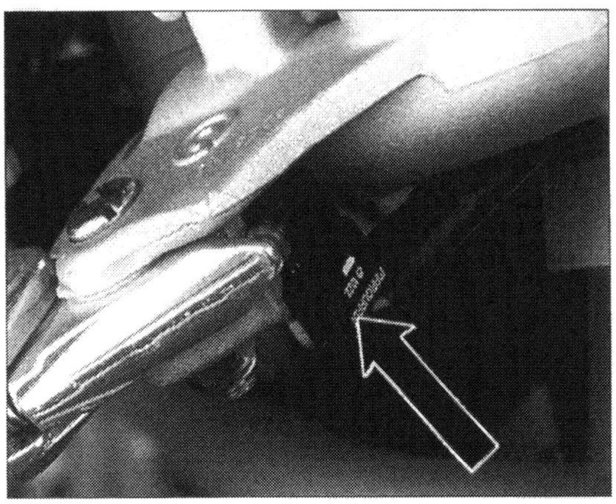

◀ **Bild 90**
Fusspumpe der i.e.-Modelle
1 Gewindespindel
2 Gegenmutter
3 Sicherungsklammer
4 Bremslicht-Einsteller
5 Gegenmutter

Bild 91
Bremslichtschalter vorn kann nicht eingestellt werden

3.15.3 Schaltpedal-Einstellung

■ Wie das Bremspedal kann auch das Schaltpedal (in gewissen Grenzen) den Fahrervorlieben angepasst werden.

Bild 92
Schaltgestänge der Vergaser-Modelle

Bild 93
Schaltgestänge der i.e.-Modelle

■ **Bilder 92** und **93:** Nach Lösen der Gegenmuttern Schaltstange ein- oder ausdrehen, bis gewünschte Pedalstellung erreicht ist. Gegenmuttern wieder anlegen.

3.16 Scheinwerfer-einstellung

Wesentlicher Sicherheitsfaktor bei Nachtfahrten ist ein korrekt eingestellter Scheinwerfer.

■ Einstellung bei korrektem Reifenluftdruck und Federbeineinstellung auf Solobetrieb vornehmen.

■ Motorrad auf Rädern stehend und mit Fahrer belastet im Abstand von 5 Meter (ab Vorderradmitte) vor heller Wand auf ebenem Boden aufstellen.

■ **Bild 94:** Abstand vom Boden bis zur Scheinwerfermitte messen und auf Wand mit Kreuz (Kreide o.Ä.) markieren. 5 Zentimeter unter diesem Kreuz zweites Kreuz einzeichnen.

■ Abblendlicht einschalten.

(Aufgepasst!) Hell/Dunkel-Grenze soll in der Mitte des unteren Kreuzes beginnen, bis zur Höhe des oberen Kreuzes nach rechts ansteigen und dann wieder abfallen.

■ **Bild 95**/Vergaser-Modelle: Höheneinstellung des Scheinwerfers kann von aussen vorgenommen werden.

■ **Bild 96**/Vergaser-Modelle: Seiteneinstellung nach Abnehmen der Frontverkleidung an Einsteller ② vornehmen.

■ Zum Wechseln der Scheinwerferbirne

■ **Bild 97**/i.e.-Modelle: Höheneinstellung des Scheinwerfers wird an der Rückseite des Scheinwerfers vorgenommen.

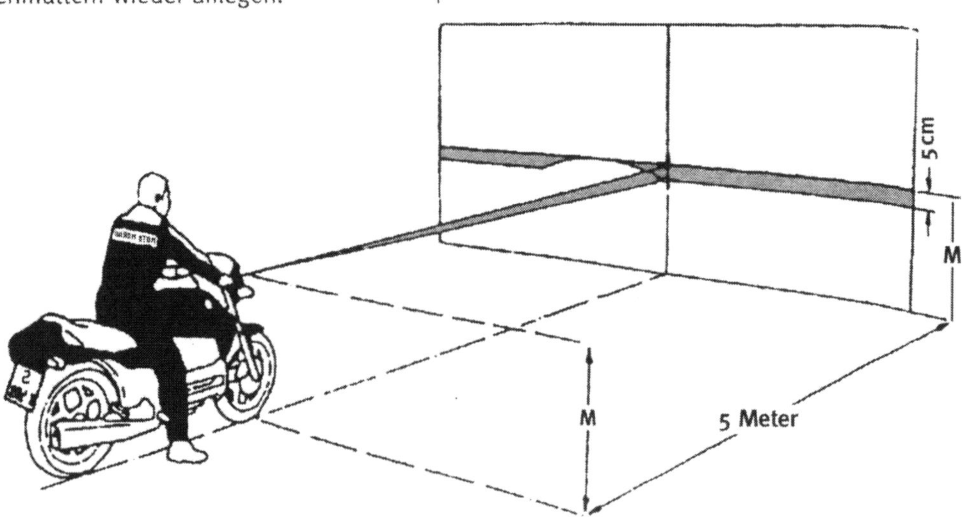

Bild 94
Korrektes Scheinwerfer-einstellen

3.17 Beleuchtungs-mittel

- **Bild 98**/Vergaser-Modelle: Steckkontakt abziehen, Fassung mit Drehung aus Bajonettverschluss herausnehmen und Birnchen entfernen. Wiedereinbau in umgekehrter Reihenfolge.
- **Bild 98**/Vergaser-Modelle: Bei Defekt Standlichtlampe ② aus Scheinwerfer herausziehen und ersetzen.
- **Bild 99** und **Bild 100**/Vergaser-Modelle: Blinker- und Rücklichtlampen nach Abnehmen der Streuscheiben mit Drehbewegung aus Fassung nehmen (Bajonett).
- **Bild 101**/i.e.-Modelle: Am Scheinwerfer hinten Stecker abziehen und Gummitülle abziehen.
- **Bild 102**/i.e.-Modelle: Federbügel ausclipsen und Lampe entfernen. Wiedereinbau in umgekehrter Reihenfolge.

Auf korrekte Montage der Gummitülle achten.

- **Bild 103**/i.e.-Modelle: Bei Defekt Standlichtlampe ① aus Scheinwerfer herausziehen und ersetzen.
- **Bild 104**/i.e.-Modelle: Rücklichtglas nach Ausdrehen der Schrauben ① abnehmen.
- **Bild 105**/i.e.-Modelle: Rücklichtlampe eindrücken und mit Drehung aus Fassung nehmen (Bajonett).
- **Bild 106**/i.e.-Modelle: Zum Wechsel der Blinkerlampen Schraube ① ausdrehen und Blinkerglas abnehmen. Lampe eindrücken und mit Drehbewegung aus Fassung nehmen (Bajonett).
- **Bild 106**/i.e.-Modelle: Beim Einbau des Blinkerglases darauf achten, dass Zapfen ② in Gehäuse-Aussparung eingreift und Ablaufbohrung für Wasser (Pfeil) nach unten weist.

Bild 95
Höheneinstellung kann von aussen vorgenommen werden

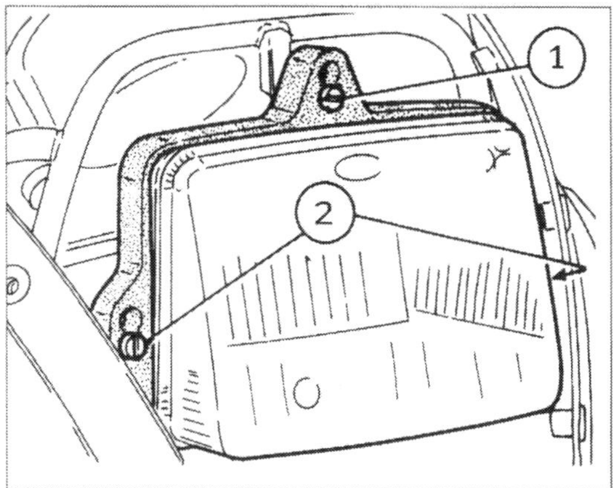

Bild 96
Scheinwerfer-Einsteller/ Vergaser-Modelle
1 Höheneinsteller
2 Seiteneinsteller

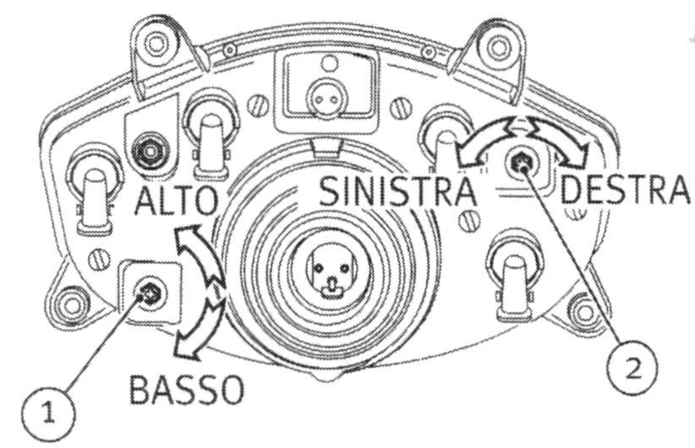

Bild 97
Scheinwerfereinstellung der i.e.-Modelle
Kleiner Italienisch-Kurs:
Alto – Hoch
Basso – Tief
Sinistra – Links
Destra – Rechts
1 Höheneinsteller
2 Seiteneinsteller

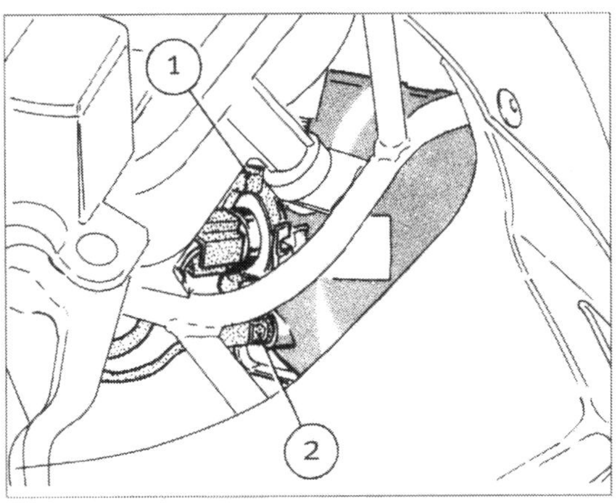

◄ **Bild 98**
Scheinwerferlampen der Vergaser-Modelle
1 Bajonett-Verschluss
2 Standlichtlampe

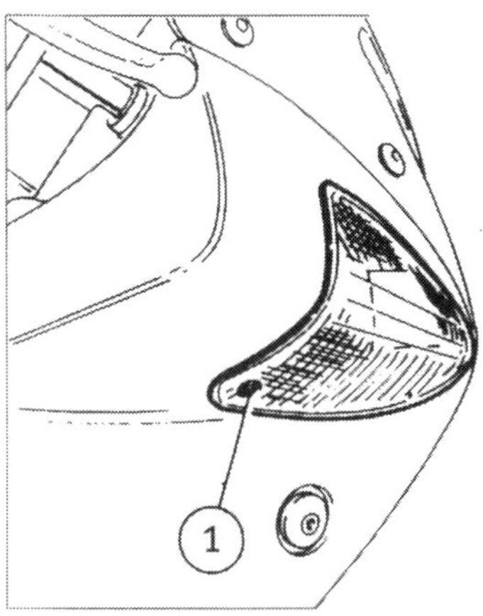

Bild 99.1
Blinkerlampe vorn an Vergaser-SS wechseln
1 Befestigungs-schraube

Vorsicht! ⚠
Aufgepasst!

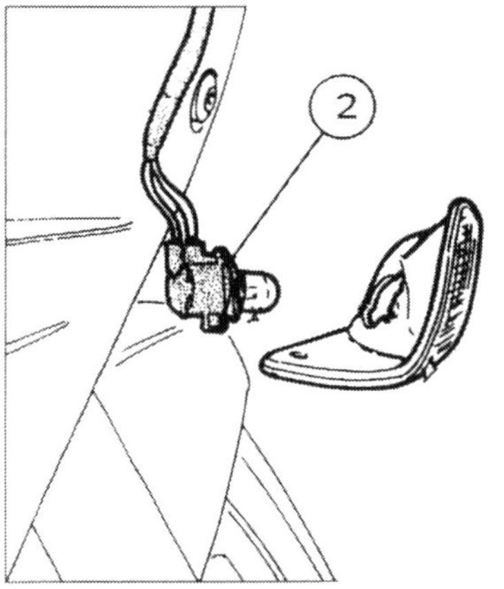

Bild 99.2
Blinkerlampe vorn
an Vergaser-SS wechseln
2 Blinkerlampe

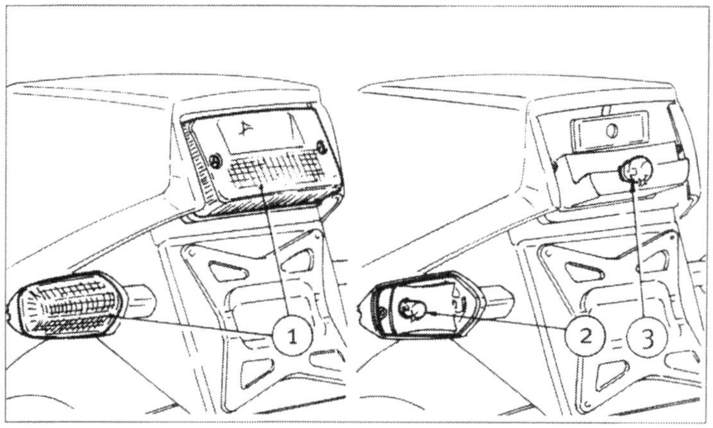

Bild 100 ➤
Blinker- und Rücklicht-
lampe hinten
an Vergaser-SS wechseln
1 Streuscheibe
2 Blinkerlampe
3 Rücklichtlampe

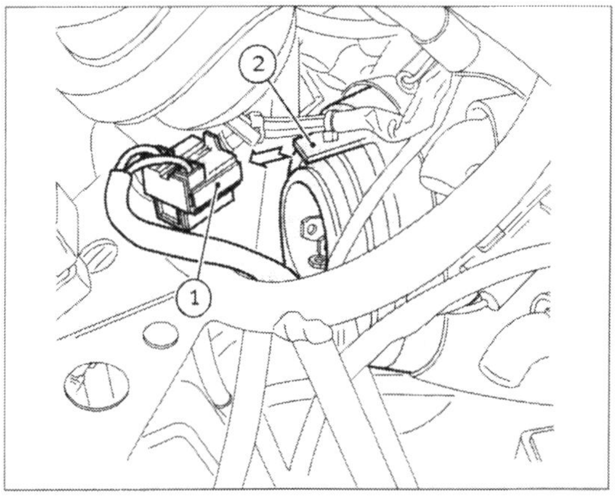

Bild 101
Scheinwerferlampen
der i.e.-Modelle
1 Stecker
2 Gummitülle

Bild 102 ➤
Federbügel ①
ausclipsen

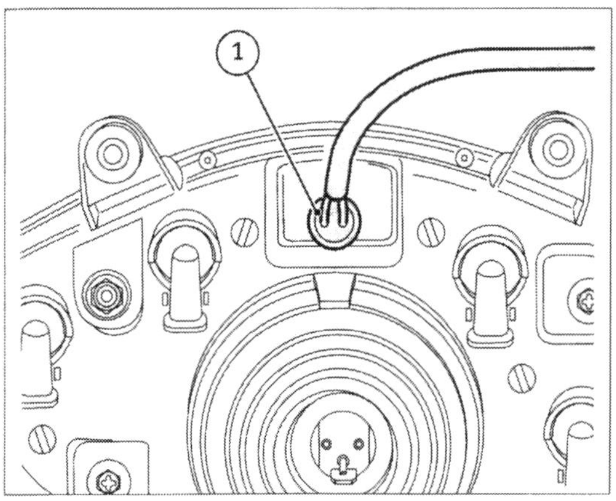

Bild 103
Einbaulage der
Standlichtlampe ①

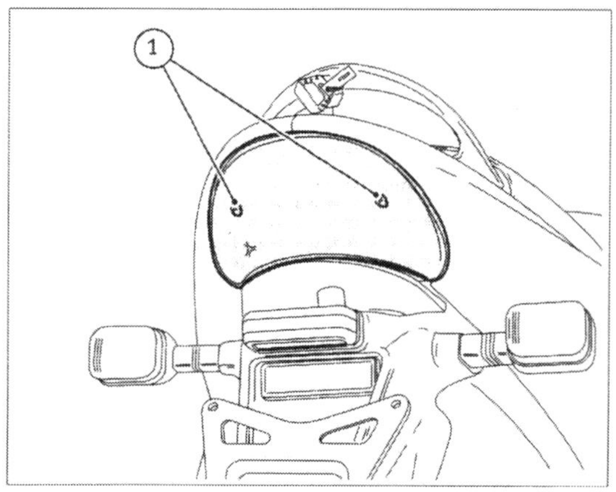

Bild 104 ➤
i.e.-Rücklichtglas
1 Befestigungs-
schraube

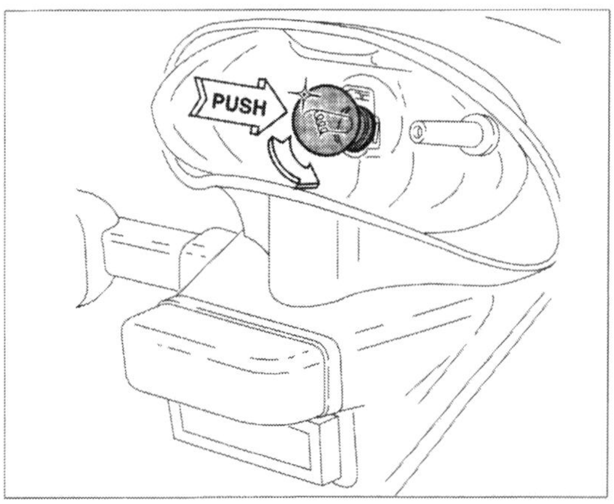

Bild 105
i.e.-Rücklichtlampe
ausbauen
(Bajonettverschluss)

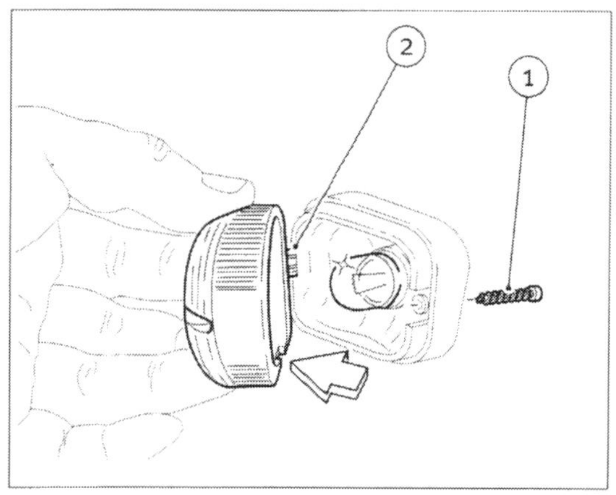

Bild 106 ➤
i.e.-Blinkerlampe ersetzen
1 Schraube
2 Zapfen
Pfeil Aussparung

3.18 Seitenständer

Bild 107: Feder auf Beschädigung und Ermüdung untersuchen. Seitenständer auf Leichtgängigkeit prüfen. Gegebenenfalls mit Motoröl abschmieren.

TIPP Beim **Ducati**-Händler Ihres Vertrauens können Sie sich den Bausatz für einen nicht selbsttätig einklappenden Seitenständer erwerben. (Der selbsttätig einklappende Seitenständer hat bei mir schon für so manchen Herzkasper gesorgt.) Dieser verfügt dann auch über die sonst übliche elektrische Sperre der Start-/Zündanlage bei ausgeklapptem Ständer.

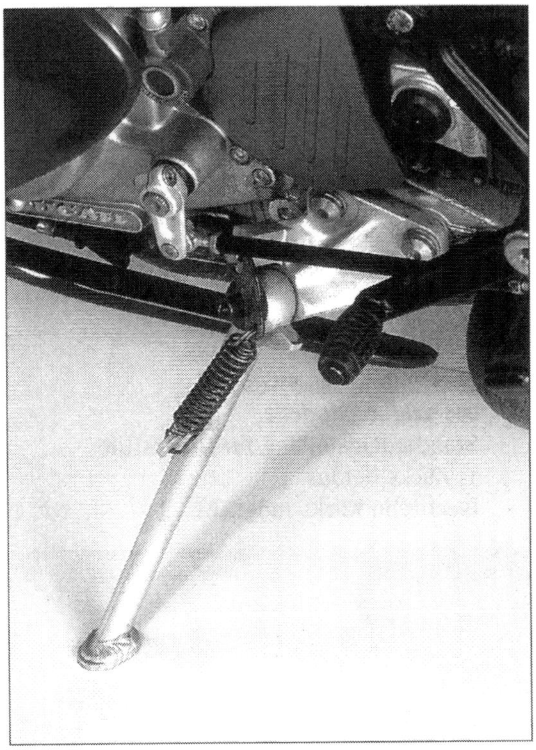

◄ **Bild 107**
Drehzapfen mit Motoröl schmieren

3.19 Lenkkopflager

Wenn das Motorrad in langgezogenen Kurven plötzlich nicht mehr den gewohnt sauberen Strich ziehen will, und wenn es beim kurzen Antippen der Vorderradbremse verdächtig im Lenker knackt, dann hat das Lenkkopflager zuviel Spiel.

- Zum Prüfen des Lagers Maschine so aufbocken, dass Vorderrad freikommt und Gabel frei schwenkbar ist.

⚠ Motorrad nicht am Ölfilter abstützen!

Lenker von Anschlag zu Anschlag schwenken. Wenn sich Lenker ungleich bewegt, schleift, oder Vertikalspiel aufweist, Lager nachstellen. Dabei darauf achten, dass Seilzüge oder Kabelstränge Lenkereinschlag nicht behindern.

Falls Lenker Mittelstellung (»Rastung«) aufweist, ist Lager defekt und muss gewechselt werden wie *ab Seite 113* beschrieben.

- Zur Einstellung Sitzbank abnehmen und Tank nach oben klappen.
- **Bild 108** und **Bild 109:** Klemmschrauben ② und ③ der oberen Gabelbrücke lockern. Lenkschaftschraube ① um eine Umdrehung lösen.
- Nutmutter ④ mit Hakenschlüssel oder langem Durchschlag nachsetzen oder lockern, bis kein Spiel im Lager mehr spürbar ist und Lenker leicht von Anschlag zu Anschlag zu schwenken ist.
- Lenkschaftschraube ① und dann Klemmschrauben ③ anziehen.

Einstellung nochmal kontrollieren.

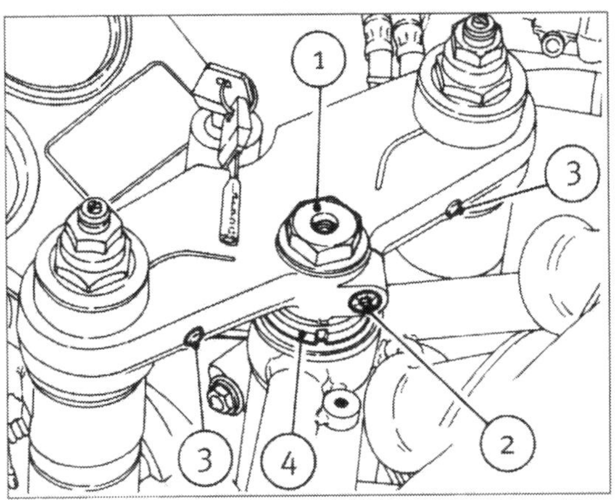

◄ **Bild 108**
Lenkkopflager einstellen
1 Lenkkopfmutter (40–44 Nm)
2 Lenkrohr-Klemmschraube (35–37 Nm)
3 Gabelklemmung (22–24 Nm)
4 Einstellmutter

Bild 109
Lenkkopflager der i.e.-Modelle mit delikater Lenkkopfmutter. Hier muss das passende Spezialwerkzeug besorgt werden!

Vorsicht! ⚠
Aufgepasst!

3.20 Federung

3.20.1 Vorderrad

Wirkung der Telegabel durch mehrmaliges Einfedern prüfen, wobei sich zeigt, ob Tauchrohre etwa durch verspannten Einbau an freier Beweglichkeit gehindert sind.

Wellendichtringe der Telegabel dürfen keine Undichtheiten zeigen. Sonst defekte Teile erneuern wie *ab Seite 113* beschrieben.

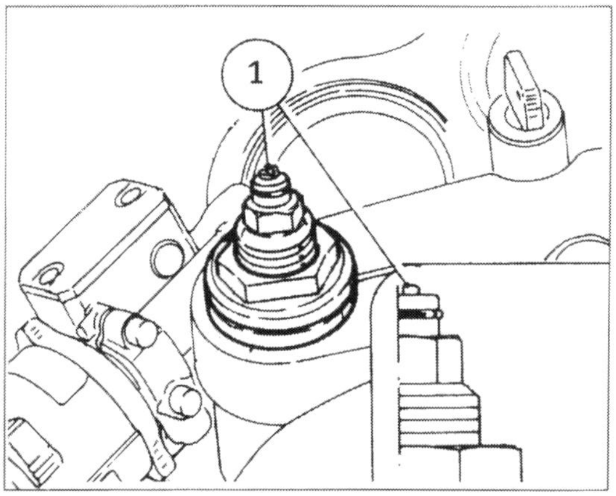

Bild 110
Zugstufe (Ausfederdämpfung) am Einsteller ① einstellen

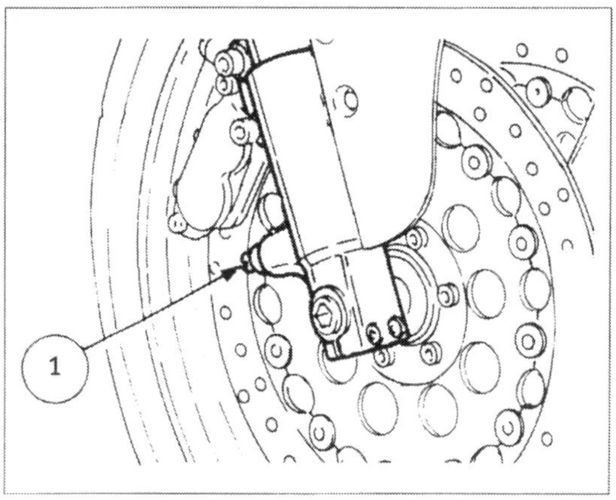

Bild 111
Vergaser-SS: Druckstufe (Einfederdämpfung) am Einsteller ① einstellen

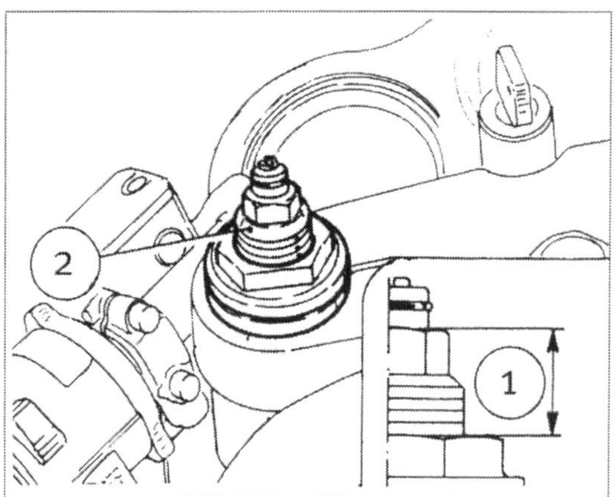

Bild 112
Vorspannung der Tragfeder einstellen
1 Einstellhöhe 10–25 mm (Standard 18 mm)
2 Einstellsechskant

Bild 113 ➤
Zugstufendämpfung an i.e. 5 Klicks heraus (Standard)

Tauchrohre müssen feinstpolierte Oberfläche aufweisen. Riefen und Aufwerfungen können bis zu einem gewissen Grad mit feinem Ölstein oder Schmirgelleinen vorsichtig ausgebügelt werden.

Die Vorderradfederung der SS-Baureihe bietet die Möglichkeit, die Zugstufendämpfung (Ausfedern), Druckstufendämpfung (Einfedern) und Federvorspannung unterschiedlicher Beladung, Strassenverhältnissen oder Fahrervorlieben anzupassen.

⚠ Beide Gabelholme immer auf gleiche Werte einstellen!

- **Bild 110** und **Bild 111:** Zur Dämpfungseinstellung Einsteller bis zum lockeren Aufsitzen eindrehen (stärkste Dämpfung). Dabei ist etwa jede ⅓ Umdrehung Klickgeräusch hörbar.
- *Vergaser-Modelle:*
  Standardeinstellung/Druck- & Zugstufe:
  7 Klicks heraus
  (vierzehn Klicks möglich)
- **Bild 112:** Einstelldaten der Federvorspannung für *Vergaser-Modelle* und *i.e.-Modelle* sind gleich.
- **Bild 113**/*i.e.-Modelle:*
  Standardeinstellung für Zugstufe:
  7 Klicks heraus
  (vierzehn Klicks möglich)
- **Bild 114**/*i.e.-Modelle:*
  Standardeinstellung für Druckstufe:
  11 Klicks heraus
  (sechzehn Klicks möglich)

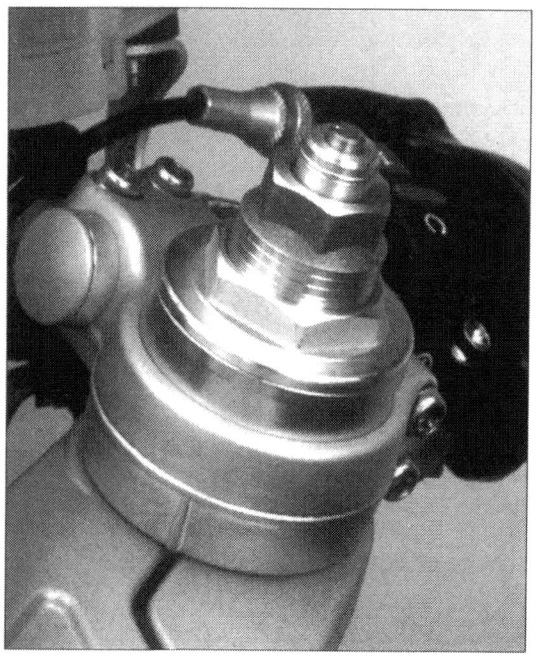

3.20.2 Hinterrad

Die Hinterhand der SS-Baureihe wird über eine Dreiecksschwinge auf ein zentrales Federbein abgefedert, das wie die Teleskopgabel voll einstellbar ist.

- Maschine am Heck mehrmals kräftig einfedern und Federbewegung in Hinsicht auf Dämpferwirkung beobachten (Einfedern geht schneller als Ausfedern). Falls Heck unkontrolliert nachfedert, ist Dämpfer verschlissen.
- ⚠ **Bild 115** und **Bild 116:** Dämpfung der Federvorspannung anpassen (je stärker Feder vorgespannt ist, desto mehr Dämpfung zugeben).
- Zur Einstellung der Dämpfungseinsteller (Druck- und Zugstufe) Einsteller bis zum lockeren Aufsitzen eindrehen und dann eine Umdrehung herausdrehen (Standardeinstellung).
- Zur Einstellung der Federvorspannung Tank und Sitzbank abnehmen.
- Mit Hakenschlüssel Gegenmutter des Einstellers lockern und Einsteller auf gewünschtes Mass einstellen (Gegenmutter wieder anlegen).
  Standard-Federlänge: 176 mm

3.21 Muttern, Schrauben und Befestigungsteile

Im Lauf der Zeit kann es vorkommen, dass sich Muttern oder Schrauben am Motorrad durch Vibrationen lösen.

- Deshalb nach jeweils 10 000 Kilometern im Rahmen einer Inspektion alle Fahrgestellmuttern und -schrauben auf vorgeschriebene Anzugsmomente kontrollieren.

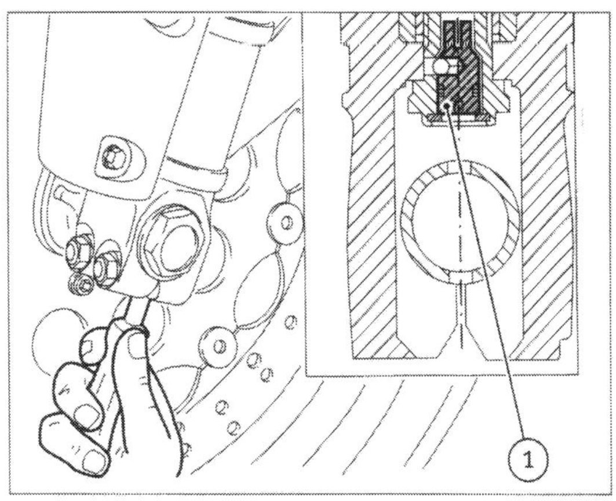

Bild 114
i.e.: Druckstufe (Einfederdämpfung) am Einsteller ① einstellen

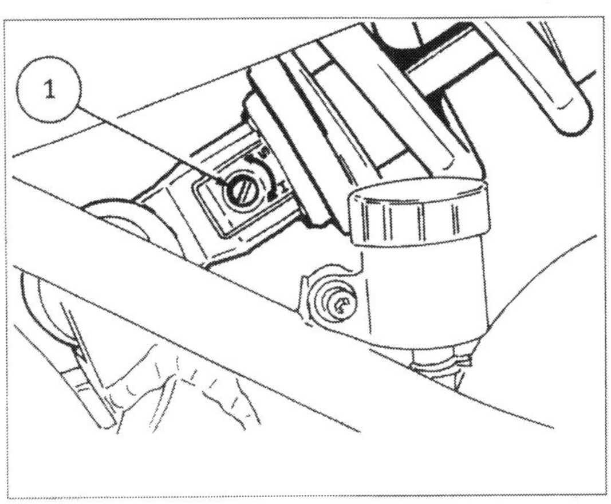

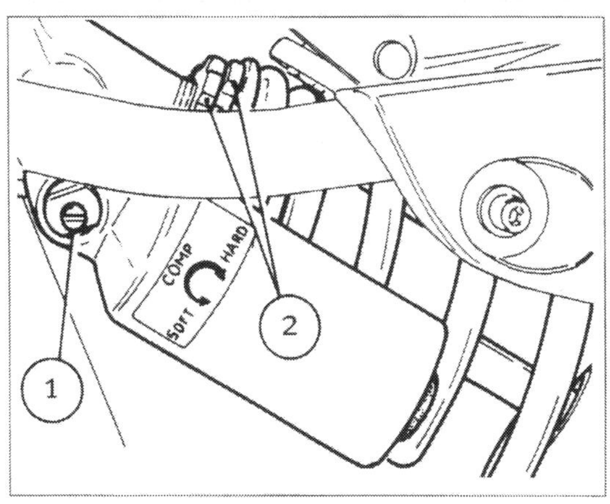

◄ Bild 115
Zugstufendämpfung-Einsteller ①

Bild 116
Druckstufendämpfung und Federvorspannung
1 Druckstufeneinsteller
2 Gegen- und Einstellmutter der Federvorspannung

3.22 Räder und Reifen

- Reifen dürfen keine Risse oder sonstige Beschädigungen aufweisen.
- Reifenluftdruck bei kalten Reifen messen (Druckwerte siehe *Technische Daten ab Seite 124*).
- Profiltiefe muss vorne min. 1,6 mm, hinten min. 2,0 mm betragen.
- Räder auf Schlag prüfen *(Kapitel 17)*.

3.23 Sicherungen

- **Bild 117** und **Bild 118:** Der Sicherungkasten befindet sich links neben den Uhren im Cockpit. Deckel des Sicherungskastens öffnen. Sicherung aus Klemme herausziehen und Reserve-Sicherung mit identischem Ampère-Wert eindrücken.
- ⚠ Auf keinen Fall Sicherung mit höherer Kapazität (Ampère-Wert) einsetzen. Dies kann zu ernsthaften (teuren!) Beschädigungen der elektrischen Anlage führen.
- Falls Sicherung wiederholt durchbrennt, Fehler in elektrischer Anlage suchen und beheben.
- **Bild 119**/*i.e.-Modelle*: Neben der Reglersicherung (40 A) befinden sich auch zwei Sicherungen der elektronischen Einspritzanlage.

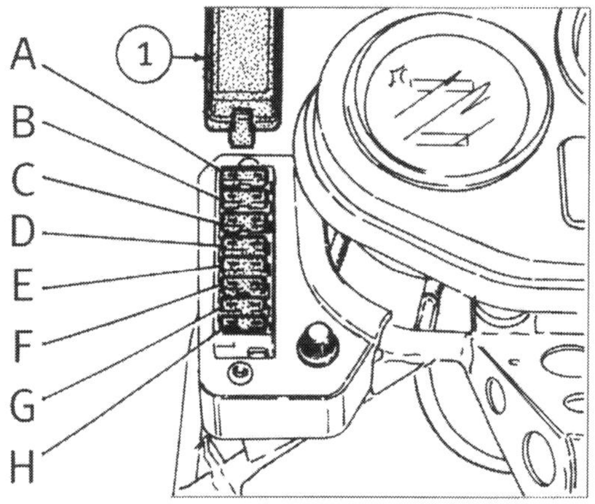

Bild 117
Sicherungskasten der Vergaser-SS
1 Deckel
A 30 A (Hauptsicherung)
B 15 A
C 15 A
D 7,5 A
E 7,5 A
F, G, H Reserve-Sicherungen

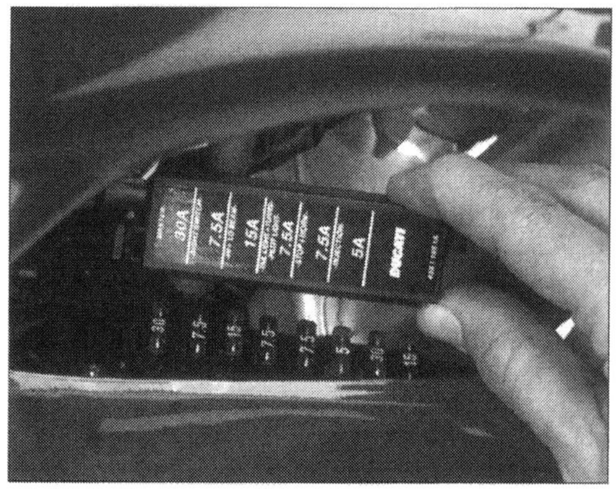

Bild 118 ➤
i.e.-Sicherungskasten: Sechs Sicherungen angeschlossen, zwei Reserve

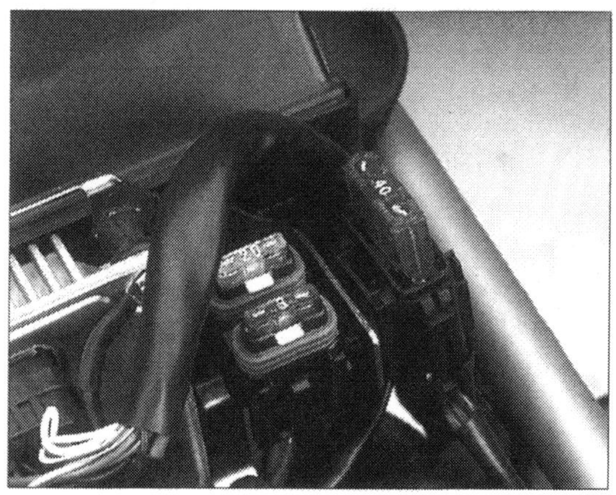

Bild 119 ➤
Sicherungen unter dem Tank (Schutzkappen abgenommen). Sicherungen der Einspritzanlage mit 20 A und 3 A, Hauptsicherung 40 A

Bau-
gruppen

Baugruppen

Vorsicht! ⚠
Aufgepasst!

Ausbau

Wie in *Kapitel 3* gesehen, lassen sich alle routinemässigen Wartungsarbeiten bei eingebautem Motor erledigen. Lediglich Arbeiten an Kurbelwelle, Pleuel und Getriebe machen eine Motorausbau erforderlich (bei Zylinderkopf- oder Kolbenwartung rentiert sich jedoch der zusätzliche Aufwand, den Motor aus dem Rahmen auszubauen – solang' keine Werkstatt-Richtzeiten im Genick sitzen...).
Falls keine Motorhaltevorrichtung vorhanden ist und ein Totalausbau ansteht, empfiehlt es sich, vor Motorausbau die Baugruppen *Starter*, *Generator* und *Kupplung* zu demontieren.
Das senkt das Gewicht des Rumpfmotors und macht einen Helfer beim Herausheben des Motors zwar nicht überflüssig, aber er ist nicht mehr unabdingbar.
Bei der Auflistung der Arbeitsgänge wird von einem Totalausbau ausgegangen. Deshalb bei Kupplungstrouble getrost Arbeitsgang *Vergaserausbau* auslassen.

Prüfen und Vermessen

Die ganze Arbeit des Zerlegens nützt wenig, wenn die Teile nur nach augenscheinlicher Begutachtung wieder zusammengebaut werden. Leider aber stösst der Privatmann beim Vermessen schnell an seine Grenzen, denn mit dem Messschieber allein ist es nicht getan. Nicht viele haben ihre private Werkstatt mit Messuhr, Messdornen oder Mikrometern in verschiedenen Weiten ausgerüstet, und es muss jeder für sich entscheiden, ob sich die Anschaffung dieser teuren Geräte lohnt.
Mit richtigem Messen allein ist es auch nicht getan, wenn der Verschleiss noch in der Toleranz liegt, aber andere, nicht messbare Verschleisserscheinungen oder Beschädigungen vorliegen. Deshalb vertraut der Unerfahrene diese wichtige Arbeit der Werkstatt an.

Montage

Nun liegt der Desmodue also mit seinen Einzelteilen in Kisten, Kästen und Schubladen verpackt in der Werkstatt und wartet auf die Wiedererstehung. Liegt das passende Werkzeug bereit? Sind die benötigten Ersatz- und Verschleissteile vollzählig besorgt? Sind alle Teile korrekt vermessen und auf Verschleiss geprüft worden?
Solange das Motorrad noch zerlegt herumliegt, sollte man sich nochmal ins Gewissen reden, denn jetzt lassen sich die Teile am einfachsten auswechseln. Also alles noch kritischer als sonst begutachten!
Wenn zum Beispiel ein Getriebezahnrad leichte Pitting-Bildung an den Zahnflanken aufweist, würde es bestimmt nochmal 10 000 Kilometer schadlos seine Arbeit verrichten. Aber dann zerbröselt es garantiert während der Urlaubsfahrt in Spanien. Ein neues Zahnrad kostet nicht die Welt, teuer wird erst der Einbau.
Wenn wirklich alles bereit liegt, kann die Schrauberei beginnen, damit Stunden später ein neuwertiges Motorrad aus der Werkstatt rollt.

Kraftstoff-Aufbereitung

4.1 Ausbau

4.1.1 Vergaser

- Sitzbank, Tank-, Verkleidungs-, Batterie- und Luftfilterausbau *siehe Wartungskapitel.*
- **Bild 120:** Tankwiderlager ausbauen.
- **Bild 121:** Stecker trennen.
- **Bild 122:** Kabel freilegen und Zündboxen mit Zündspulen nach Ausdrehen der Befestigungsschrauben entfernen.
- **Bild 123:** Motorgehäuse-Entlüftungsschlauch von Luftfiltergehäuse abziehen.
- **Bild 124:** Schlauchschellen der Gummistutzen zum Luftfiltergehäuse hin lockern.
- **Bild 125** und **Bild 126:** Befestigungsschrauben des Luftfiltergehäuses ausdrehen und Gehäuse nach oben abnehmen.
- **Bild 127:** Schlauchschellen lockern und Vergaser samt Be- und Entlüftungsschläuchen sowie Seilzügen von Stutzen abziehen.
- **Bild 128:** Sprit aus Schwimmerkammern ablassen: Kraftstoff in geeignetes Auffanggefäss nach Aufdrehen der Ablassschraube ablassen.
- Gasseilzüge nach Einstellung auf grösstmögliches Spiel aushängen. Chokeseilzug nach Lockern des Klemmwiderlagers aushängen.
- **Bild 128:** Gemischregulierschraube ③ ist vom Werk voreingestellt, deshalb nicht verstellen:

Bild 120
Tankwiderlager entfernen

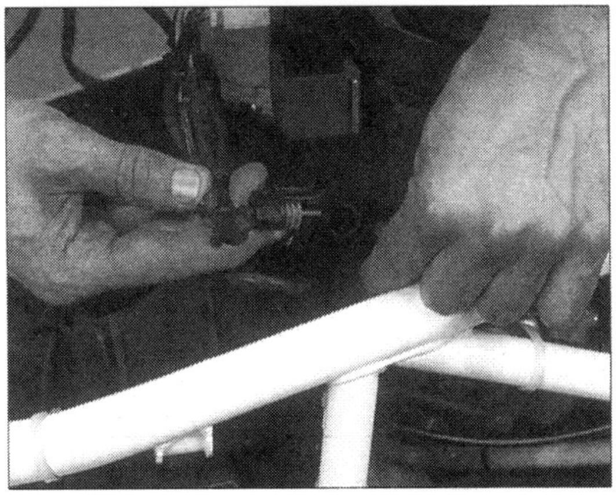

Bild 121
Stecker trennen

Bild 122
Zündboxen ① und Zündspulen ② ausbauen

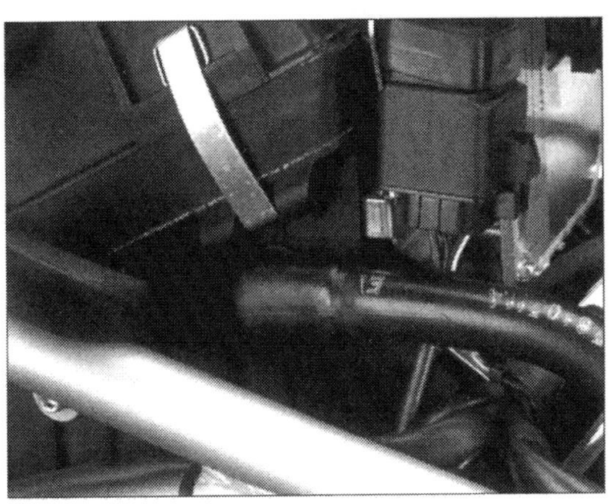

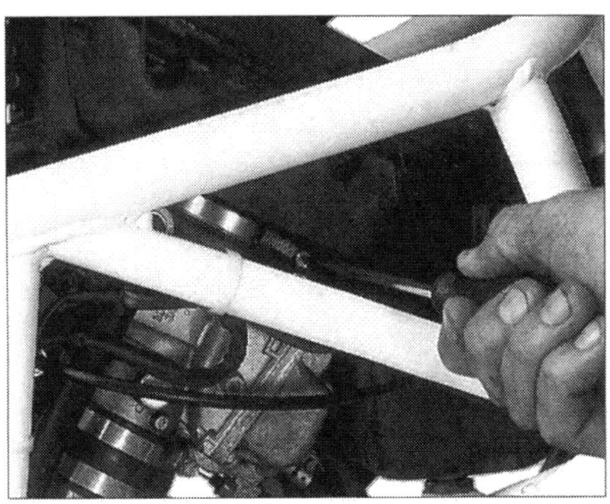

◄ **Bild 123**
Motorgehäuse-Entlüftungsschlauch

Bild 124
Schlauchschellen lockern

Vorsicht! ⚠
Aufgepasst! 👁

Bild 125
Luftfiltergehäuse-Befestigungsschrauben ①
über liegendem Zylinder

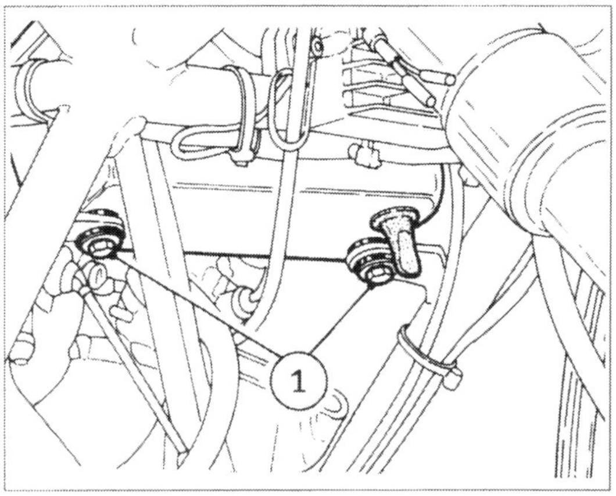

Bild 126 ➤
Luftfiltergehäuse-Befestigungsschrauben ①
im Batteriekasten

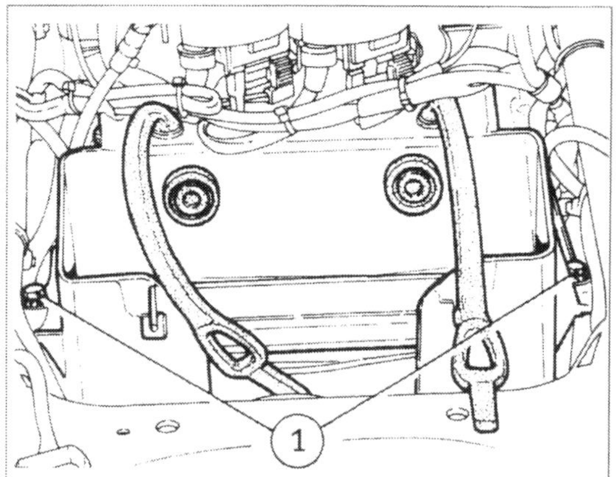

Bild 127
Schlauchschellen ①
zum Ansaugstutzen
lockern

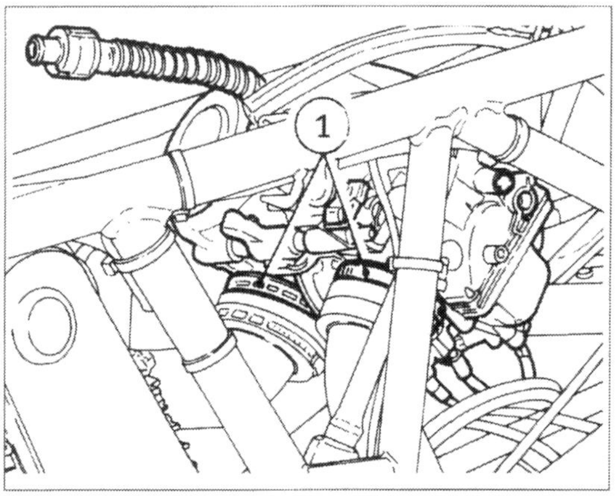

Schraube vorsichtig im Uhrzeigersinn eindrehen bis sie leicht aufsitzt und Anzahl der Umdrehungen notieren; dann Schraube ganz ausdrehen.

⚠ Schraube nicht gegen Sitz anziehen, da dieser sonst beschädigt wird.

- **Bild 128:** Vier Kreuzschlitzschrauben (Kreise) ausdrehen und Deckel abnehmen.
- **Bild 129:** Schwimmergestell samt Ventilkegel abnehmen.
- **Bild 128:** Düsen ausschrauben bzw. von Hand entnehmen. Auf Verbleib der O-Ringe achten.
- Düsenstockschraube ausdrehen und Düsenstock abnehmen. Auf Verbleib der Gummidichtung achten.
- **Bild 130:** Den Deckel der Schubbetrieb-Anreicherungsmembran nach Ausdrehen von zwei Kreuzschlitzschrauben abnehmen.
  Auf Verbleib der Feder achten.

Bild 128
Vergaserschwimmerkammer
1 Ablassschraube
2 Ablassstutzen
3 Leerlaufgemisch-Einsteller
4 Hauptdüse
5 Leerlaufdüse
6 Düsenstock-schraube
7 Schwimmerkammer-Überlauf
Kreis Deckelschrauben

TIPP Fingerzeig
Exakt messen

◄ Bild 129
Schwimmergestell samt Ventilkegel entnehmen

Bild 130
Deckel der Schubbetrieb-Anreicherungsmembrane

- **Bild 131:** Oberen Unterdruckkammerdeckel nach Ausdrehen von zwei Kreuzschlitzschrauben abnehmen. Auf Verbleib des O-Rings achten.
- Feder und Membran samt Kolben entnehmen.
- Düsennadel aus Kolben herausschütteln.
- **Bild 144:** Nadeldüse ⑧ von Hand nach oben ausdrücken.

⚠ Trennen der Vergaser möglichst vermeiden. Unbedingt auf Ausgleichsfeder an der Abgleichschraube achten. Sehr fummelige Montage!

Bild 131
Auf Verbleib des kleinen O-Rings achten

Bild 132
Vergasergehäuse möglichst nicht trennen
1 Verbindungsstangen
2 Chokestangen-Führungen

Vorsicht! ⚠
Aufgepasst!

- **Bild 132:** Zum Trennen der Vergaser Chokestange-Führungen ② herausdrücken, Stange entfernen. Verbindungsstangen ① ausdrehen.
- **Bild 133:** Chokekolben ausclipsen.

4.1.2 Drosselklappengehäuse

- **Bild 134, Bild 135** und **Bild 123:** Die Arbeitsgänge gleichen sich prinzipiell.
- Allerdings müssen die Klemmschellen der Benzinschläuche mit passendem Seitenschneider getrennt werden (Drosselklappeneinheit wird in der Regel komplett mit Schläuchen abgenommen). Gegebenenfalls für die Montage Schlauchschellen passender Grösse verwenden.
- **Bild 136:** Stecker der Magnetventile nach Ausfedern der Sicherungsfedern mit kleinem Schraubendreher abziehen.
- **Bild 137:** Einspritzdüse nach Ausdrehen der beiden Befestigungsschrauben abnehmen.
- **Bild 138:** Druckregler nach Ausdrehen einer Befestigungsschraube abnehmen.
- **Bild 139:** Stecker des Drosselklappensensors trennen und Kabel freilegen. Schlauchschellen lockern und Drosselklappengehäuse vom Stutzen abziehen.
- Gas- und Chokeseilzug (Leerlaufdrehzahl-Anhebung) nach Einstellung auf grösstmögliches Spiel aushängen.

Bild 133
Chokekolben ausclipsen

Bild 134
Luftfiltergehäuseschrauben im Batteriefach

Bild 135 ➤
Luftfiltergehäuseschrauben über liegendem Zylinder (links und rechts)

Bild 136
Einspritzdüseneinheit
Pfeil Magnetventil-Stecker

Bild 137 ➤
Einspritzdüseneinheit
Kreis Befestigungsschraube

4.2
Prüfen und Vermessen

- Schieberkolben darf keine Riefen, Kratzer oder sonstige Beschädigungen aufweisen und muss im Vergasergehäuse ungehindert auf- und abgleiten können. Falls schwergängig: erneuern.
- Düsennadel darf keine Verbiegung oder sonstige Beschädigungen aufweisen.
- Nadeldüse darf keine Anlaufstellen der Düsennadel aufweisen, andernfalls Nadel und Düse wechseln.
- Membran von Schieberkolben und Anreicherungssystem darf keine porösen Stellen oder Risse haben (gegen starke Lichtquelle halten). Falls defekt: austauschen.
- Schwimmer auf Verformungen oder Kraftstoff im Inneren untersuchen.
- Gemischregulierschraube auf Beschädigungen untersuchen.
- ⚠ Sämtliche Düsen und Kanäle mit Druckluft durchblasen, keinesfalls mit Nadel oder Draht reinigen!
- Schwimmerventilkegel darf keine Riefen oder Kerben haben.
- Drosselklappenwelle bei ausgehängter Rückholfeder auf spielfreie Lagerung im Gehäuse kontrollieren.
- Chokebetätigung auf einwandfreie Funk-tion prüfen. Er muss leicht zu betätigen sein.
- Drosselklappenbetätigung durch Drehen der Nippelaufnahme auf Schwergängigkeit prüfen.

Bild 140: Einzelne Messwerte für die Komponenten der Einspritzanlage anzugeben ist zwecklos, da wie zum Drosselklappenabgleich in *Kapitel 3.4* erwähnt, aussagekräftige Messwerte nur mit dem Mathesis-Tester zu erreichen sind.

Bild 138
Druckregler
Kreis Befestigungsschraube

Bild 139
Drosselklappensensor ①

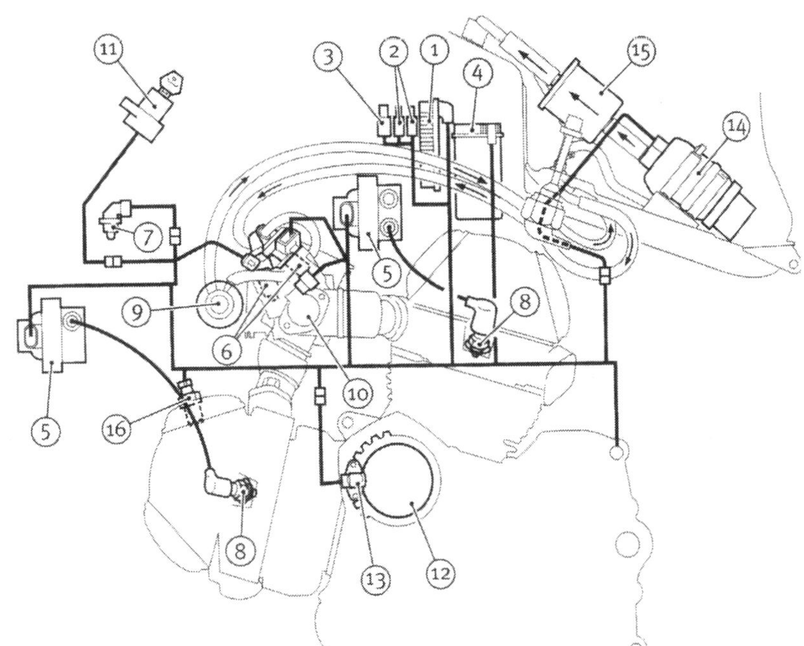

Bild 140
Einspritzsystem-Prinzipdarstellung

1	Elektronisches Steuergerät Marelli-CPU 1.5
2	Sicherungen für Relais
3	Relais
4	Batterie
5	Zündspule (1 von 2)
6	Einspritzdüse (eine pro Zylinder)
7	Lufttemperaturfühler
8	Zündkerze (eine pro Zylinder)
9	Druckregler
10	Drosselklappensensor
11	Zündschloss
12	Geberrotor
13	Drehzahlsensor
14	Benzinpumpe
15	Benzinfilter
16	Motortemperaturfühler

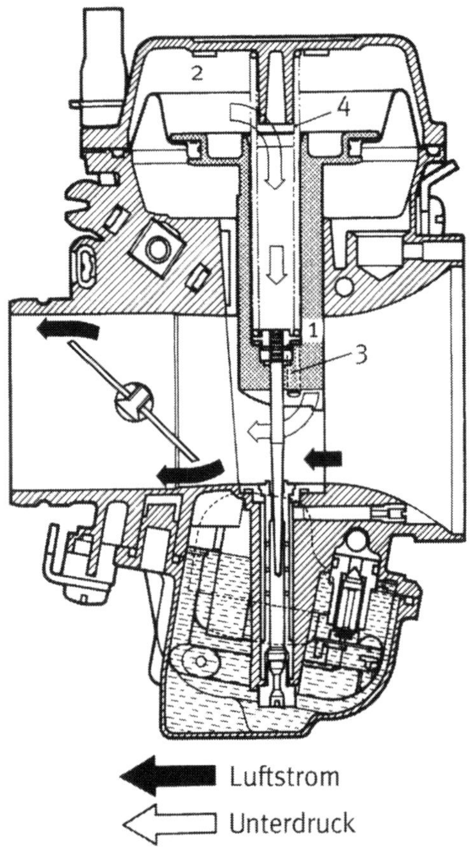

Bild 141
Vergaserlängsschnitt-Prinzipdarstellung (Drosselklappe leicht geöffnet)
1 Kolben
2 Membrangehäuse
3 Luftdüse
4 Feder

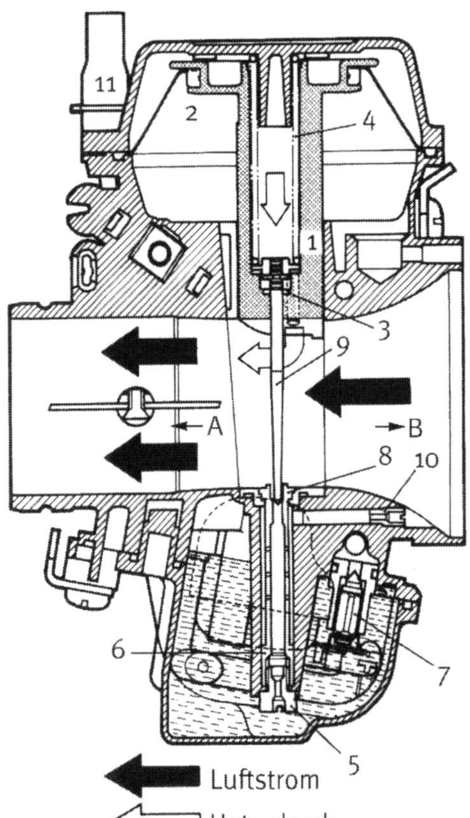

Bild 142
Vergaserlängsschnitt-Prinzipdarstellung (Drosselklappe voll geöffnet)
1 Kolben
2 Membrangehäuse
3 Luftdüse
4 Feder
5 Hauptdüse
6 Mischrohr
7 Schwimmerventilkegel
8 Nadeldüse
9 Düsennadel
10 Vorluftdüse
11 Unterdruck-Messanschluss
A Zum Motor
B Vom Luftfilter

4.2.1 Funktion und Feinabstimmung der Vergaser

Der Unter- oder Gleichdruckvergaser ist weitverbreiteter Standard, auch wenn seine Tage eigentlich gezählt sind, denn die elektronisch gesteuerte Benzin-Einspritzung ist dem Vergaser in den Belangen Leistungsausbeute und geringstmöglicher Schadstoff-Ausstoss (wird auch unter dem Etikett »Umweltfreundlichkeit« gehandelt) bei weitem überlegen.

- **Bild 141** und **Bild 142:** Der herunterfahrende Kolben erzeugt im Zylinder »Unterdruck« (physikalisch korrekt ist die Formulierung: Luft wird durch den Umgebungsluftdruck in den Verbrennungsraum hineingedrückt, um die Druckverhältnisse auszugleichen), und in zusätzlicher Abhängigkeit zur Drosselklappenstellung wird durch die Luftdüse ③ Luft aus der Unterdruckkammer ② mitgerissen und so der Kolben gegen die Feder nach oben »gesogen«. Als Vorteil gegenüber dem simpleren Schiebervergaser verspricht der Gleichdruckvergaser dadurch eine fast gleichbleibende Strömungsgeschwindigkeit der einströmenden Gase und somit eine gleichbleibend optimale Spritverneblung (→ geschmeidigeres Ansprechen, leichteres Abstimmen und geringeren Spritverbrauch – letzteres zumindest in der Theorie).
- Nichtsdestotrotz hält natürlich die Einspritzung verbreiteten Einzug auch bei den aktuellen Superbikes von HONDA, SUZUKI und YAMAHA. **DUCATI**, Vorreiter in der Nutzung der Einspritzung (kennt jemand aus der geneigten Leserschaft Motorräder der Marke BMW?), bedient sich natürlich auch der Vorteile der Einspritzung für den »Strassenverkehr«. Diese liegen vor allem darin, dass mit einer grösseren Anzahl von konkreten Parametern die Spritzufuhr im Verhältnis zur »angesaugten« Luftmenge und den Fahrbetriebsanforderungen genauer geregelt werden kann. (Die Schlussfolgerung, dass dadurch auch der Spritverbrauch gesenkt wird ist logisch, aber wie beim Unterdruckvergaser gegenüber dem Schiebervergaser nur eine theoretische mit zahlreichen Gegenbeispielen.)
- Das Feinabstimmen der Unterdruckvergaser beschränkt sich auf den Sportfahrerbereich, wo je nach Wetterlage (Luftdruck

und Temperatur) noch das allerletzte Quäntchen an Druck herausgekitzelt wird.

- Dabei bietet sich als Abstimmungsmöglichkeit die Änderung der Hauptdüse und der Düsennadel an. Allerdings muss dabei behutsam und am Besten mit viel Erfahrung vorgegangen werden. Einfach Luftfilter 'raus und dicke Hauptdüse 'rein – damit ist es nicht getan. Der **Ducati**-Werkstattmann Ihres Vertrauens kann Sie da sicher beraten.

4.3 Montage

4.3.1 Vergaser

⚠ **Bild 143:** Vor Einbau der Düsen sämtliche Durchlässe und Bohrungen mit Druckluft freiblasen. Keinesfalls Düsen mit Draht o.Ä. versuchen zu reinigen.

- **Bild 144:** Nadeldüse ⑧ von oben in das Gehäuse eindrücken.
- **Bild 128** und **Bild 144:** Düsenstock mit Gummidichtung (leicht geölt) aufsetzen und mit Schraube ⑥ befestigen.
- **Bild 143:** Düsen gegebenenfalls mit leicht geölten O-Ringen eindrücken und eindrehen.
- Schwimmergestell mit Ventilkegel eindrücken (O-Ring geölt).
- Gemischregulierschraube leicht bis zum Aufsitzen eindrehen und dann um die beim Ausbau notierte Anzahl von Umdrehungen herausdrehen. Schraube nicht gegen Sitz anziehen!
- Dichtgummi des Schwimmerkammer-Deckels ölen und Deckel befestigen.
- **Bild 144:** Düsennadel mit Scheibe und Feder (Klammer bei 750: dritte Kerbe; 900: vierte Kerbe) in Unterdruckkolben einsetzen.
- **Bild 144:** Es folgt Federsitz ②. Feder und Kolben in Gehäuse einsetzen.
- Kolben in Stellung ³/₄ geöffnet halten, Membran umstülpen und Rand der Membran auf Gehäusenut ausrichten.

(Exakt messen) **Bild 131:** Kleinen O-Ring leicht geölt einsetzen und Deckel mit eingefädelter Feder aufsetzen. Deckel erst loslassen, wenn beide Befestigungsschrauben eingedreht sind.

- Kolben auf freie Beweglichkeit kontrollieren (»saugende« Auf- und Abbewegung).

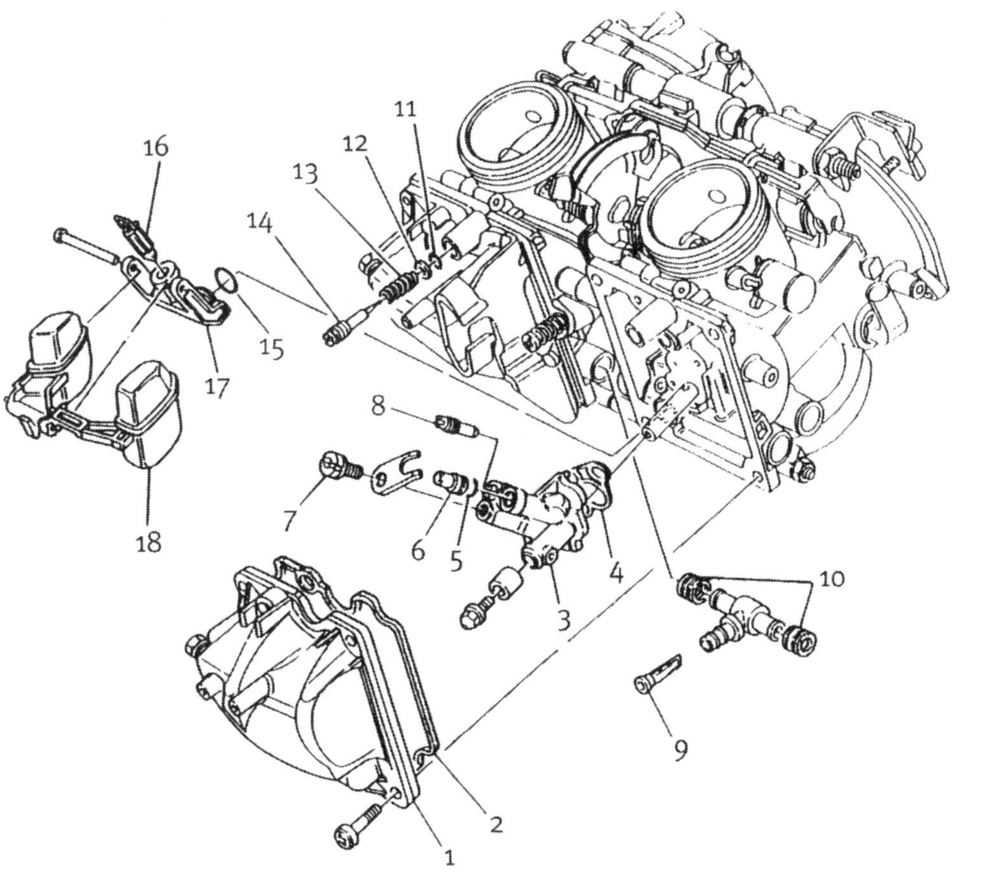

Bild 143
Vergaser-Schwimmerkammer
1 Deckel
2 Dichtung
3 Düsenstock
4 Dichtung
5 O-Ring
6 Hauptdüse
7 Leerlaufdüse
8 Nebendüse
9 Filter
10 Dichtung
11 O-Ring
12 Scheibe
13 Feder
14 Leerlaufgemisch-Einsteller
15 O-Ring
16 Schwimmerventil-Kegel
17 Schwimmerventil-sitz und Halter
18 Schwimmer

- Membran und Feder des Luftabsperrventils anbringen. Beim Aufsetzen des Deckels Membran nicht einklemmen und darauf achten, dass Membranwulst am Rand in Gehäusenut sitzt.
- Chokeseilzug einhängen, Seilzug anklemmen und Gasseilzüge einhängen.
- Vergasereinbau in umgekehrter Reihenfolge des Ausbaus.

TIPP Gummiflansche leicht mit Spray-Öl einnebeln – Vergaser flutschen leichter auf Stutzen.

- Kraftstoff-, Be- und Entlüftungsschläuche wieder verlegen.
- Seilzugspiel, Abgleich und Leerlaufdrehzahl kontrollieren *wie in Kapitel 3.4 ab Seite 31 beschrieben.*

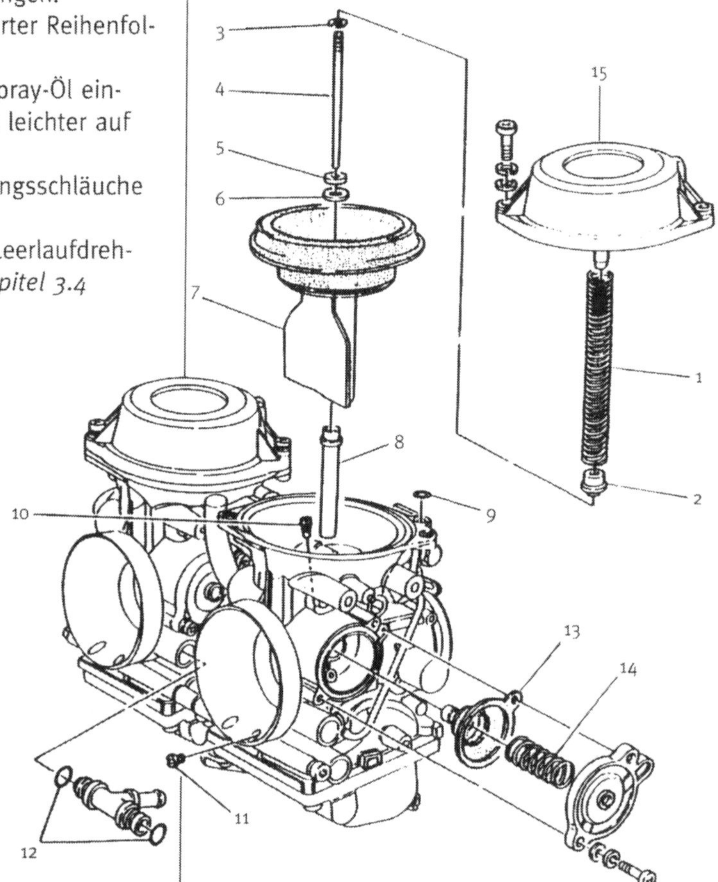

Bild 144
Vergaser-Unterdruckkammer
1 Feder
2 Federsitz
3 Sicherungsring E-Form
4 Düsennadel
5 Ring
6 Scheibe
7 Schieberkolben
8 Nadeldüse/ Mischrohr
9 O-Ring
10 Luftdüse
11 Luftdüse
12 O-Ring
13 Schubbetrieb-Anreicherungsmembran
14 Feder
15 Deckel

4.3.2 Einspritzanlage

- Drosselklappengehäuse und Seilzüge (Gas- und Leerlaufdrehzahl-Anhebung) wie Vergaser montieren.
- **Bild 137:** Einspritzdüsen mit neuen O-Ringen montieren.

Darauf achten, dass der Stecker richtig mit Federbügel einrastet.

- **Bild 145:** Schläuche mit passenden Schlauchschellen anschliessen, falls Spezialzange für die ursprünglich verwendeten Einwegschellen nicht zur Verfügung steht.
- **Bild 146:** Nach Einbau des Luftfiltergehäuses drei Stecker montieren.

Bild 145
Schlauchführung der Einspritzanlage

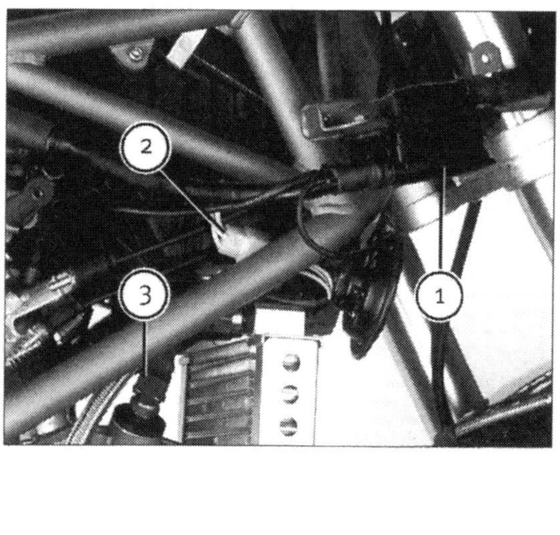

Bild 146 ➤
Stecker des Luftfiltergehäuses
1 Hauptstecker
2 Stecker (Genrator) schwarz/weiss
3 Stecker der Einspritzdüsen

Generator, Zündsystem und Starterfreilauf

5.1 Ausbau

Generator (früher Lichtmaschine), Zündimpulsgeberspulen oder Zündspulen werden zum Prüfen der Leistung, des Zündzeitpunkts oder Messen des Spulenwiderstands nicht ausgebaut.

- **Bild 147**/900er: Nehmerzylinder der Kupplung abnehmen (3 Befestigungsschrauben).
- **Bild 148**/i.e.: Drehzahlsensor abnehmen (zwei Befestigungsschrauben).
- Generator- und Pickup-Kabel (Vergaser) am Stecker trennen und freilegen.
- **Bild 149:** Schalthebel von Schaltwelle abnehmen (Klemmschraube ganz ausdrehen).
- **Bild 150:** Motorritzel-Abdeckung abnehmen.
- **Bild 151:** Deckelschrauben lösen. Generatordeckel mit gefühlvollen Gummihammerschlägen lösen und abnehmen.
- **Bild 152:** Vornehmer ist »offizielle« Ausbaumethode: Schrauben »A« ausdrehen, kleinen Deckel abnehmen und DUCATI-Abdrücker 88713.0144 eindrehen, und so Deckel abdrücken. Auf Verbleib der zwei Passhülsen achten.

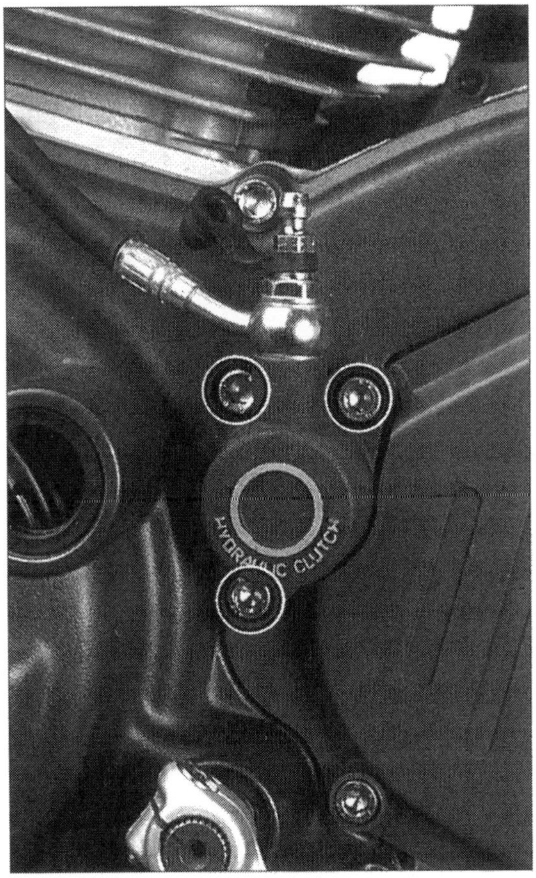

◄ **Bild 147**
Kupplungsnehmerzylinder

Bild 148
Drehzahlsensor der i.e.-Modelle
1 Stecker
2 Sensor

◄ **Bild 149**
Schalthebel abnehmen

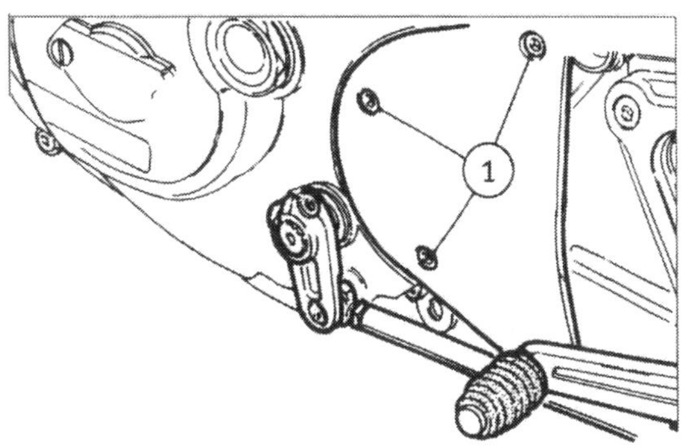

Bild 150
Ritzelabdeckung (hier 750er)
1 Schrauben

Vorsicht! ⚠
Aufgepasst! 👁

Bild 151
Deckelschrauben
A Hilfsdeckelschrauben

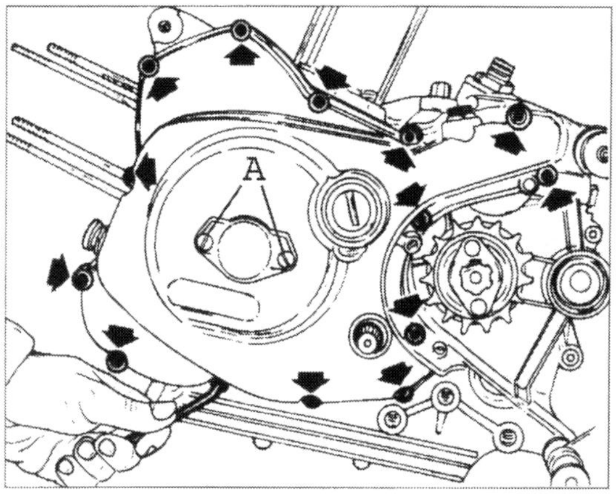

- **Bild 153:** Generatorspulen werden nach Ausdrehen der Befestigungsschrauben »B« aus Deckel entnommen.
- **Bild 154:** Um Kabel der Zündgeberspulen durch Gehäuse führen zu können, mit **DUCATI**-Werkzeug 88713.0114 Stifte aus Stecker entfernen – oder mit kleinem Schraubendreher den Widerhaken der Kontaktstifte eindrücken und samt Kabel aus Stecker herausziehen.
- **Bild 155:** Befestigungsschrauben ausdrehen und Pickup-Träger abnehmen.

Bild 152
Deckel mit Spezialwerkzeug abdrücken

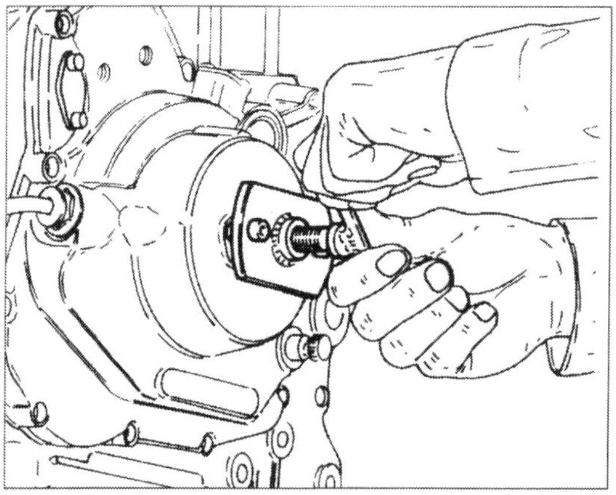

Bild 153 ➤
Statordeckelschrauben A

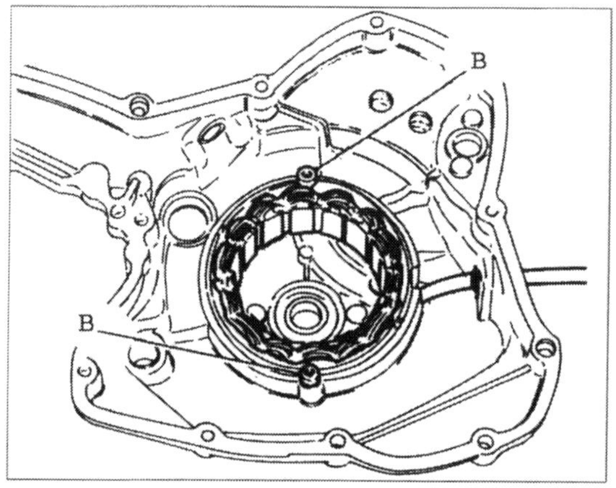

Bild 154
Widerhaken der Kontaktstifte mit Spezialwerkzeug eindrücken

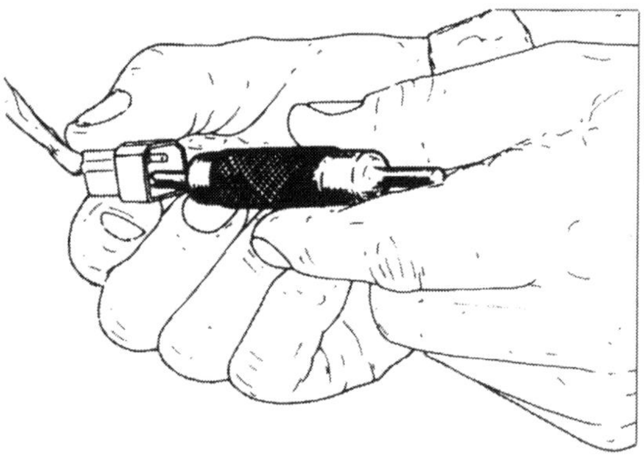

Bild 155 ➤
Trägerplatte der Pickups ausbauen (Vergaser-Modelle)

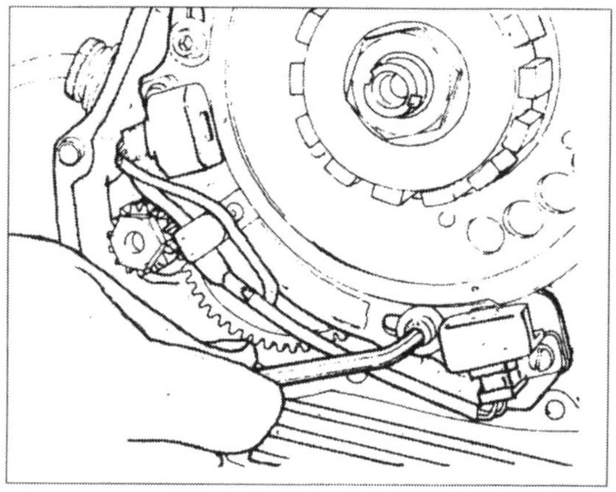

Bild 156
Sicherungsblechlasche der Rotormutter flachklopfen

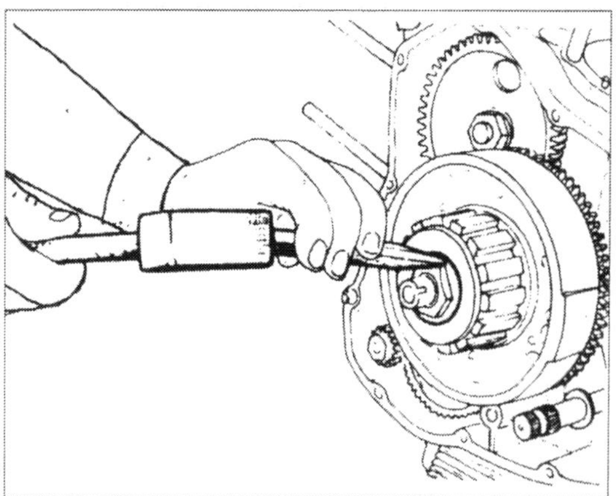

Bild 157 ➤
Rotor mit Spezialwerkzeug gegenhalten und Mutter ausdrehen

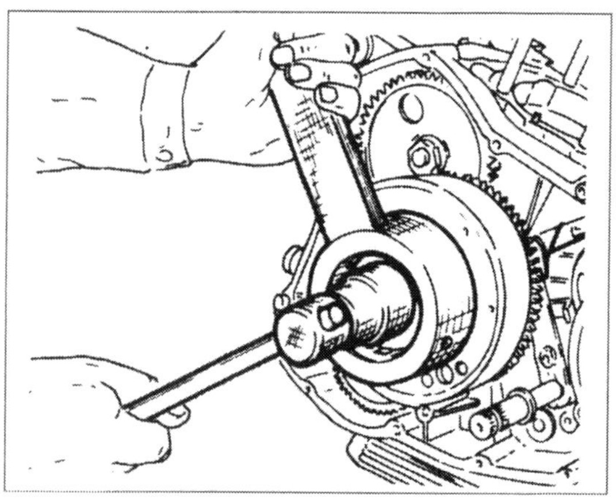

TIPP Fingerzeig
Exakt messen

- **Bild 156:** Sicherungsblech der Rotormutter flachbiegen.
- **Bild 157:** Rotor mit **Ducati**-Werkzeug 88713.0710 gegenhalten, Mutter ausdrehen.
- Scheibe, Rotor und Wellenkeil von Kurbelstumpf abnehmen.
- **Bild 158:** Schwungrad mit Freilauf und zwei Rollenkäfige abnehmen. Es folgen Distanzbüchse und Scheibe.

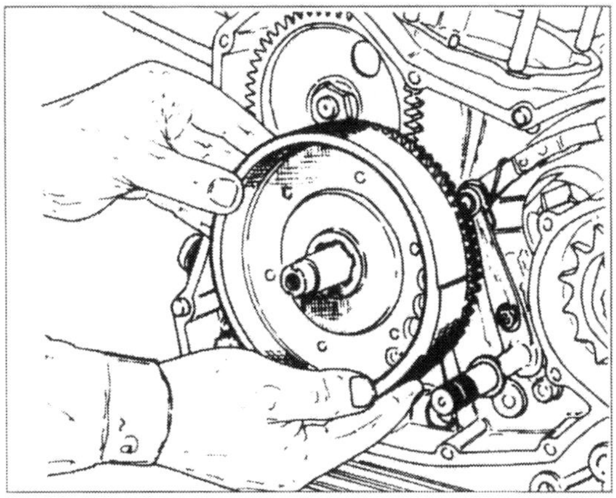

Bild 158
Schwungrad abnehmen

5.2 Prüfen und Vermessen
Bild 159

5.2.1 Ladesystem

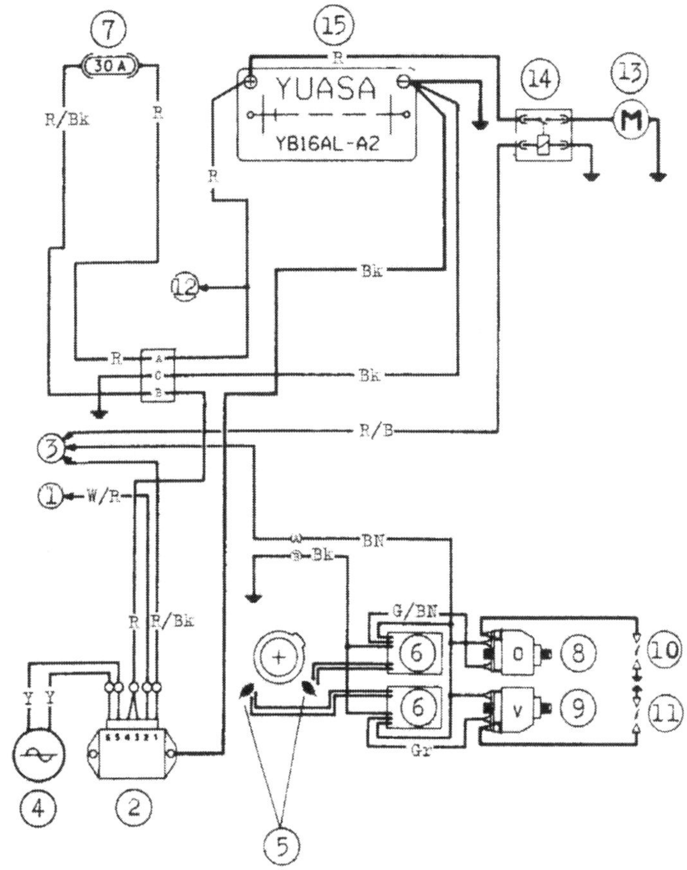

Bild 159
Schema Zünd-/Ladesystem
1 Kontrollleuchten
2 Regler/Gleichrichter
3 Lenkerarmatur
4 Generator
5 Pickup
6 Zündboxen
7 Hauptsicherung
8 Zündspule/ liegender Zylinder
9 Zündspule/ stehender Zylinder
10 Zündkerze/ liegender Zylinder
11 Zündkerze/ liegender Zylinder
12 Sicherungskasten
13 Starter
14 Starterrelais
15 Batterie

Vor Prüfung sicherstellen, dass Batterie voll geladen ist und Batteriespannung mindestens 12,8 Volt beträgt.
- Plusleitung der Batterie annehmen. Ampèremeter zwischen Pluspol der Batterie und Kabel anschliessen.
- Motor starten, Drehzahl langsam auf ca. 5000/min erhöhen.

Höchste Stromstärke muss bei fast leerer Batterie 10 A betragen, bei voll geladener Batterie 1 A (Minimum).

Je nach Ladezustand der Batterie bewegen sich Messwerte zwischen 1 und 10 A.
- Bei folgender Prüfung Ampèremeter mit mittiger Nulllage verwenden.
- Ampèremeter bei stehendem Motor wie oben beschrieben anschliessen.

Motor starten.
→ Bei gelöschter Beleuchtung muss Ampèremeter Null bei etwa 1000/min anzeigen;
→ Null bei angeschaltetem Standlicht bei etwa 1200/min;
→ Null bei eingeschaltetem Abblendlicht bei etwa 2200/min.
- **Bild 160.1:** Falls Messwerte nicht erreicht werden, Statorspulen in Ordnung sind, Lampen überprüfen und gegebenenfalls Regler ersetzen.

Statorspulen des Generators sind in Ordnung, wenn zwischen Kabeln jeweils Durchgang und kein Masseschluss besteht.

Bild 160.1
Einbaulage des Reglers unter Steuerkopf

Vorsicht! ⚠
Aufgepasst!

Bild 160.2
Einbaulage der i.e.-Zündspulen

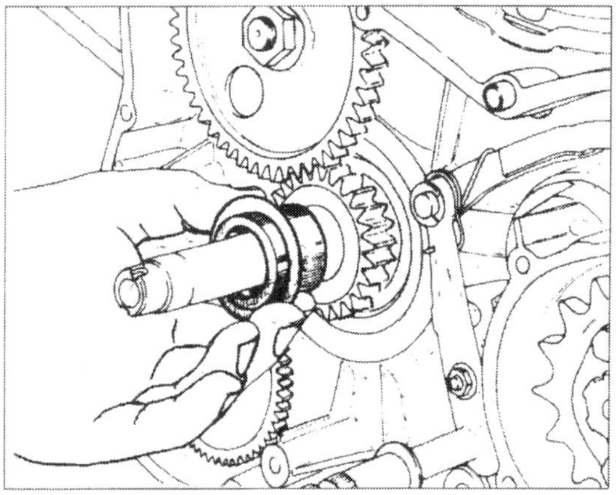

Bild 161
Hülse und Scheibe geölt aufschieben

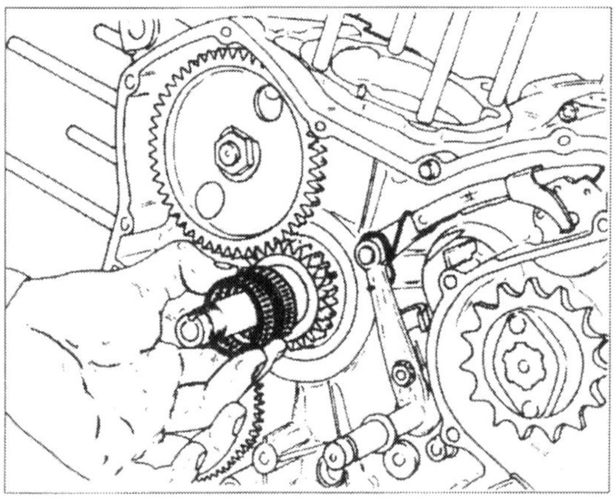

Bild 162
Lagerkäfige gut geölt aufschieben

5.2.2 Zündsystem

⚠ Widerstandsmessungen der Zündspulen sind grundsätzlich nur mit Vorsicht zu geniessen: schadhafte Zündspulen, die die vorgeschriebenen Werte aufweisen, können im Betrieb (→ Erwärmung) ihren Funken überallhin abgeben, nur nicht an die Kerzen!

■ Einbaulage der Zündspulen siehe **Bild 122**.

⚠ **Bild 160.2:** i.e.-Zündspulen entziehen sich der im folgenden aufgeführten Prüfmethoden. Hier also wieder der Verweis auf den MATHESIS-Tester des **DUCATI**-Händlers.

■ Genaue Einhaltung der Widerstandswerte ist nicht erforderlich. Wenn die Wicklungen in gutem Zustand sind, werden Sollwerte jedoch annähernd erreicht.

- Zündspulen-Widerstand der Primärwicklung zwischen den Anschlusskabeln messen. Sollwert: 0,34 Ω ± 10%.
- Widerstand der Sekundärwicklung messen. Sollwert: 3,7 kΩ ± 20%.
- Zur Widerstandsmessung der Zündgeberspulen Stecker abziehen und Widerstand zwischen weissem und rotem Kabel (liegender Zylinder) und schwarzem und gelbem Kabel (stehender Zylinder) messen. Sollwert: 220 Ω.

Hat sich nach oben stehenden Prüfungen und Messungen immer noch kein Zündfunke eingestellt, steht eine Erneuerung der Zündbox an. Wer sicher gehen will, dass auch wirklich nur Schrott weggeworfen wird, muss die Zündbox/CPU in einer **DUCATI**-Werkstatt, die über entsprechendes Messgerät verfügt, durchmessen lassen.

- Starterfreilauf darf nur in eine Richtung durchdrehen, in die andere sperren. Ansonsten auswechseln.
- Zähne der Zwischenräder auf Verschleiss und Ausbrüche in der Härteschicht untersuchen.

5.3
Montage

- **Bild 161** und **Bild 162:** Distanzhülse und Scheibe geölt auf Kurbelstumpf aufsetzen. Es folgen (gut geölt) zwei Lagerkäfige.
- **Bild 163:** Schwungrad mit Freilauf so auf Kurbelstumpf aufsetzen, dass Körnerpunkt auf Schwungrad mit Nut auf Kurbelstumpf fluchtet.
- Nutenstein in Kurbelstumpf einsetzen und Generator-Rotor aufschieben.
- **Bild 157:** Neues Sicherungsblech auflegen, Rotor gegenhalten (DUCATI-Werkzeug 88713.0710) und Befestigungsmutter eindrehen (177 – 186 Nm).
- Sicherungsblech an Mutter spielfrei anlegen.
- Falls demontiert, Pickup-Spulen an Trägerplatte befestigen. Schrauben fest eindrehen.
- **Bild 164:** Kolben des liegenden Zylinders auf oberen Totpunkt bringen und Pickups mit Trägerplatte so anbringen, dass Pickup-Markierungen mit Schwungrad-Markierungen fluchten.
- **Bild 165:** Abstand zwischen Pickup und Nase des Schwungrads kontrollieren (Sollwert 0,7 ± 0,1 mm).
- **Bild 166:** Kabel durch Gehäusebohrung durchführen und Kabelstifte in Stecker gemäss Bild anbringen.
- Falls demontiert, Befestigungsschrauben der Ladespulen mit flüssiger Schraubensicherung eindrehen. Darauf achten, dass Kabel nicht an Rotor schleifen kann.

Auf sauberen Sitz der Gummitülle (Dichtmittel auftragen) im Motorgehäuse achten.

- Deckel mit so gut wie neuer Dichtung und zwei Passhülsen aufsetzen. Schrauben schrittweise über Kreuz anziehen.
- Stecker wieder einklinken.
- **Bild 149** und **Bild 150:** Motorritzel-Abdeckung, Schalthebel und gegebenenfalls Kupplungsnehmer-Zylinder wieder anbringen.

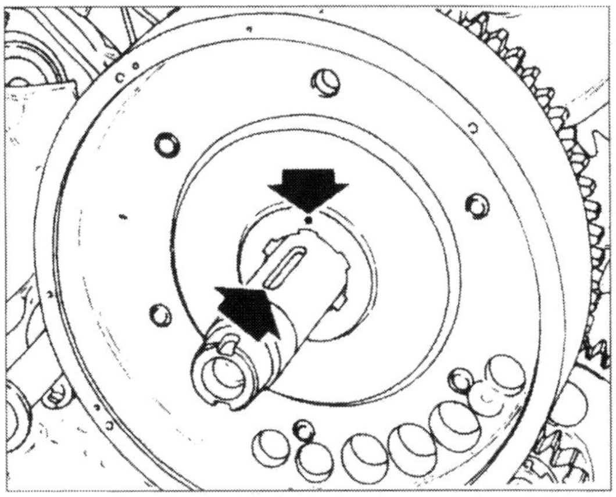

Bild 163
Körnerpunkt und Längsnut der Welle müssen fluchten

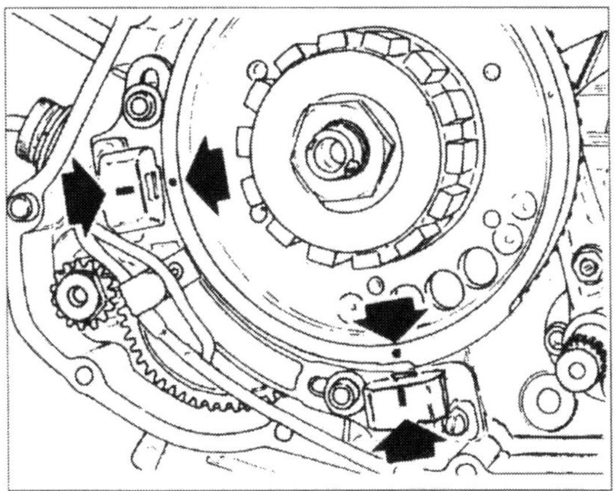

Bild 164
Pickup-Marken fluchten mit Rotormarken

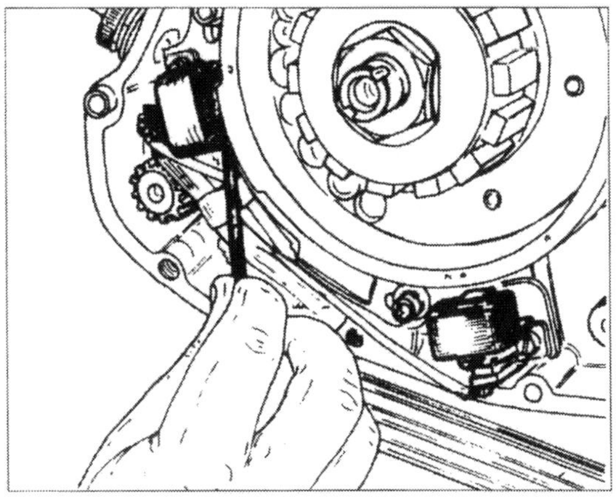

Bild 165
Abstand zwischen Pickup und Rotornase kontrollieren
Sollwert 0,7 ± 0,1 mm

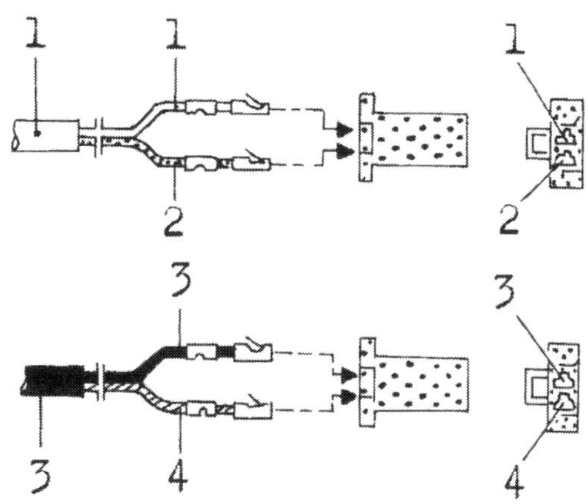

Bild 166
Pickupstecker-Kabelfarben
Liegender Zylinder:
1 weiss
2 rot
Stehender Zylinder:
1 schwarz
2 gelb

Starter

Vorsicht! ⚠
Aufgepasst!

Bild 167
Starterkabel abnehmen

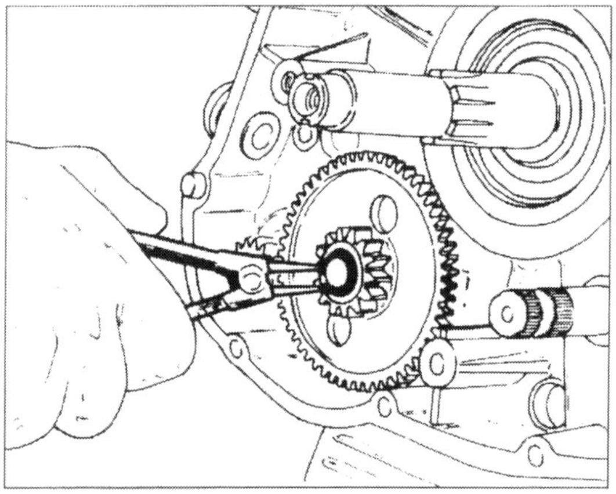

Bild 168
Seegerring ausfedern

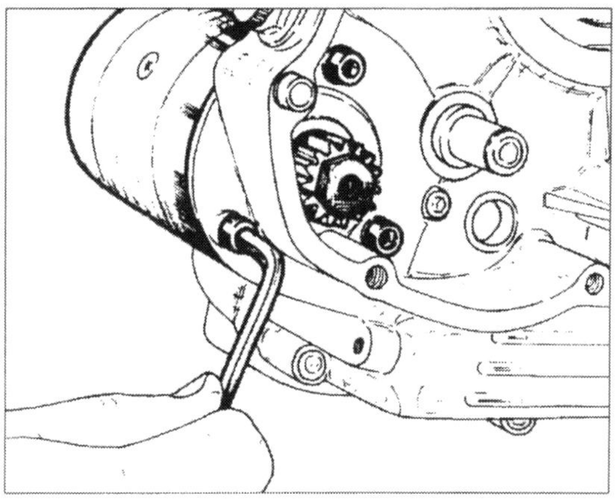

Bild 169
Befestigungsschrauben ausdrehen

6.1
Ausbau

- Starter bei ausgebautem Generator ausbauen *(siehe voriges Kapitel).*
- ⚠ Bei ausgeschalteter Zündung zuerst Massekabel der Batterie abklemmen, bevor Arbeiten am Starter vorgenommen werden.
- **Bild 167:** Plus-Kabel von Starter trennen.
- **Bild 168:** Seegerring des Starterzwischenrads mit entsprechender Zange ausfedern und samt Scheiben vorn und hinten von Zapfen abnehmen.
- **Bild 169:** Drei Befestigungsschrauben herausdrehen und Starter abnehmen.
- Starter nicht weiter zerlegen; falls defekt, komplett ersetzen.

6.2
Prüfen und Vermessen

- **Bild 170** und **Bild 171:** Zur Prüfung des Starterrelais müssen, wie zu allen anderen aussagefähigen Messungen des Elektrik-Systems auch, die Stecker auf Wackelkontakte oder korrodierte Kontaktstifte untersucht werden.

Falls Relais defekt:

- **Bild 172:** Pluskabel des Starters mit Überbrückungskabel (mit entsprechendem Querschnitt – hohe Stromstärke!) direkt an Batterie-Pluspol legen: Starter muss arbeiten.

6.3
Montage

- Starter mit geöltem O-Ring in Motorgehäuse einschieben.
- **Bild 173:** Starterzwischenrad mit Scheiben auf Zapfen aufschieben und Seegerring einfedern.
- Rotor und Gehäusedeckel montieren *(Kapitel 5.3)*.

Bild 170
Vergaser-SS-Starterrelais

Bild 171
i.e.-Starterrelais

Bild 172
Die blanken Kontakte kurzschliessen.
Kabel mit ausreichendem Querschnitt verwenden – hohe Stromstärke!
Funkenflug
→ Entzündungsgefahr!

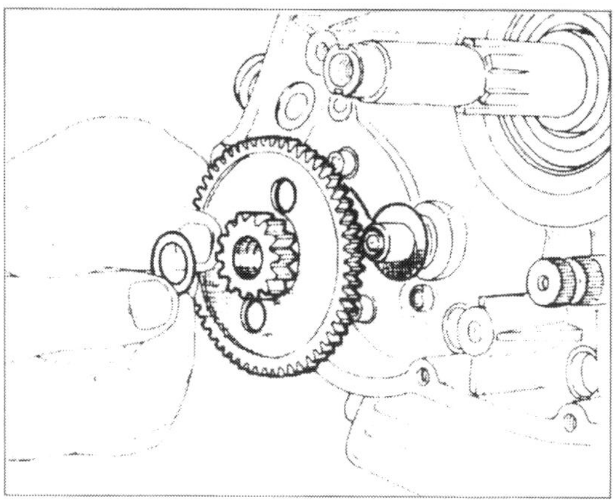

Bild 173
Starter-Zwischenrad mit Scheiben (geölt) aufschieben

Schaltmechanismus

Vorsicht! ⚠
Aufgepasst! 👁

7.1 Ausbau

- Schaltmechanismus bei ausgebautem Generator-Rotor *(Kapitel 5)* ausbauen.
- Wartung der übrigen Bauteile (Schaltwalze und -gabeln) wird im Rahmen des *Getriebe-Kapitels* behandelt.
- **Bild 174:** Schaltmechanismus nach Ausdrehen der Befestigungsschraube abnehmen.
- **Bild 175:** Klinkengabel anheben und Schaltmechanismus von Hand entnehmen.

7.2 Prüfen und Vermessen

👁 Schaltmechanismus und Mitnehmerstifte der Schaltwalze, Walzennabe auf Anlaufstellen und Beschädigung untersuchen (Ausbrüche in Härteschicht u.Ä.).

- Schenkelfeder des Mechanismus darf keine Ermüdung oder Beschädigung aufweisen.

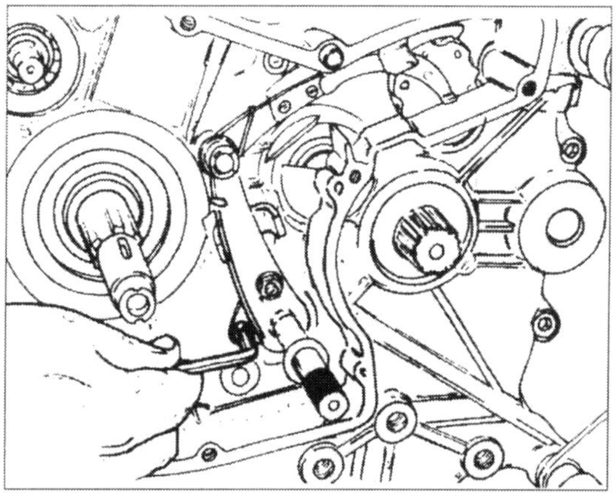

Bild 174
Befestigungsschrauben (Innensechskant SW 6 & SW 8) ausdrehen

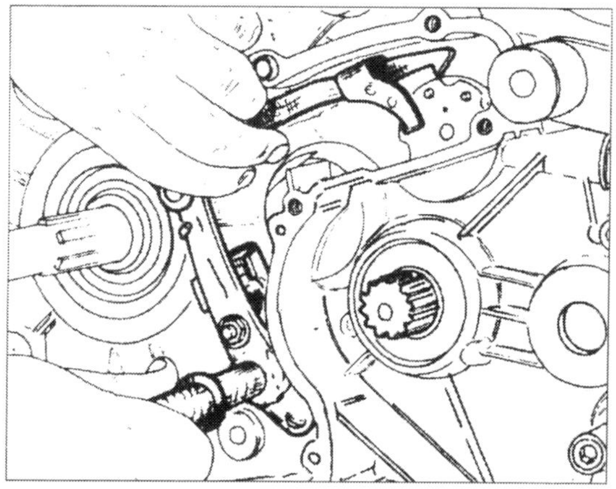

Bild 175 ➤
Klaue anheben und komplett nach aussen entnehmen

Bild 176
Schaltmechanismus einbauen
1 Klinkengabel
2 Strichmarkierung
3 Einstellschraube mit Gegenmutter
4 Befestigungsschrauben

7.3 Montage

- Schaltmechanismus einsetzen. Dabei die Klinkengabel nach oben drücken.

Genau prüfen, dass Klinkengabel beidseitig an Gehäusezapfen anliegt und Abstand der Schaltklinken von Schaltwalzenstiften gleich ist.

- **Bild 176:** Befestigungsschrauben ① locker eindrehen und Schaltmechanismus wie folgt ausrichten.
- **Bild 176** und **Bild 177:** Gegenmutter ② des Einstellexzenters lockern und Einsteller (Maden-Schlitzschraube) so drehen, dass Klinkengabel beidseitig an Gehäusezapfen anliegt.

TIPP Die eingeschlagene Markierung auf der Klinkengabel hilft beim Anpeilen der Schaltwalzenstifte (Markierung auf Mitte des obersten Stifts ausrichten).

- Schraubensicherung auf Gewinde geben- Befestigungsschrauben fest eindrehen.

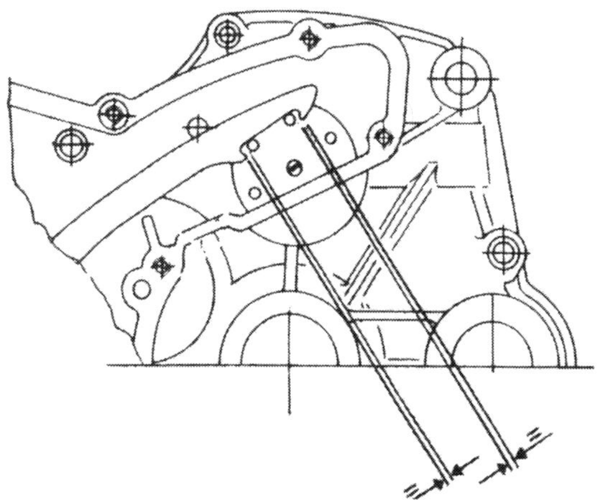

Bild 177
Klinken müssen den gleichen Abstand von Mitnehmerstiften haben

Kupplung, Primärtrieb und Ölpumpe

8.1 Ausbau

- *750er:* Ausbau und Zerlegen der Kupplungshydraulik ist im *Bremsen-Kapitel 15 ab Seite 109* beschrieben (entsprechend Handpumpe und Bremssattel zerlegen und montieren).
- Der Wechsel der Kupplungsscheiben kann bei eingebautem Motor ohne Spezialwerkzeug durchgeführt werden.

TIPP Falls ein Totalausbau ansteht und kein Kupplungskorb-Halter zur Verfügung steht, kann bei eingebautem Motor mittels gebremstem Hinterrad die Hauptwelle blockiert werden.

- **Bild 178**/750er: Auffanggefäss für austretende Hydraulikflüssigkeit bereithalten und Hydraulikanschluss ausdrehen.

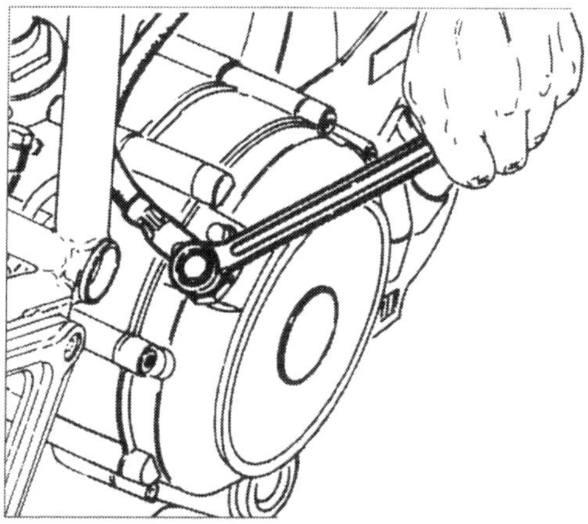

Bild 178
Kupplungsschlauch abbauen

- **Bild 77**/900er: Bei entsprechendem Defekt oder zu Wartungsarbeiten der Kupplungsdruckstange Nehmerzylinder abbauen.
- Flüssigkeit geduldig austropfen lassen.
- **Bild 179:** Stecker des Öldruckschalters abziehen (falls auch der Primärtrieb oder Ölpumpe gewartet werden sollen, andernfalls kann Stecker montiert bleiben), Deckelschrauben ausdrehen und Deckel abnehmen. Auf Verbleib der beiden Passhülsen achten.
- **Bild 180** und **Bild 181:** Befestigungsschrauben der Kupplungsfedern schrittweise über Kreuz ausdrehen. Federn abnehmen.
- 900er: Druckpilz, Belag- und Stahlscheiben entnehmen.
- **Bild 182**/750er: Mit kleinem Schraubendreher Sicherungsfederring aushebeln und Kupplungsscheiben entnehmen. Dabei Federring nur soweit eindrücken, wie unbedingt zur Ausbau erforderlich ist und dieser nicht dauerhaft verformt wird.
- Sicherungsblech der Kupplungsmutter flachbiegen.
- **Bild 183:** Mit Universal-Kupplungshalter oder **Ducati**-Werkzeug 88713.0146 Innenkorb gegenhalten und Mutter ausdrehen.
- Falls kein Kupplungshalter zur Verfügung steht, Hauptwelle bei eingelegtem Gang über Hinterrad-Bremse blockieren.
- 900er: Buchse mit O-Ring und Scheibe von Hauptwelle abnehmen.
- **Bild 184**/750er: Innenkorb entnehmen.
- **Bild 185**/900er: Gummidämpfer und Dämpfernabe entnehmen.
- **Bild 186**/900er: Kupplungskorb gegenhalten, acht Befestigungsschrauben ausdrehen und Kupplungskorb abnehmen.
- **Bild 187:** Deckelschrauben ausdrehen und Deckel samt Dichtring/Dichtung abnehmen.
- **Bild 188:** Distanzstück kräftig nach aussen von Hauptwelle herunterziehen (um Widerstand des Dichtrings zu überwinden).

Bild 179
Kupplungsdeckelschrauben
1 Öldruckschalter

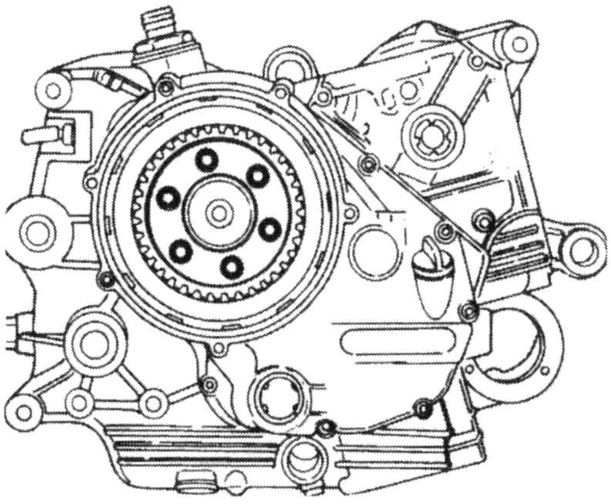

◄ Bild 180
Federschrauben der 750er-Modelle

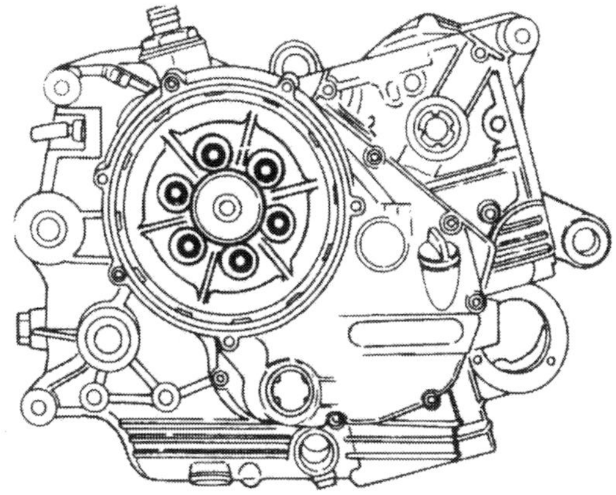

Bild 181
Federschrauben der 900er-Modelle

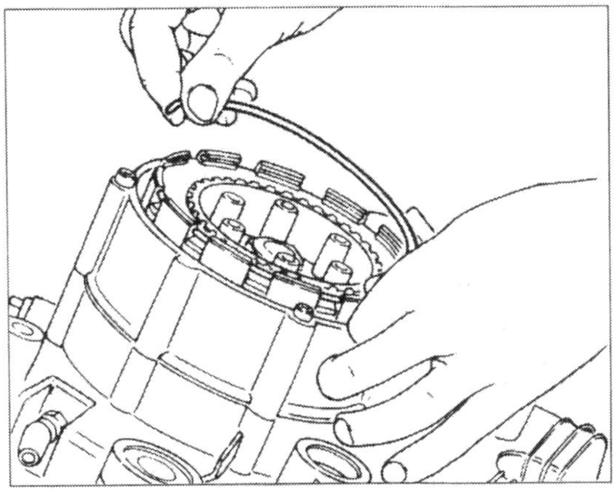

◄ Bild 182
750er: Federring entnehmen

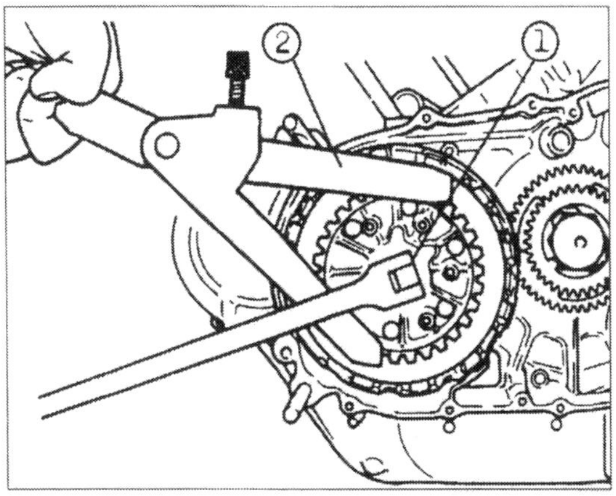

Bild 183
750er: Kupplungsnabe entnehmen

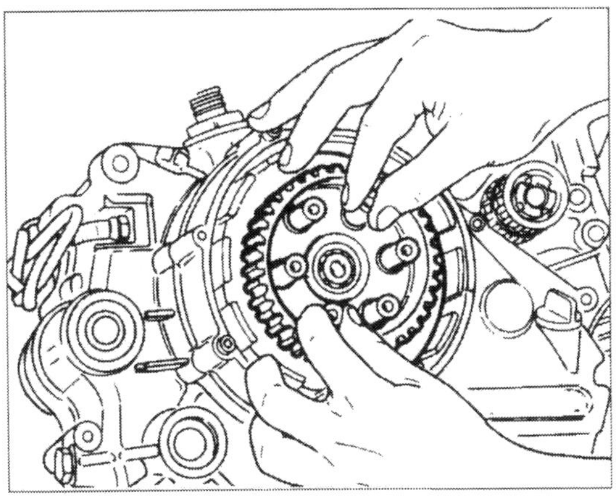

◄ Bild 184
900er: Kupplungsdämpfernabe entnehmen

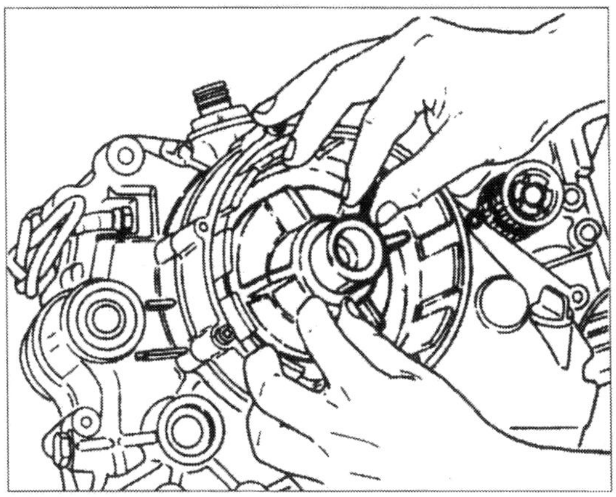

Bild 185
900er: Korbschrauben ausdrehen. Dabei Korb zum Beispiel mit Spezialwerkzeug 88713.0146 gegenhalten

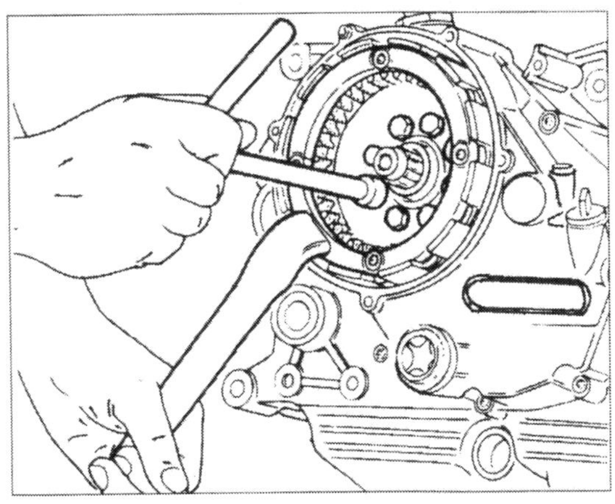

◄ Bild 186
900er: Mit Werkzeug 88713.0146 gegenhalten und Korbschrauben ausdrehen

Bild 187
Deckelschrauben schrittweise über Kreuz ausdrehen

Vorsicht!
Aufgepasst!

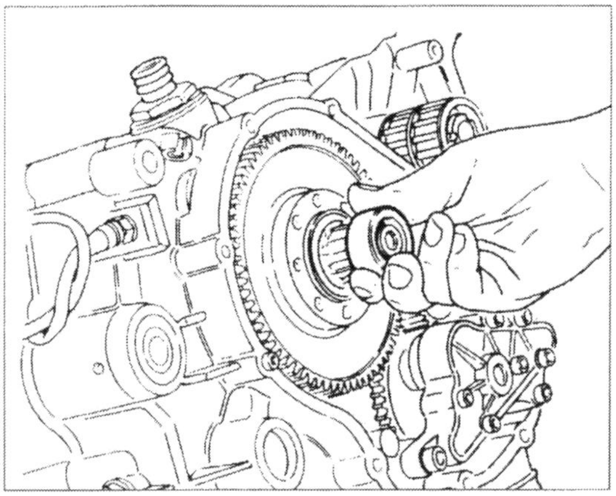

Bild 188
Distanzstück von Hand abnehmen

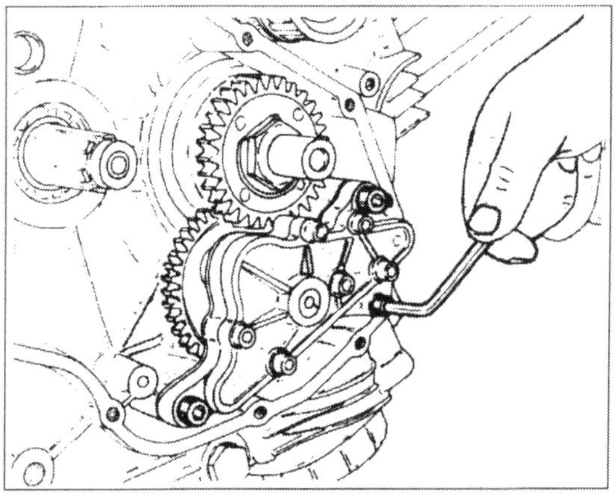

Bild 189
Ölpumpenschrauben ausdrehen

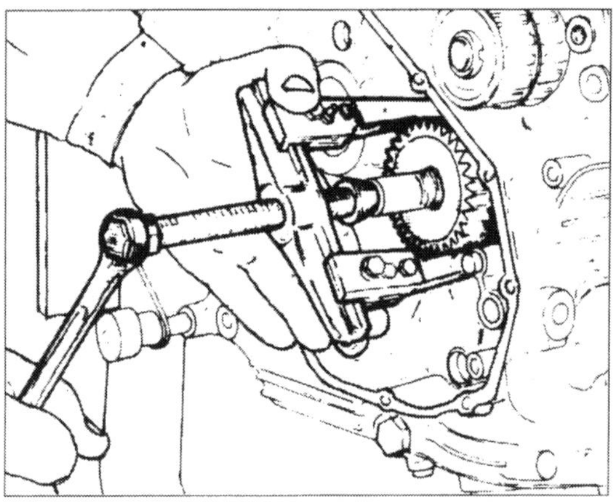

Bild 190
Primärritzel vom Kurbelstumpf abziehen

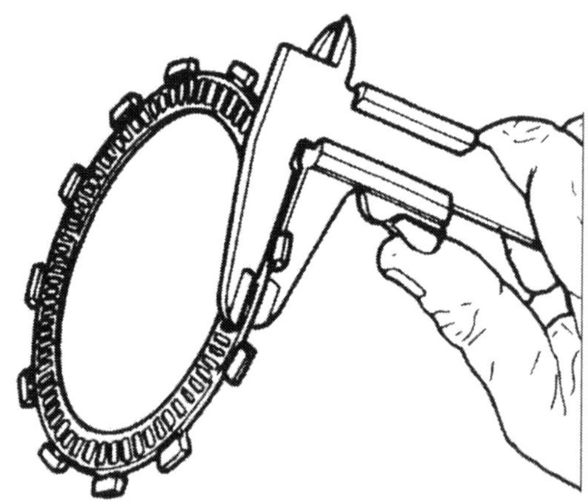

Bild 191
Reibscheibendicke messen

- Falls Totaldemontage ansteht und Kurbelwellen-Primärritzel ausgebaut werden muss, Sicherungsblech der Ritzelmutter flachbiegen.

TIPP Sauberen verdrillten Putzlappen zwischen Zähne von Hauptwellenzahnrad und Kurbelwellenritzel verklemmen und so Kurbelwelle zum Lösen der Primärritzelmutter blockieren.

- Hauptwellenzahnrad samt Lager und Dichtungen abnehmen.
  Es folgt Distanzstück.
- **Bild 189:** Drei Befestigungsschrauben der Ölpumpe ausdrehen und Pumpe abnehmen.
- Sechs Deckelschrauben ausdrehen und Pumpendeckel abnehmen.
- Gegebenenfalls Nutmutter des Antriebsrads ausdrehen und abnehmen (zum Vermessen nicht nötig).
- Sicherungsblech des Primärritzels flachbiegen.
- Ritzel mit **Ducati**-Werkzeug 88713.0137 gegenhalten und Mutter ausdrehen (oder wie oben unter TIPP beschrieben ausdrehen).
- **Bild 190:** Primärritzel mit Zweiarmabzieher vom Kurbelstumpf abziehen. Dabei zwischen Abdrückschraube und Kurbelstumpf dickes Alublech zwischenlegen, um Kurbelstumpf nicht zu beschädigen! Auf Verbleib des Wellenkeils achten.

8.2 Prüfen und Vermessen

Kupplung

Bild 191: Dicke der Kupplungsreibscheiben mit Messschieber messen.

750er: Falls Dicke der ersten Reibscheibe neu 2,75 mm beträgt, liegt Verschleissgrenze bei 2,55 mm; übrige Reibscheiben weisen dann neu Dicke von 2,6 mm auf, Verschleissgrenze bei 2,2 mm.

900er: Erste Reibscheibe (Modelljahr '93 mit nur einer Reibfläche) ist neu 3,5 mm dick, Verschleissgrenze 3,25 mm.
Übrige Reibscheiben sind neu 2,5 mm dick, Verschleissgrenze 2,15 mm.

Reibscheiben bei Anzeichen von Riefen oder Verfärbung auswechseln.

Bild 189: Reib- und Stahlscheiben auf Richtplatte mit Fühlerlehre auf Verzug prüfen (**Bild 110**). Verschleissgrenze: 0,20 mm.

Bild 190: Ungespannte Länge der Kupplungsfeder messen. Verschleissgrenze 36,5 mm.

TIPP Fingerzeig
Exakt messen

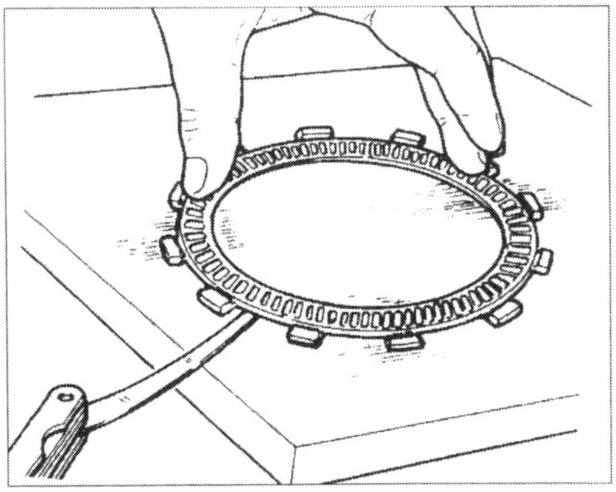

◄ **Bild 192**
Scheiben auf Verzug prüfen

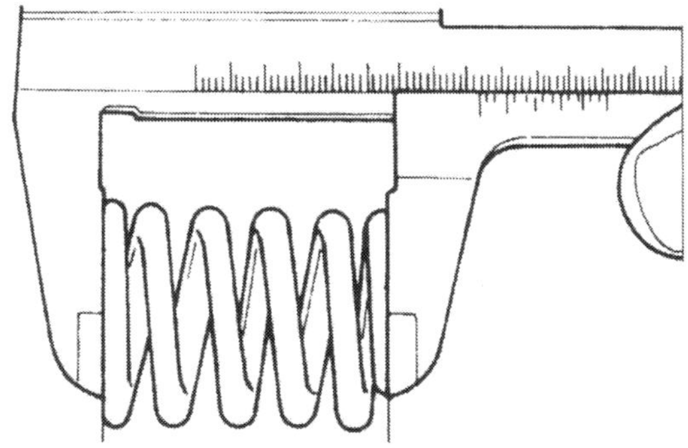

Bild 193
Freie Länge der Federn messen

- Schlitze im Kupplungskorb dürfen keine von den Reibscheiben verursachten Riefen, Kerben oder Scharten aufweisen, gegebenenfalls mit Feile vorsichtig begradigen.
- Ausrücklager auf gleichmässige Drehbewegung prüfen.
- 900er: Druckstange darf maximal 0,2 mm Schlag aufweisen.
- Druckpilz auf Abnutzung, Ausbrüche in der Härteschicht oder Risse untersuchen. Falls defekt, austauschen.
- **Bild 194:** Bei Undichtheit des Nehmerzylinders diesen als Einheit auswechseln (undichte Nehmerzylinder sind ein **Ducati**-Charakteristikum wie etwa die Ventil-Zwangssteuerung).
- ⚠ **Bild 195** und **Bild 196:** Wellendichtringe und O-Ringe grundsätzlich durch Neuteile ersetzen.

Primärtrieb

- Zähne der Zahnräder auf Ausbrüche oder Beschädigung untersuchen. Gegebenenfalls austauschen.
- Wellenkeil muss in einwandfreiem Zustand sein und darf keine Quetschspuren oder sonstige Beschädigungen aufweisen.

Ölpumpe

- **Bild 197:** Spiel der Zahnräder zwischen den Zahnflanken mit Fühlerlehre messen. Maximal tolerierter Wert 0,10 mm.
- **Bild 197:** Spiel zwischen Pumpengehäuse und Zahnradspitzen darf maximal 0,10 mm betragen.
- **Bild 198:** Haarlineal auf Pumpengehäuse auflegen und Seitenspiel der Zahnräder mit Fühlerlehre messen. Maximal tolerierter Wert 0,07 mm.
- Pumpendeckel und Gehäuse dürfen keine Riefen, Grate oder sonstige Beschädigungen aufweisen.

Bild 194
Nehmerzylinder und Kolben als Einheit ersetzen (hier die 900er-Ausführung)

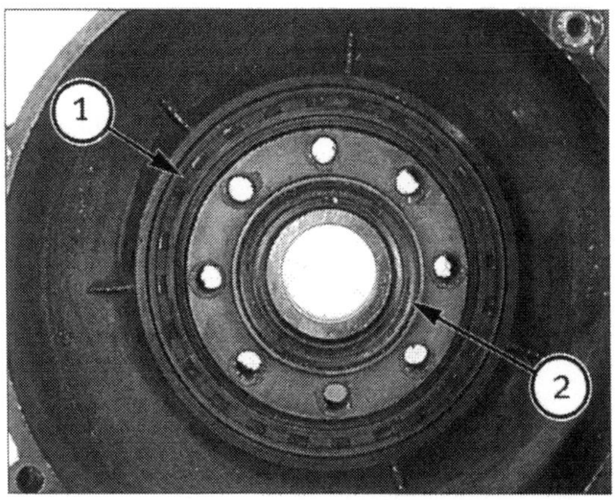

Bild 195
900er-Trockenkupplung
1 Wellendichtring im Gehäusedeckel
2 Wellendichtring im Primärzahnrad

Bild 196
900er-Trockenkupplung
1 Vitron-O-Ring (Hochtemperaturbeständig; Farbe grün)
2 Wellendichtring der Druckstange
3 Wellendichtring im Korb

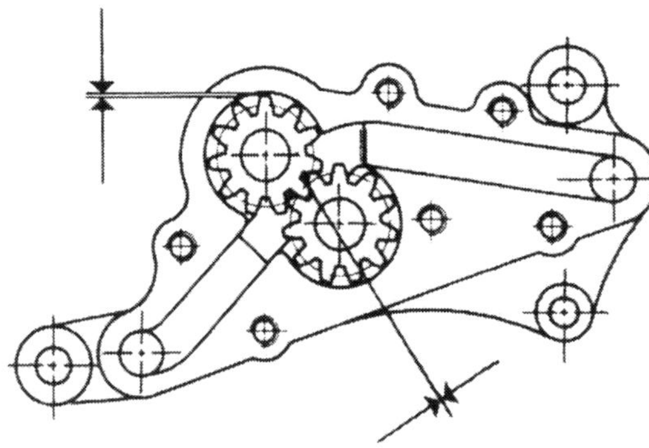

Bild 197
Spiel der Zahnräder zwischen Zahnflanken sowie zwischen Zahnspitzen und Gehäuse messen

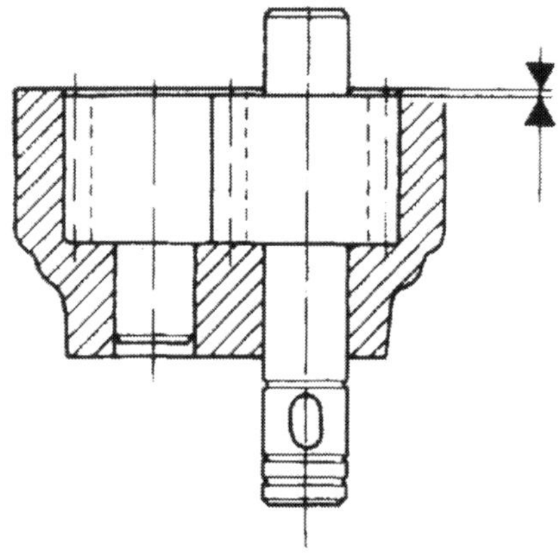

Bild 198
Seitenspiel der Zahnräder im Gehäuse messen

8.3
Montage
Bild 199 und **Bild 200**

- Wellenkeil in Nut des Kurbelstumpfs einlegen, Ritzel auf Kurbelstumpf aufschieben.

TIPP Falls **Ducati**-Werkzeug 88713.0137 zum Gegenhalten des Ritzels nicht zur Verfügung steht, sauberen verdrillten Putzlappen zwischen Zähne des Primärritzels und des provisorisch montierten Kupplungszahnrads klemmen und so Primärtrieb blockieren.

- Sicherungsblech auflegen und Mutter anziehen (108–117 Nm).
- Ölpumpe gut geölt vormontieren. Befestigungsmutter des Antriebszahnrads anziehen (13–14 Nm; flüssige Schraubensicherung beigeben) und Pumpenwelle auf freie Drehbarkeit prüfen.
- **Bild 201:** Passhülsen und neue O-Ringe geölt anbringen. Ölpumpe einsetzen und Befestigungsschrauben festziehen.
- **Bild 202** und **Bild 203:** Distanzstück und Antriebsrad samt Lagern und Wellendichtring auf Hauptwelle aufsetzen. Es folgt Distanzstück mit neuem Dichtring.

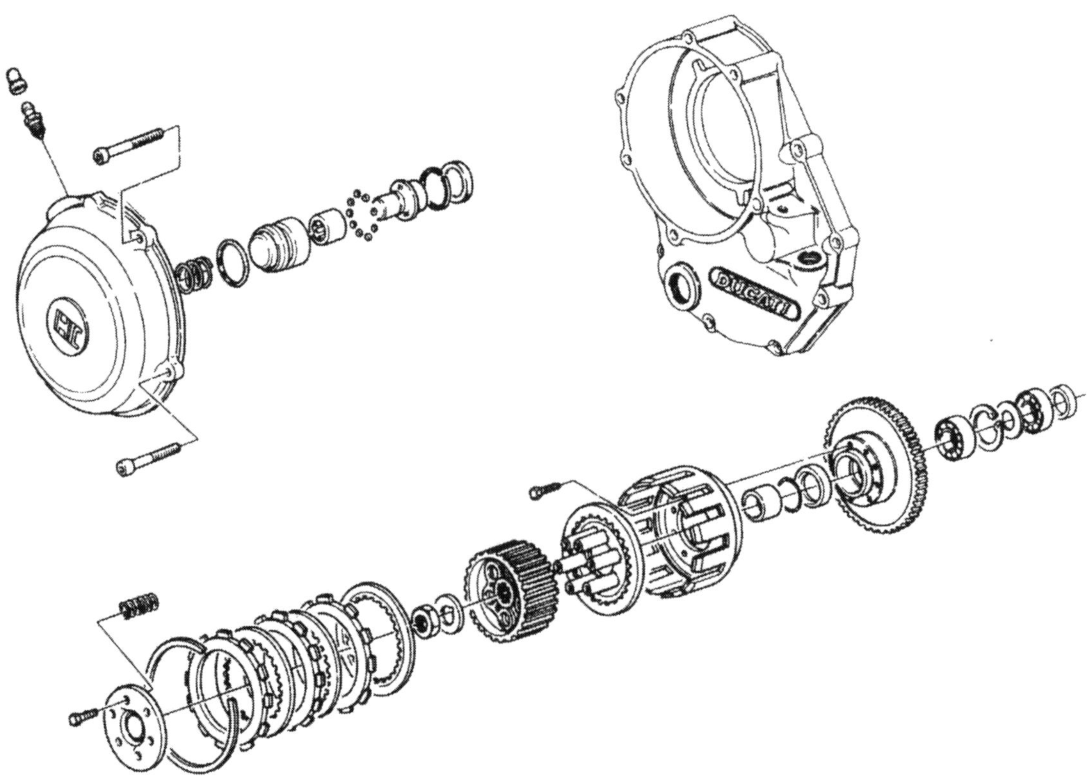

Bild 199
750er Kupplung

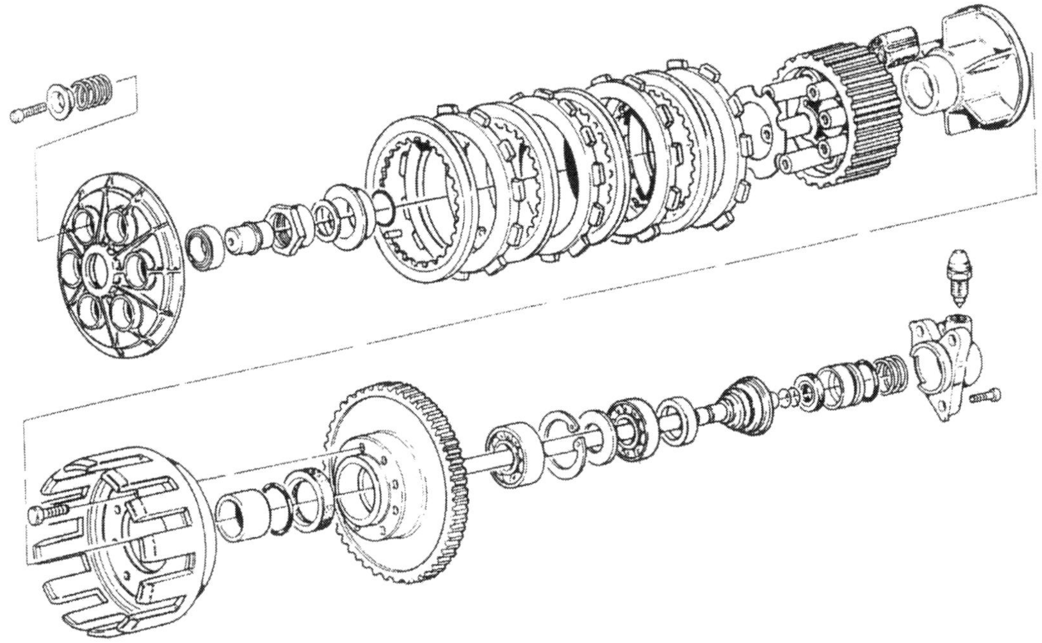

Bild 200
900er Kupplung

- Dichtflächen von Primärtriebgehäuse und Deckel säubern (öl- und fettfrei).
- Zwei Passhülsen einsetzen und Deckel mit neuer Dichtung aufsetzen.
- **Bild 187:** Befestigungsschrauben schrittweise über Kreuz anziehen.
- **Bild 204:** Kupplungskorb aufsetzen und mit acht Befestigungsschrauben an Antriebsrad anbringen.
- 750er: Es folgen Kupplungskorb und Druckplatte.
- 900er: Ruckdämpfer mit Gummis bis zum Aufsetzen anbringen. Anschlagscheibe und Buchse mit O-Ring einsetzen.
- **Bild 205:** Sicherungsblechscheibe auflegen und Mutter anziehen (138–147 Nm). Lasche der Sicherungsscheibe an Flanke der Mutter anlegen.

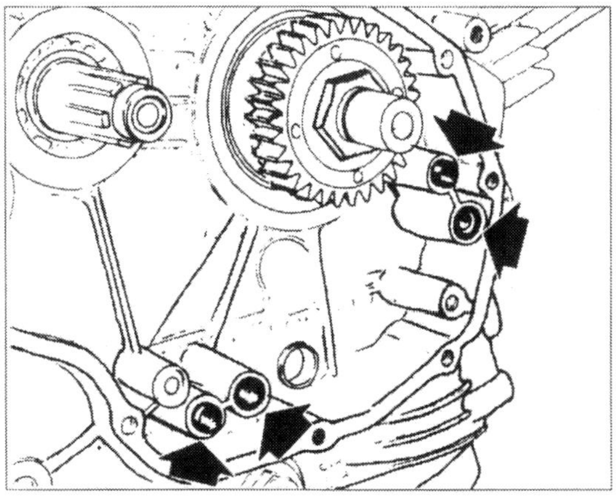

Bild 201
passhülsen und O-Ringe geölt einsetzen

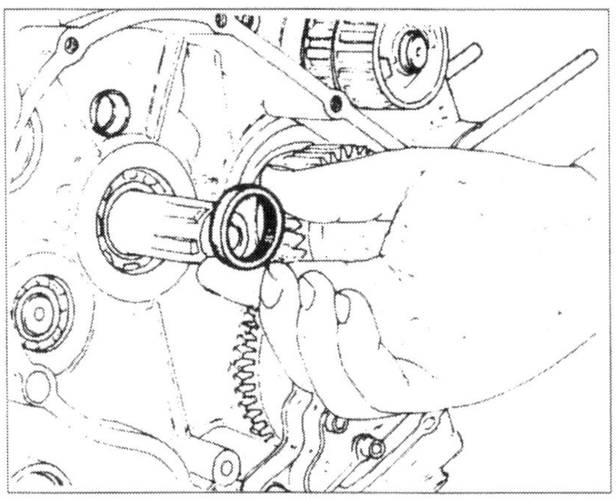

Bild 202
Distanzstück auf Hauptwelle aufsetzen

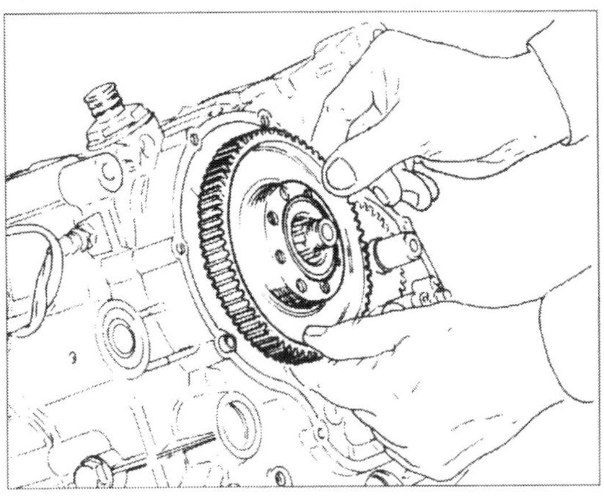

◄ **Bild 203**
900er: Primärtriebzahnrad mit neuen Wellendichtring aufsetzen

Vorsicht! ⚠
Aufgepasst!

Bild 204
Kupplungskorb aufsetzen

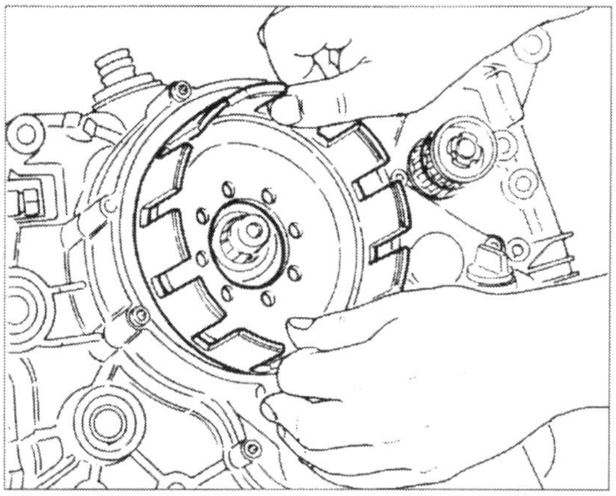

Bild 205
Kupplungsmutter anziehen (138 – 147 Nm)

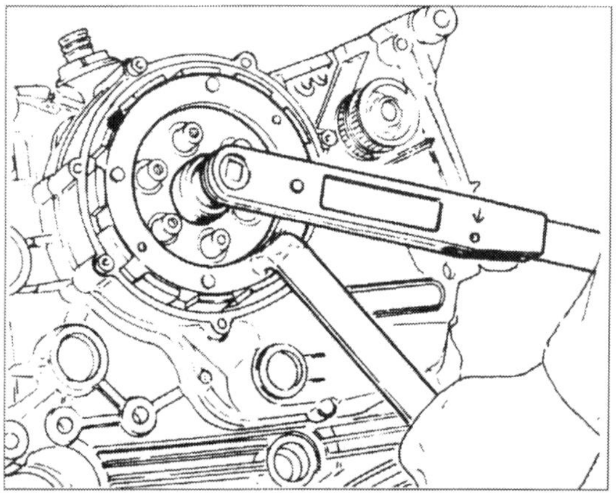

Bild 206
750er: Anordnung der Stahl- und Reibscheiben
1 Tellerfeder
2 Einseitige Reibscheibe

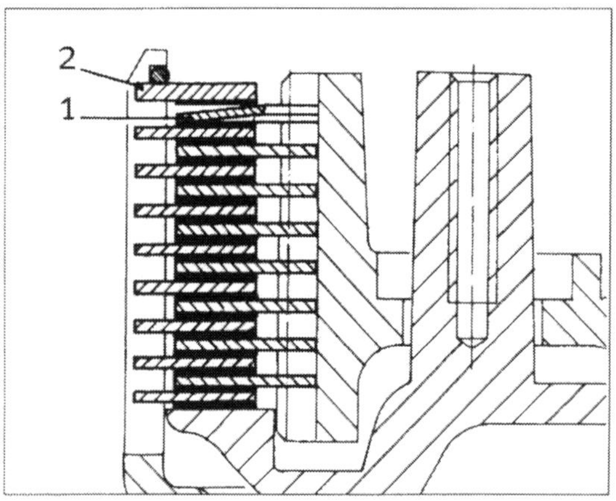

Bild 207
900er: Anordnung der Stahl- und Reibscheiben
1 Stahlscheibe
2 Reibscheibe
3 Tellerfeder

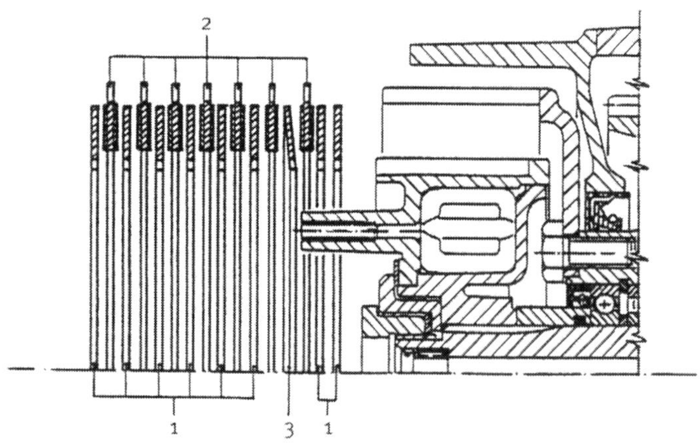

- 750er: Mit passendem Schraubendreher in Schlitz an Kupplungskorb Druckplatte an Trommel andrücken.
- **Bild 206** und **Bild 207:** Stahl- und Reibscheiben abwechselnd einsetzen.
- **Bild 182**/750er: Federring einsetzen.
- 900er: Ausrücklager einsetzen. Druckstange mit gefetteten O-Ringen von links (bei demontiertem Hydraulikzylinder) einsetzen.
- **Bild 180**/750er: Federn einsetzen, Druckplatte aufsetzen und Schrauben schrittweise über Kreuz anziehen.
- **Bild 181**/900er: Druckplatte aufsetzen, Federn mit Federteller einsetzen und mit Schrauben schrittweise über Kreuz befestigen.
- Gehäusedeckel mit neuer Dichtung (Dichtflächen wie immer sauber, d.h. öl- und fettfrei) aufsetzen und Befestigungsschrauben schrittweise über Kreuz anziehen.

Motor

9

Motorausbau mit den drei wichtigsten Komponenten
1 Hydraulische Hebeeinrichtung
2 Helfer
3 Motorständer

Motor

Vorsicht! ⚠
Aufgepasst! 👁

Bild 208
Motortemperaturfühler am liegenden Zylinder…

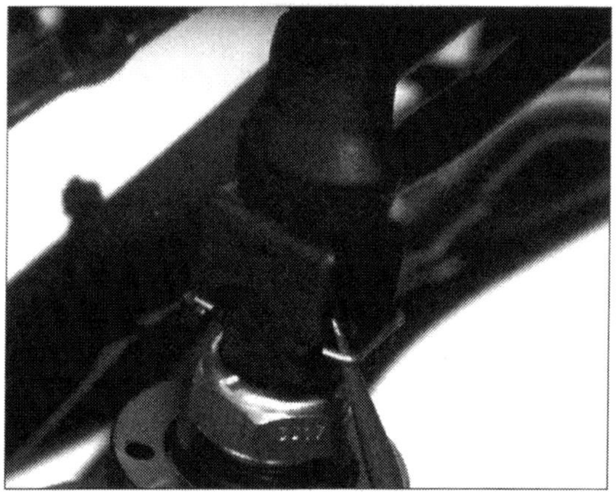

Bild 209
…mit kleinem Schraubendreher o.Ä. vom Stecker trennen

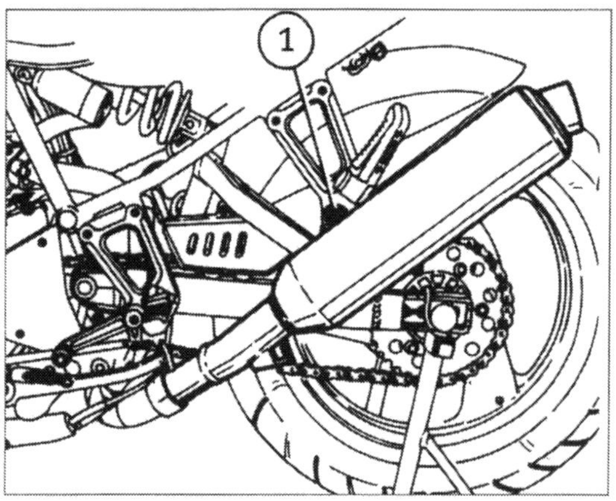

Bild 210
Auspuffdämpfer-Befestigung ① lösen

9.1 Ausbau

- Motor zum Ausbau folgender Baueinheiten aus Rahmen ausbauen:
- → Zylinderkopf des stehenden Zylinders
- → Kolben und Zylinder des stehenden Zylinders
- → Kurbelwelle und Pleuel
- → Getriebe
- ⚠ Motorausbau ist zum Ausbau von Zylinderkopf und Zylinder des stehenden Zylinders nicht zwingend notwendig. Kopf und Zylinder können auch ausgebaut werden, wenn nur vordere Motoraufhängung gelöst und Motor nach unten abgelassen wird. Die Vorarbeiten gestalten sich jedoch bis auf Kleinigkeiten fast genauso umfangreich.
- Maschine am Motor so aufbocken, dass Rahmen vom Motor abgenommen werden kann.
- Sitzbank, Tank und Verkleidung abbauen *(Kapitel 3.2)*.
- Batterie ausbauen.
- Öl ablassen.
- Luftfiltergehäuse und Vergaser/Drosselklappeneinheit demontieren *(Kapitel 4)*.
- 900er: Ölkühler und Zuleitungsschläuche von Motorgehäuse abbauen.
- **Bild 208** und **Bild 209**/i.e.: Motortemperatursensor nach Ausfedern des Sicherungsbügels abnehmen.
- Auspuff-Anlage ausbauen:
- **Bild 210:** Dämpferbefestigung lösen und Dämpfer abnehmen.
- **Bild 211:** Schelle von Krümmer des stehenden Zylinders lösen.
- **Bild 212:** Befestigungsmuttern von Krümmerflansch des liegenden Zylinders ausdrehen und Krümmer abnehmen.

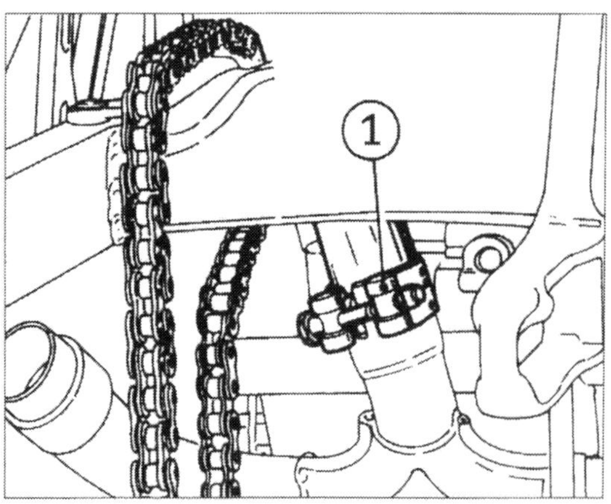

Bild 211
Krümmerschelle ① lösen

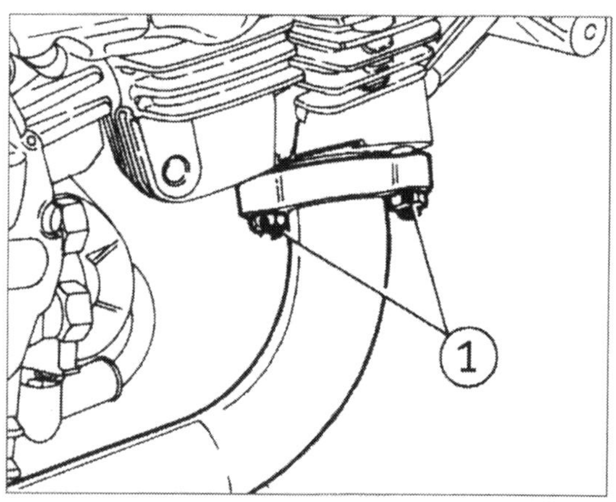

Bild 212 ➤
Krümmerbefestigungsmutter ① am liegendem Zylinder

- **Bild 213:** Befestigungsmuttern von Krümmerflansch des stehenden Zylinders ausdrehen und Krümmer abnehmen.
- **Bild 214:** Motorentlüftungsschlauch und Motormassekabel abnehmen.
- Schalthebel von Welle und Ritzelabdeckung abbauen *(Kapitel 5 Generator)*.
- Antriebskettenspannung lockern *(Kapitel 3.12 Seite 43)*.
- **Bild 215:** Befestigungsschrauben des Ritzelsicherungsblechs ausdrehen und Blech von Ritzel abnehmen.
- 750er: Auffanggefäss bereithalten und Hydraulikanschluss der Kupplungsbetätigung ausdrehen *(Kapitel 8)*. Hydraulikflüssigkeit geduldig austropfen lassen.
- **Bild 77**/900er: Nehmerzylinder der Kupplungsbetätigung nach Ausdrehen der Befestigungsschrauben abnehmen.
- Steckkontakte der Leerlaufanzeige, Öldruckkontrolle, Seitenständerschalters, Zündimpulsgeber und Generator lösen. Kabel freilegen.
- Hydraulischen Wagenheber oder andere einstellbare Stütze (mit Holzauflage!) am Motor anbringen, um Schraubverbindungen während des Entfernens zu entlasten.
- Federbein von Schwinge lösen.
- **Bild 216:** Schraubverbindungen Rahmen/Motorausdrehen und Stangen herausziehen. Rahmen vom Motor abnehmen.

⚠ Motorbefestigungsmuttern sind selbstsichernde Muttern zum einmaligen Gebrauch. Einmal entfernte Muttern wandern zum Schrott!

- **Bild 217** und **Bild 218:** Kunststoffabdeckungen der Schwingachse aushebeln und Kettengleitschutz von Schwinge abnehmen. Klemmschrauben der Schwingachse lockern und Achse mit passendem Rundholz austreiben bis Motor freikommt.

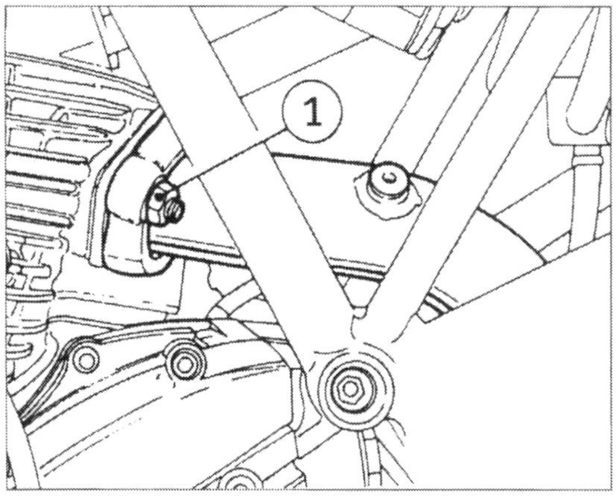

Bild 213
Krümmerbefestigungsmutter ① am stehenden Zylinder

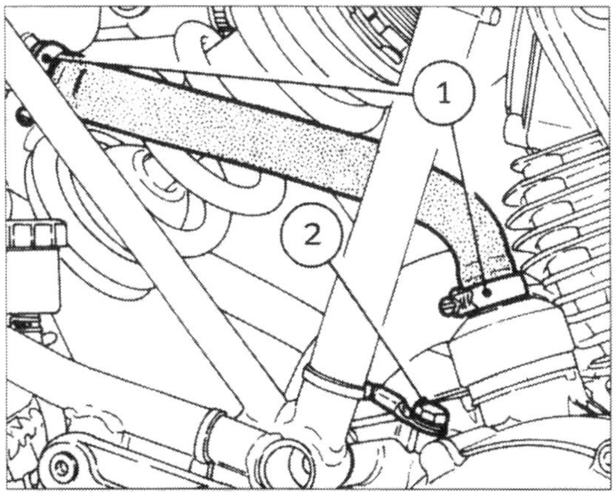

Bild 214
Entlüftungsschlauch ① und Motormassekabel ②

Bild 215
Motorritzel

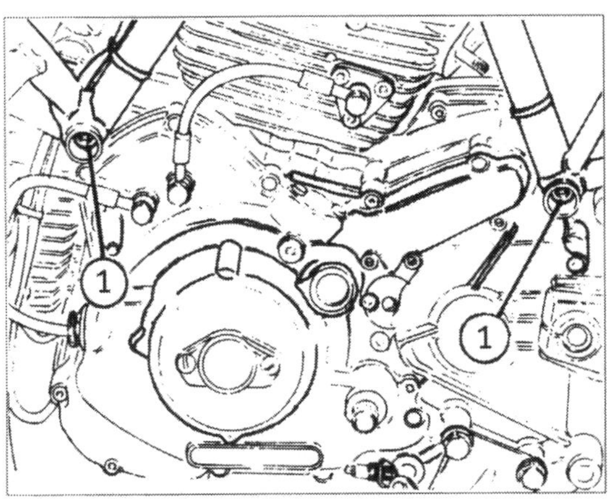

◄ Bild 216
Motor/Rahmenverbindungen ①

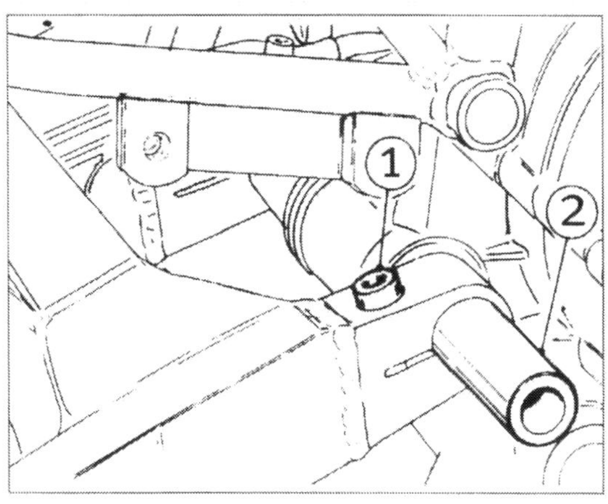

Bild 217
750er: Klemmschrauben ① der Schwinge ② lösen

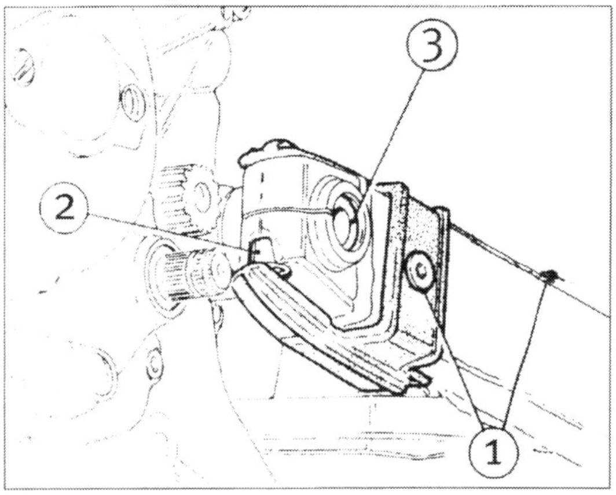

Bild 218
750er: Klemmschrauben ① der Schwinge ② lösen

9.2 Einbau

- Motoreinbau erfolgt in umgekehrter Reihenfolge des Ausbaus, *siehe oben*.
- Motor mit hydraulischer Stütze auf Aufhängungspunkte ausrichten und Distanzhülsen und Stangen einschieben.
- ⚠ Motorbefestigungsmuttern sind selbstsichernde Muttern zum einmaligen Gebrauch – nur Neuteile verwenden! Mit vorgeschriebenem Anzugsmoment anziehen *(Technische Daten ab Seite 124)*.
- Stecker wieder koppeln. Züge und Kabel verlegen.
- Auspuffanlage mit neuen Dichtungen montieren.
- Seilzugeinstellung (Gas- und Choke-), Leerlaufeinstellung, Vergaserabgleich und Einstellung der Bremspedalhöhe gemäss *Wartungskapitel* vornehmen.

9.3 Inbetriebnahme des überholten Motors

- Motor mit Öl (3,5 Liter nach Motorüberholung) befüllen, alle nötigen Kontroll- und Einstellarbeiten an »Kraftstoff-Aufbereitungsanlage« und deren Betätigung, Kupplung (Befüllen/Entlüften → Druckpunkt und Schlupfprüfung) vor dem ersten Start durchführen.
- Es kann sein, dass Abgase des Motors in den ersten Minuten des Motorlaufs stark blaue Färbung haben, was auf Verbrennung desjenigen Motoröls zurückzuführen ist, das bei der Montage des Motors aus Sicherheitsgründen in etwas reichlichem Masse beigegeben wurde. Also nicht von der beschriebenen Erscheinung beunruhigen lassen.
- ⚠ Vor Teilnahme am öffentlichen Strassenverkehr Bremsen, Lichtanlage, Blinker, Kupplung und Gangschaltung auf Funktionstüchtigkeit prüfen.
- ⚠ Die bei der Überholung des Motors neu eingebauten Motorenteile benötigen eine gewisse Einlaufzeit. Deshalb während der ersten 1000 km Fahrstrecke den Motor nicht im oberen Drehzahlbereich »jubeln« lassen, ihn aber auch nicht untertourig Steigungen »hinaufquälen«.
- Nach etwa 500 km Ventilspiel kontrollieren. Zylinderkopfmuttern auf richtiges Anzugsmoment kontrollieren und im Rahmen eines Ölwechsels neuen Ölfilter spendieren.

Zylinderkopf

10.1 Ausbau

- Beim Ausbau der Zylinderköpfe wird von Totalzerlegung der Köpfe ausgegangen. Falls Zylinderkopf zum Beispiel nur zur Reparatur der Kolben/Zylinder-Garnitur ausgebaut werden muss, entfallen natürlich die Arbeitsschritte zum Nockenwellen- und Kipphebelausbau.

⚠ Sämtliche Bauteile so aufbewahren, dass sie an ihrem ursprünglichen Platz wieder eingebaut werden können.
Teile von Ein- und Auslass bzw. stehendem und liegendem Zylinder nicht mixen!

- Steuerriemen abnehmen *(Kapitel 3.10 Seite 39)*.
- **Bild 219:** Treibrad mit **Ducati**-Werkzeug 88700.5644 gegenhalten und Befestigungsmutter mit **Ducati**-Werkzeug 88713.0139 ausdrehen. Mutter ist selbstsichernd und zum einmaligen Gebrauch bestimmt – bei Montage durch Neuteil ersetzen!
- **Bild 220:** Treibrad von Nockenwelle abnehmen. Auf Verbleib des Wellenkeils achten.
- **Bild 221:** Kunststoffabdeckung abnehmen.

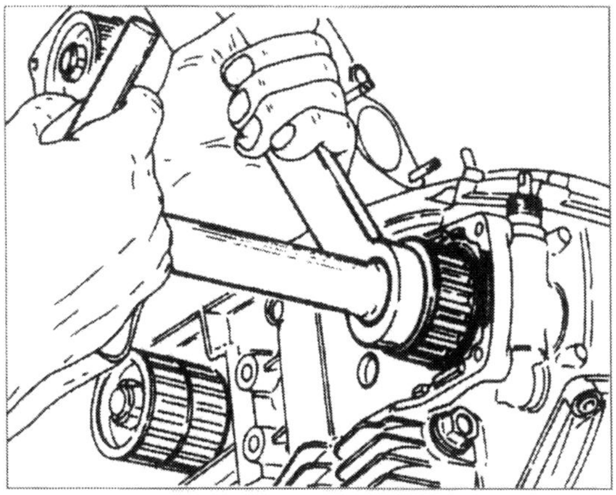

Bild 219
Befestigungsmutter des Riemenrads montieren

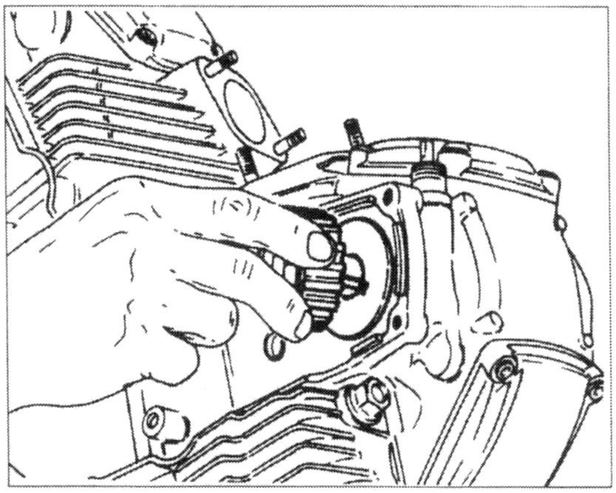

Bild 220
Riemenrad abnehmen

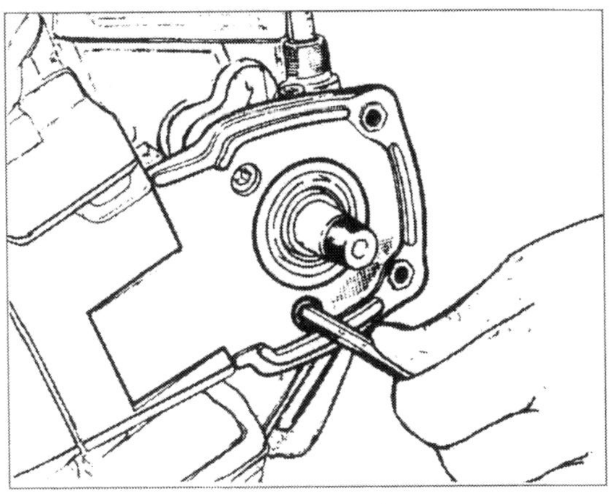

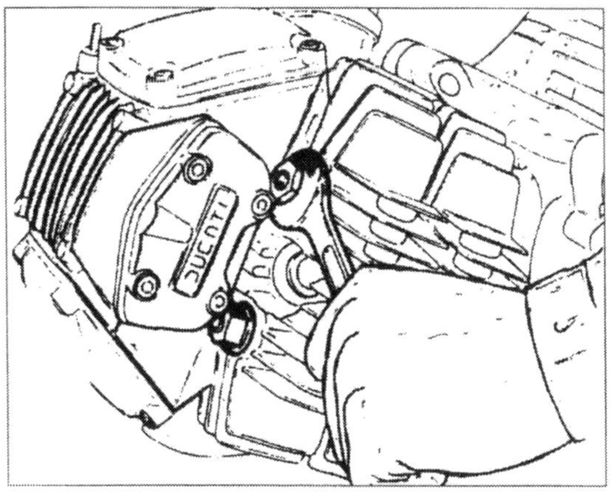

◄ **Bild 221**
Befestigungsschrauben der Kunststoffabdeckung ausdrehen

Bild 222
750er:
Zylinderkopfmuttern schrittweise über Kreuz ausdrehen

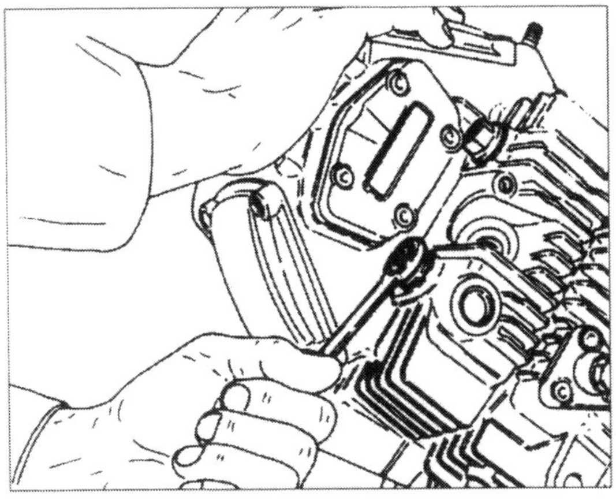

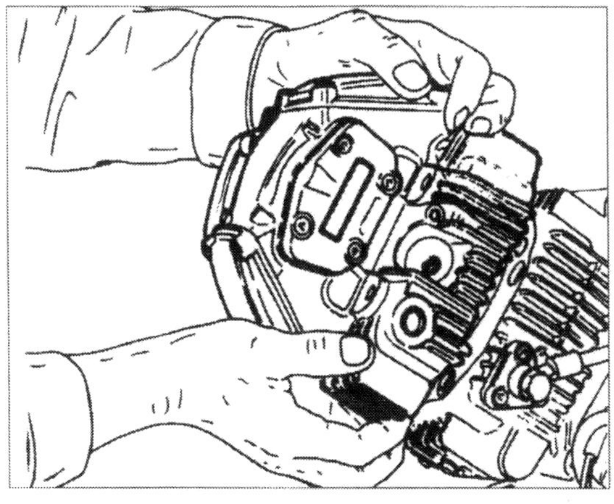

◄ **Bild 223**
900er:
Zylinderkopfmuttern schrittweise über Kreuz ausdrehen

Bild 224
Zylinderkopf abnehmen

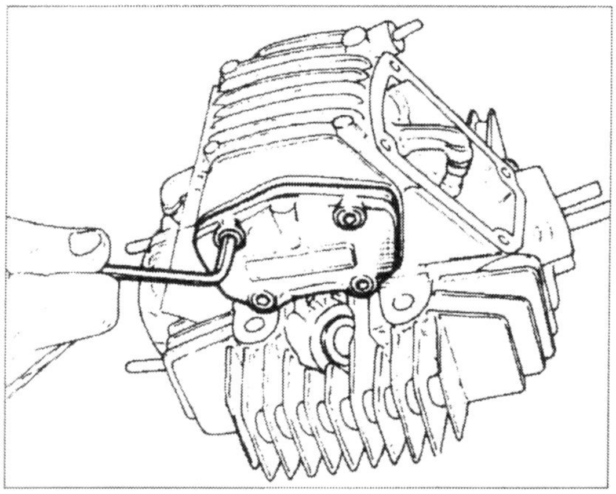

Bild 225
Lagerschildschrauben montieren

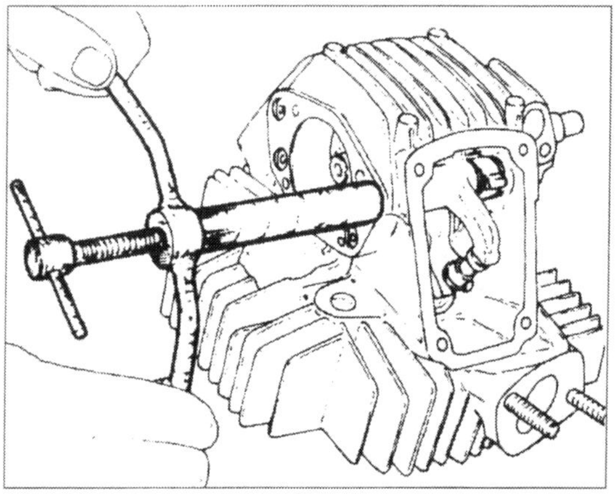

Bild 226
Kipphebelachse mit **Ducati**-Werkzeug 88713.0120 ausziehen

Bild 227
Ventilschaft mit feinem Ölstein entgraten

- **Bild 222** und **Bild 223:** Jeweils vier Zylinderkopfmuttern schrittweise über Kreuz lösen. Muttern jeweils um ¼ Umdrehung lockern, bis sie »ohne Zug« sind, dann erst ganz ausdrehen.
- **Bild 224:** Zylinderkopf leicht anheben, Muttern und Scheiben abnehmen, dann Kopf ganz abnehmen.
- Falls Zylinderkopf festgebacken, helfen leichte Gummihammerschläge, um Kopf zu lockern. Auf Verbleib der O-Ringe achten.
- Ventildeckel abnehmen *(Kapitel 3.9)*.
- **Bild 225:** Befestigungsschrauben des Nockenwellenlagerschilds ausdrehen und Lagerschild abnehmen.
- **Bild 226:** Kipphebelachse des Öffners mit **Ducati**-Werkzeug 88713.0120 ausziehen. Dabei Scheiben, Federclip und Kipphebel in Montage-Reihenfolge entnehmen und aufbewahren.
- Einstellplättchen des Öffnerkipphebels abnehmen.
- Nockenwelle so drehen, dass Ventil öffnet.
- Hilfsfeder des Schliesserkipphebels samt Schliesser und Einstellhülse nach unten drücken und Sicherungsfederhälften von Ventilschaft abnehmen. Es folgt Einstellhülse.
- **Bild 227:** Vor Entnahme der Ventile, Ventilschäfte auf Aufwerfungen oder Grate untersuchen. Gegebenenfalls mit feinem Ölstein Grate entfernen, da sonst Ventilführungen beim Herausnehmen der Ventile zerschrammt werden können.

⚠ Ventile, Hülsen, Hilfsfedern, Kipphebel und Achsen so aufbewahren, dass sie wieder an ihrem angestammten Platz zum Einsatz kommen.

- **Bild 228:** Nockenwelle mit Gummihammer heraustreiben.

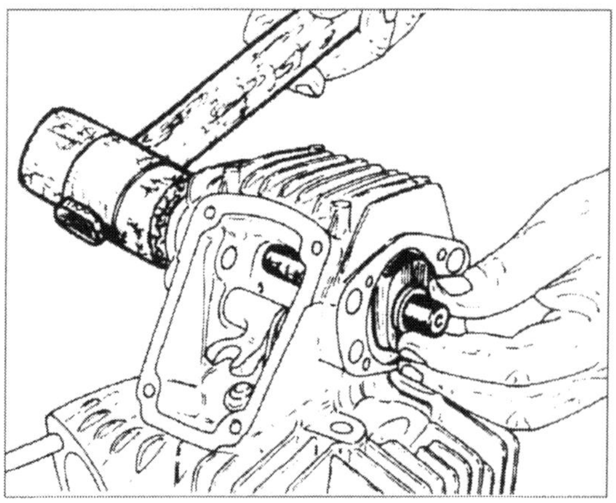

Bild 228
Nockenwelle mit Gummihammer austreiben

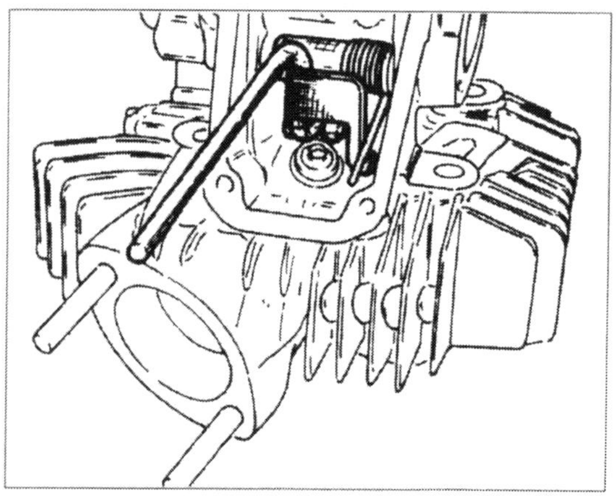

Bild 229 ➤
Ducati-Werkzeug 88713.0143 zum Entlasten der Hilfsfeder

- **Bild 229:** Vornehme Mechaniker benutzen **Ducati**-Werkzeug 88713.0143 zum Entlasten der Hilfsfeder beim Ausziehen der Schliesserkipphebelachse.
- Ventilschaftdichtungen mit Spitzzange abziehen.
- Brennräume und Ventile mit Schaber entkohlen bzw. im Fachbetrieb mit Sandstrahl (besser Glasperlstrahl) reinigen lassen (Dichtflächen abkleben).

10.2 Prüfen und Vermessen

Für den Privatier lohnt es sich kaum eine aufwändige Zylinderkopf-Reparatur mit dem Einsetzen der Sitzringe bis Eintreiben der neuen Führungen nebst dem fachgerechten Nachschleifen der Ventilsitze. Dies ist Sache der Fachwerkstatt. »Einläppen«, wie weiter unten beschrieben, ist im Hobbybereich statthaft, um einen alten treuen Kameraden wieder aufzupäppeln – selbst wenn es nur für 20 000 Kilometer ist.
Im Profibereich werden die Ventilsitze so präzise eingefräst, dass Nacharbeit unnötig ist. Der entscheidende Phase beim »Einfahren« eines Viertakters sind also betreffs Zylinderkopf die ersten Umdrehungen, die der Motor per Starter beim Probelauf macht, wobei sich die Sitzflächen von Ventil und Ventilsitzring ihre Passform aufeinander einhämmern.

Bereich zwischen Ventilsitzen und Zündkerzenlöchern auf Risse kontrollieren.

Mit Haarlineal und Fühlerlehre Zylinderkopf- und Zylinder-Dichtfläche in mehreren Richtungen auf Verzug prüfen; Verschleissgrenze 0,05 mm. Gegebenenfalls in Fachbetrieb planen lassen.

Bild 230: Mit Bügelmessschraube Durchmesser der Kipphebelwellen und mit Innentaster Durchmesser der Kipphebel messen. Spiel (Kipphebeldurchmesser abzüglich Achsendurchmesser) soll 0,03 – 0,06 mm betragen, Verschleissgrenze 0,08 mm.

Bild 231: Ventilschaftende, Nockengleitfläche und korrespondierende Kipphebel-Gleitflächen auf übermässigen Verschleiss untersuchen.

Jedes Ventil auf anomal abgenutzte Sitzfläche untersuchen.

Jedes Ventil auf Verbiegung, Kratzer und anomalen Verschleiss am Schaft untersuchen.

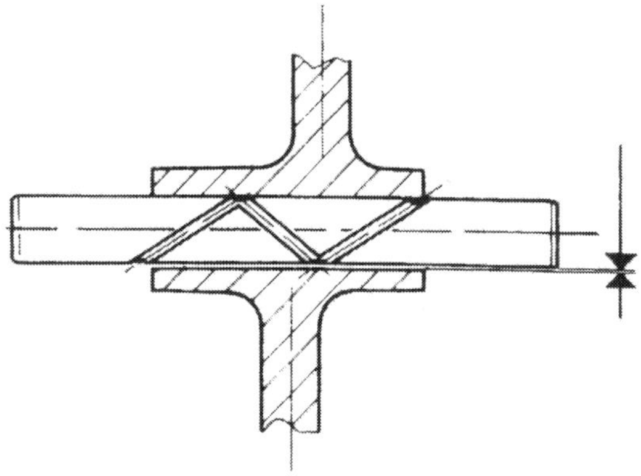

Bild 230
Spiel zwischen Kipphebel und -welle muss 0,03 – 0,06 mm betragen

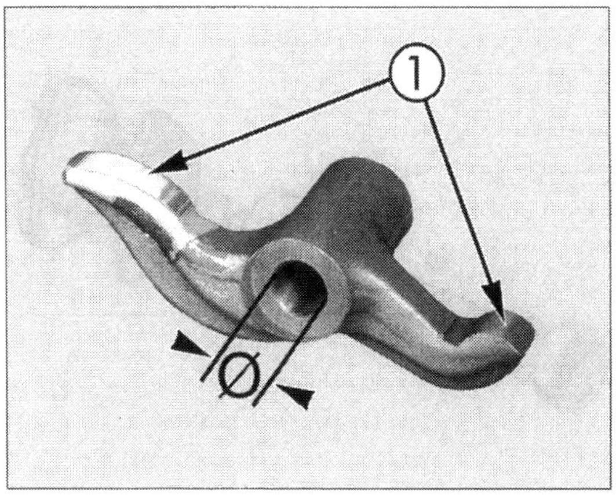

Bild 231
Kipphebelgleitflächen ① und Innendurchmesser prüfen

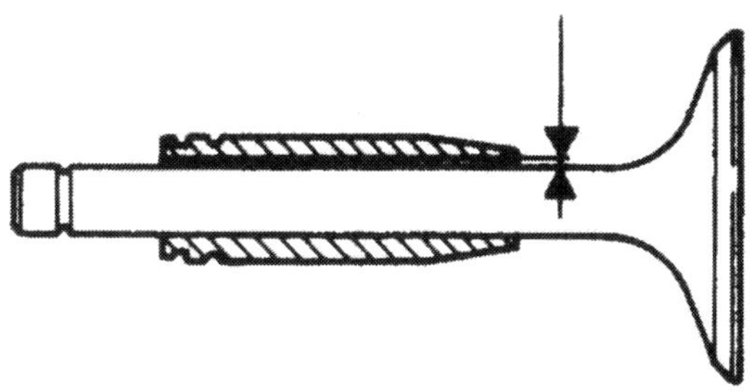

Bild 232
Spiel zwischen Ventilschaft und -führung muss 0,02 – 0,045 mm betragen

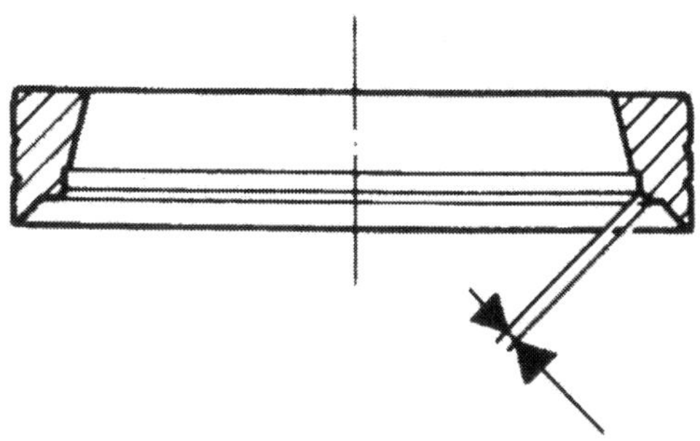

Bild 233
Ventilsitzbreite messen

Vorsicht! ⚠
Aufgepasst!

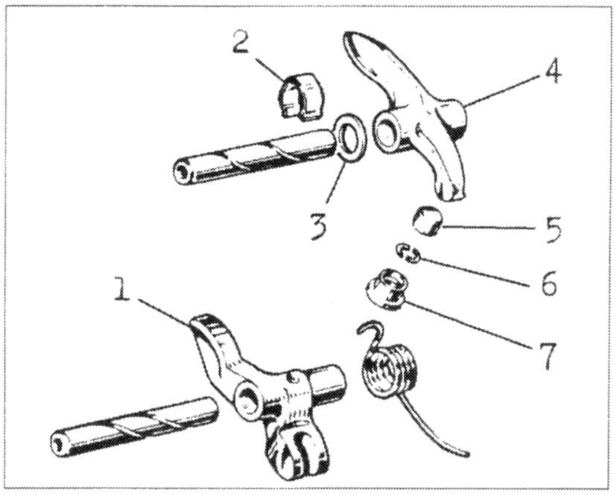

Bild 234
Ventilbetätigung
1 Schliesser-Kipphebel
2 Federklammer
3 Passscheibe
4 Öffner-Kipphebel
5 Öffner-Einstellkäppchen
6 Halbringe
7 Schliesser-Einstellkäppchen

Bild 235
Nockenwelle mit Lager

Ventilsitz muss glattes und riefenfreies Tragbild zeigen.
Falls Sitzfläche am Ventilteller verbrannt oder ungleichmässigen Kontakt mit Ventilsitz hat, Ventil erneuern lassen.

Jedes Ventil muss leicht geölt sauber in seiner Führung gleiten.

Bild 232: Spiel der Ventilschäfte und Ventilführungen wie Kipphebelspiel messen. Einbauspiel beträgt 0,02 – 0,045 mm; Verschleissgrenze 0,08 mm.
Falls grösser, prüfen, ob Einbau eines neuen Ventils Spiel wieder in Toleranz bringt. Wechsel der Ventilführung oder des Ventils einer dafür ausgerüsteten Fachwerkstatt überlassen, da gleichzeitig Ventilsitz nachgeschliffen werden muss.

Bild 233: Ventilsitzbreite messen:

- Ventil kurz mit *feiner* Läpp-Paste anschleifen und Sitzbreite messen.
  Sollbreite: 1,0 – 1,5 mm.
- Falls Ventilsitz zu breit oder zu schmal, Sitz in Fachwerkstatt neu fräsen lassen.

Bild 234 und **Bild 235:** Laufflächen von Kipphebeln und Nockenwelle auf Riefen, Beschädigungen oder Anzeichen unzureichender Schmierung untersuchen. Lager müssen spielfrei und geräuschlos laufen. Ölbohrungen dürfen nicht verstopft sein.

Treibräder der Steuerriemen auf Verschleiss und Beschädigung (Ausbrüche) untersuchen. Lager müssen spielfrei und geräuschlos laufen.

⚠ **Bild 236** und **Bild 237:** Steuerriemen auch in einwandfreiem Zustand nur im Notfall wiederverwenden.

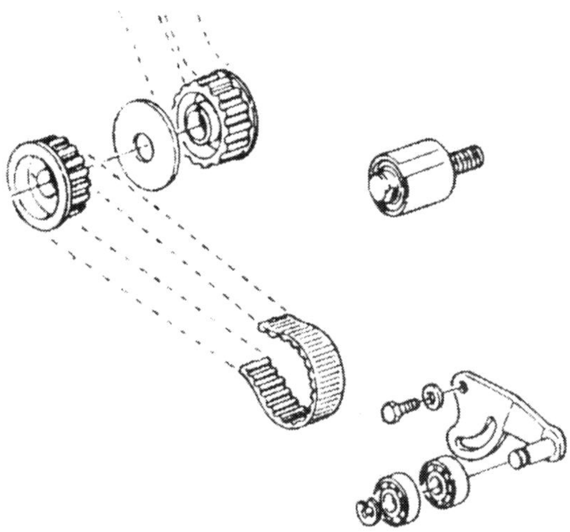

Bild 236
750er:
Riemenräder, Steuerriemen und Riemenspanner

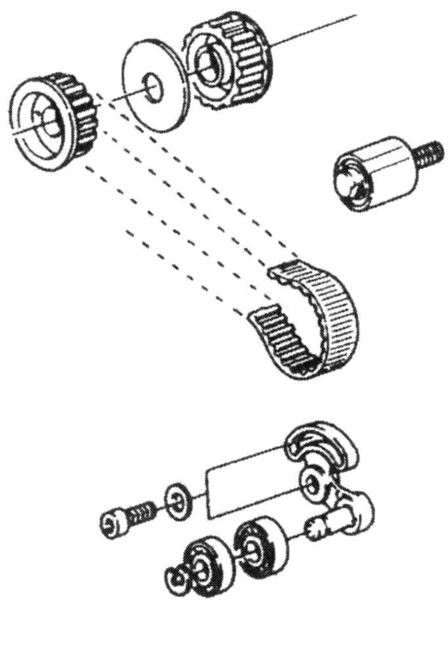

Bild 237 ➤
900er:
Riemenräder, Steuerriemen und Riemenspanner

10.3
Montage

- **Bild 238:** Neue Ventilschaftdichtungen geölt montieren (von Hand aufdrücken).
- Ventil in geölte Führung einschieben.
- **Bild 239** und **Bild 240:** Mit **DUCATI**-Werkzeug 88713.0143 Schliesser-Kipphebel und Hilfsfeder vormontieren und mit **DUCATI**-Werkzeug 88713.0262 anstelle der Kipphebelachse im Zylinderkopf positionieren.
- **Bild 241:** Seitenspiel des Kipphebels mittels passender Passscheibe so einstellen, dass Kipphebel frei beweglich ist, aber kein Seitenspiel aufweist.
- Hilfswerkzeug wieder herausziehen und Kipphebelachse so einsetzen, dass Bohrung nach aussen weist. Hilfsfeder aushaken und **DUCATI**-Werkzeug 88713.0143 entfernen.
- **Bild 242** und **Bild 243:** Nockenwelle einsetzen (Nockenwelle des liegenden Zylinders hat zwei Keilnuten) und Lagerschild provisorisch montieren.
- Ventilspiel einstellen *(Kapitel 3.9 Seite 36)*.

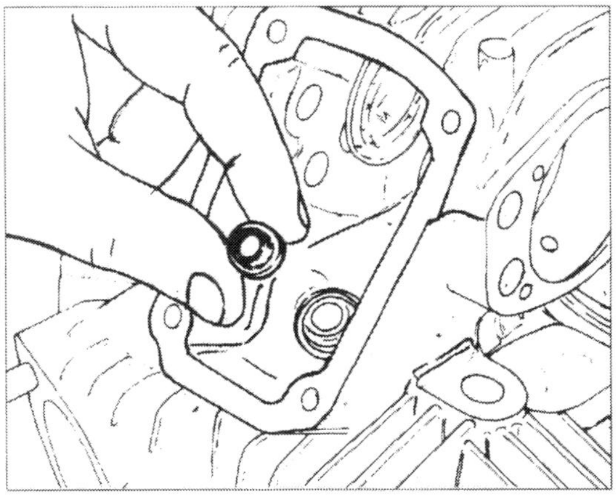

Bild 238
Neue Schaftdichtringe geölt aufschieben

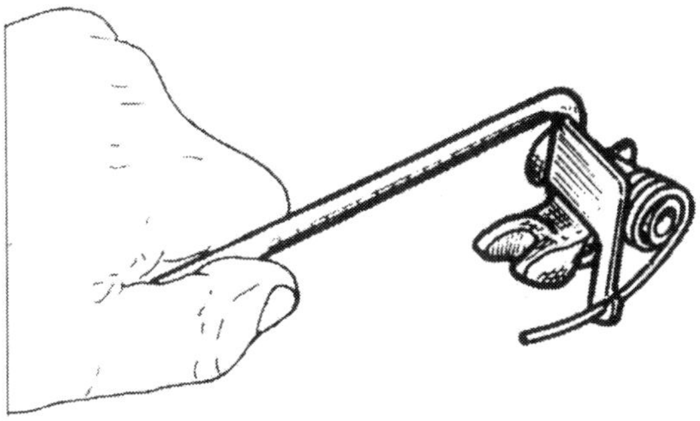

Bild 239
Mit **DUCATI**-Werkzeug 88713.0123 Schliesserkipphebel und Hilfsfeder vormontiert einsetzen

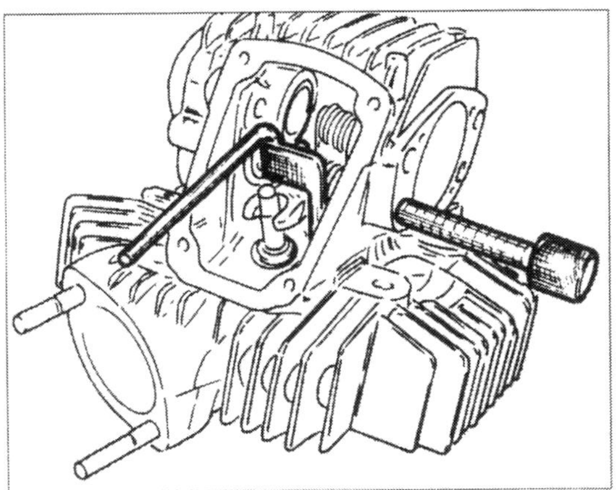

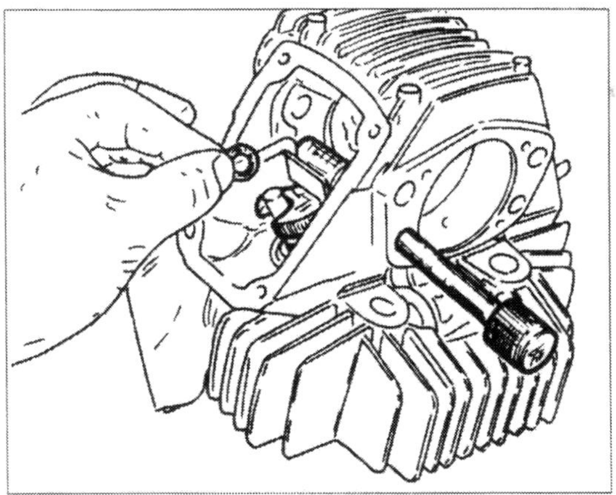

◄ **Bild 240**
DUCATI-Werkzeug 88713.0262 an Stelle der Kipphebelachse im Zylinderkopf positionieren

Bild 241
Passscheiben einsetzen

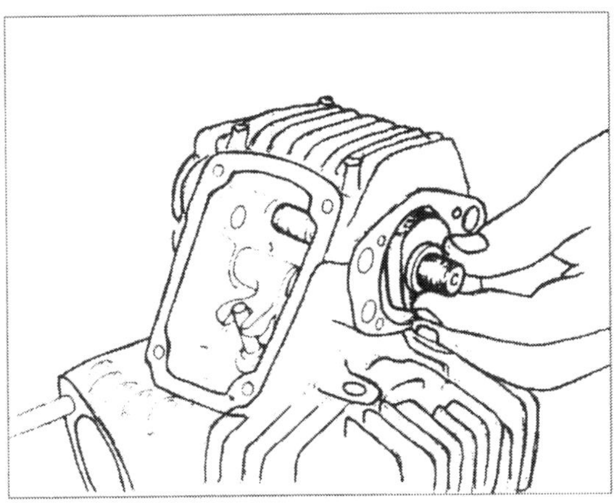

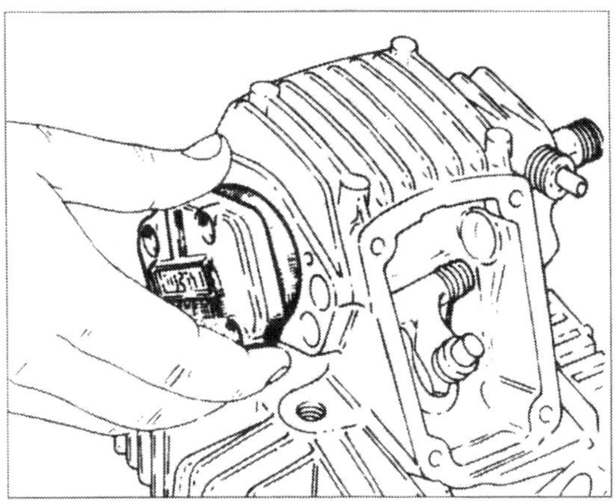

◄ **Bild 242**
Nockenwelle einsetzen

Bild 243
Lagerschild provisorisch anbringen

- Lagerschild wieder entfernen. Öffnerkipphebel einsetzen und das Seitenspiel wie am Schliesserkipphebel einstellen.
- **Bild 243:** Kipphebelachse mit Bohrung nach aussen weisend einsetzen, Lagerschild montieren und Ventilspiel einstellen *(Kapitel 3.9 Seite 36)*.
  Ventildeckel mit neuer Dichtung wieder anbringen.
- **Bild 244** und **Bild 245:** Drei O-Ringe leicht geölt am Zylinderkopf des stehenden Zylinders anbringen; zwei O-Ringe am liegenden Zylinder.
- Darauf achten, dass Kolben nicht im oberen Totpunkt stehen und Zylinderkopf aufsetzen. Dabei Scheiben und Zylinderkopfmuttern (Gewinde gefettet) anbringen.
- **Bild 246:** Zylinderkopfmuttern mit **Ducati**-Werkzeug 88713.0768 in drei Durchgängen über Kreuz anziehen:

erster Durchgang	14,7 Nm
zweiter Durchgang	29,4 Nm
dritter Durchgang	41,2 Nm

- **Bild 223:** Kunststoffabdeckung an Zylinderkopf anbringen.
- **Bild 247:** Führungsscheibe, Keil und Zahnriemenrad an Nockenwelle anbringen.

⚠ **Bild 219:** *Neue selbstsichernde Mutter* an Nockenwelle eindrehen. Nockenwelle mit **Ducati**-Werkzeug 88700.5644 gegenhalten und Mutter anziehen (69–73 Nm).

- Steuerriemen-Montage
  siehe Kapitel 3.10.

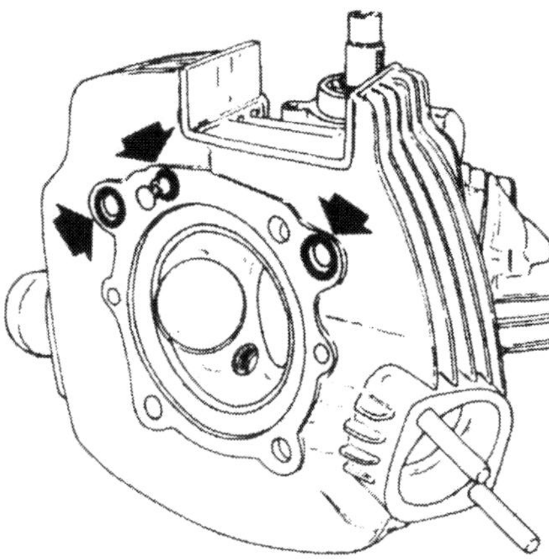

Bild 244
Drei O-Ringe anbringen (wie immer leicht geölt)

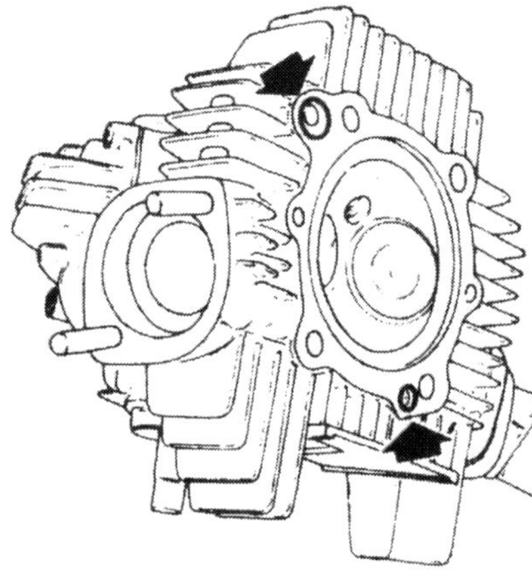

Bild 245
Zwei O-Ringe am Kopf des liegenden Zylinders anbringen

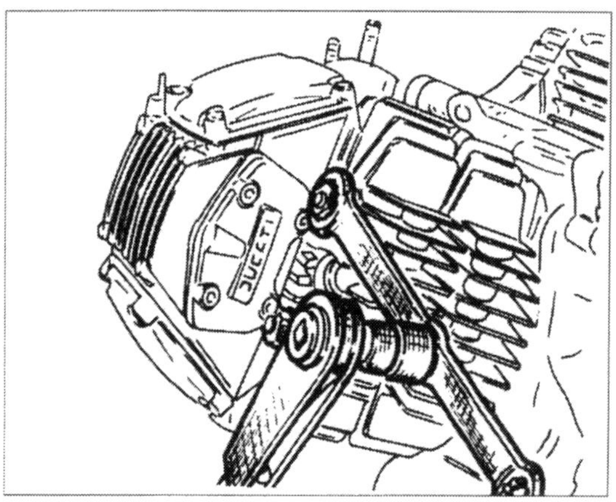

Bild 246
Zylinderkopfmuttern mit **Ducati**-Werkzeug 88713.0768 in drei Durchgängen über Kreuz anziehen

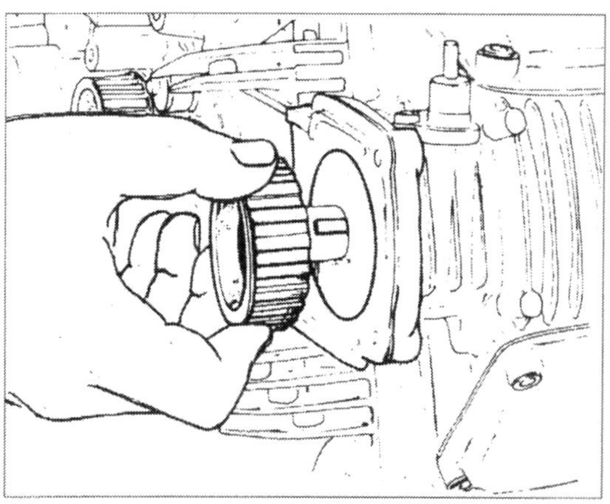

Bild 247
Führungsscheibe, Keil und Riemenrad an Nockenwelle anbringen

Zylinder und Kolben

11.1
Ausbau

- **Bild 248**/900er: O-Ringe entfernen und Ölrücklaufschläuche am Zylinder abnehmen (Hohlschrauben ausdrehen).
- Kurbelwelle so drehen, dass Kolben des abzuziehenden Zylinders im OT steht.
- Zylinder mit leichten bedachten Gummihammerschlägen lockern und nach oben bzw. vorn abziehen.

Darauf achten, dass beim Abziehen der Zylinder Kolben oder Pleuel nicht gegen Zuganker oder Motorgehäuse schlägt.

TIPP Falls am Kolben keine Arbeiten vorgenommen werden müssen und es vermieden werden soll, Kolben mit Kolbenringen beim Wiederaufbau in Zylinder »hineinzupfriemeln« (was leicht zu Beschädigung der Ringe führt) Zylinder nur soweit vom Kolben abziehen, bis Kolbenbolzen freiliegt, und dann Kolbenbolzen wie folgt entfernen.

- **Bild 249:** Kurbelgehäuse mit sauberem Putzlappen abdichten. Kolbenbolzen-Sicherungsring mit kleinem Schraubendreher aushebeln.
- Kolbenbolzen seitlich herausdrücken.

TIPP Falls schwergängig, mit feinem Ölstein Bolzenbohrung entgraten (hier können sich an der Sicherungsringnut Aufwerfungen bilden, die plattgeschliffen werden müssen, damit der Kolben leichtgängig demontiert werden können).

- Handelsüblichen Bolzenausdrücker nur verwenden, wenn Kolben ohnehin Schrott ist.

⚠ Kolbenbolzen keinesfalls mit Durchschlag austreiben – Pleuel sind schnell krumm geschlagen!

- Zylinder samt Kolben abnehmen.
- Kolben für den späteren Einbau mit »L« (liegend) und »S« (stehend) sowie Einbaurichtung mit Pfeil markieren (Pfeil weist zum Einlass).

Ölkohle-Ablagerungen am Kolbenboden und am oberen Rand der Zylinder mit Dreikantschaber vorsichtig entfernen.

- **Bild 250** und **Bild 251:** Kolbenringe mit beiden Daumen etwas aufweiten und über Kolben schieben. Ringe nicht zu weit aufbiegen, damit sie nicht deformiert werden oder brechen.

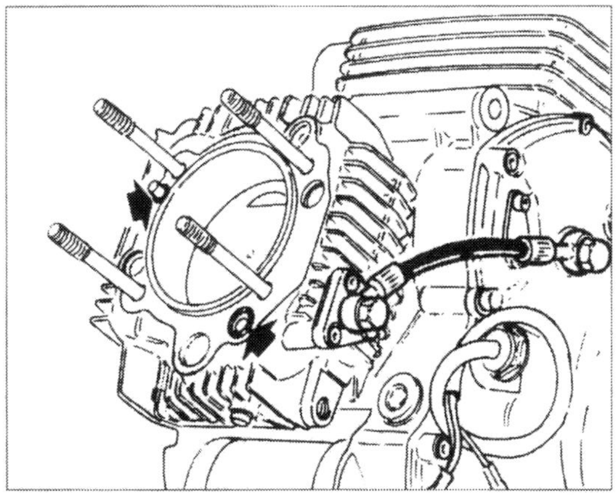

Bild 248
O-Ringe und Schläuche abnehmen

Bild 249
Kolbenbolzen-Sicherungsring mit kleinem Schraubendreher aushebeln

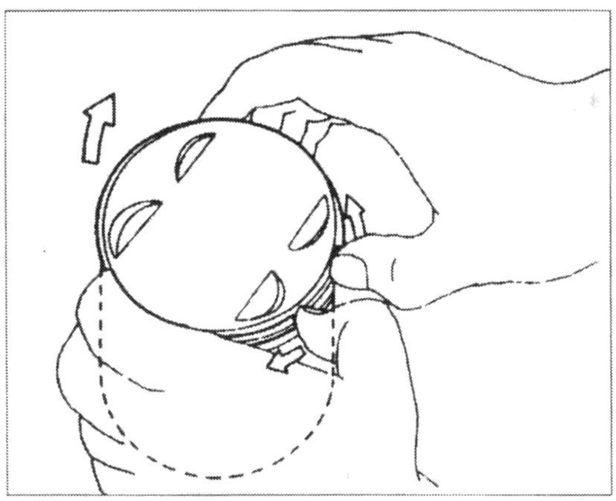

Bild 250
Kolbenring von Hand abnehmen

Bild 251
Kolbenring komfortabel mit Kolbenringzange abnehmen

Vorsicht! ⚠
Aufgepasst!

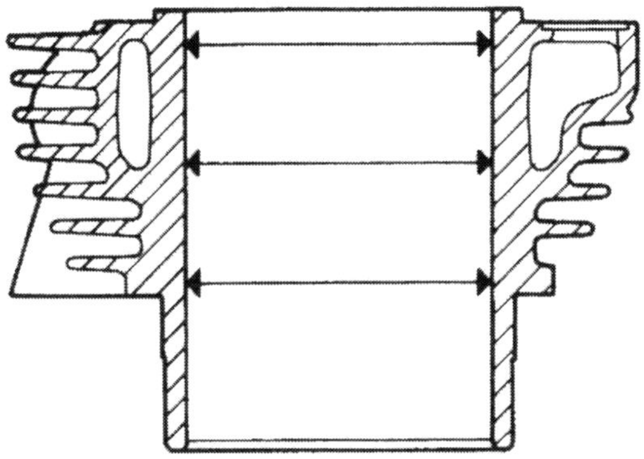

Bild 252
Zylinderdurchmesser in drei Ebenen messen

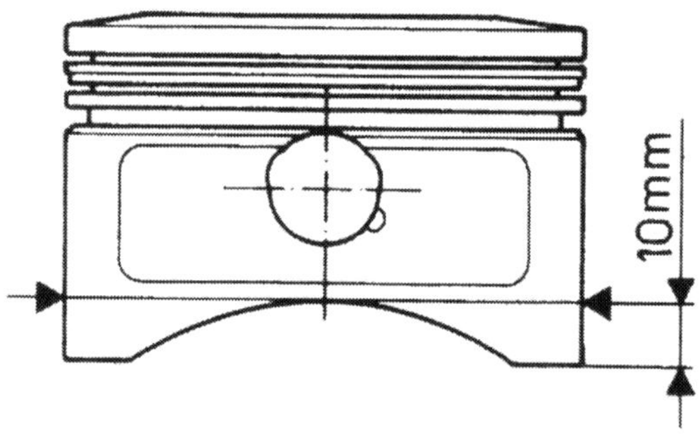

Bild 253
Aussendurchmesser des Kolbens 10 mm über der Unterkante im rechten Winkel zur Bolzenbohrung messen

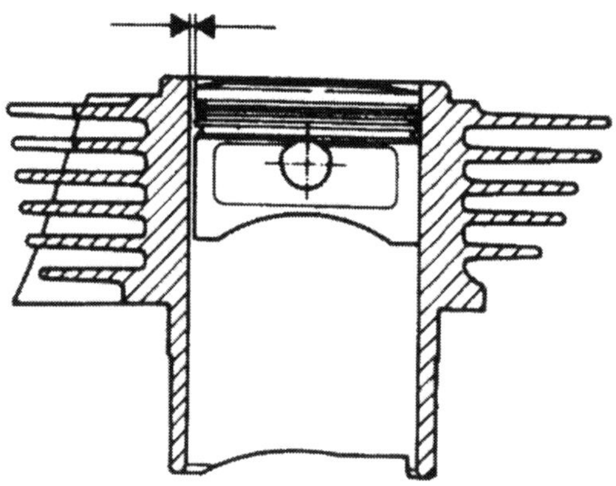

Bild 254
Errechnetes Spiel im Zylinder darf maximal 0,10 mm betragen

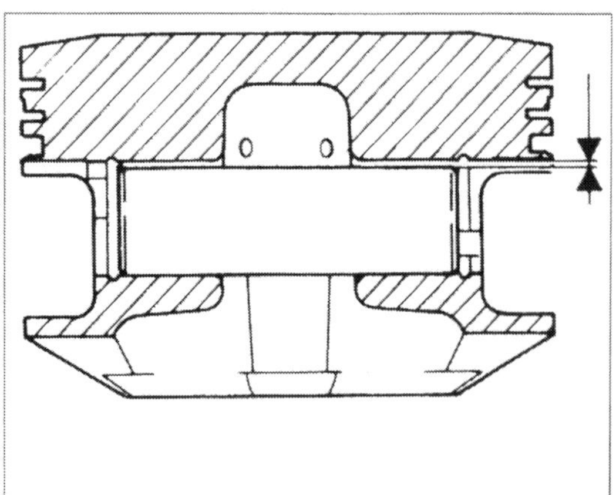

Bild 255
Bolzenspiel in Bolzenbohrung soll 0,004 – 0,12 mm betragen

Bild 256 ➤
Bolzenspiel im Pleuel berechnen

11.2 Prüfen und Vermessen

Kolbenlauffläche darf keine Fressspuren oder Ausbrüche aufweisen.

Bild 252: Um Unrundheit und Konizität zu prüfen, Zylinderdurchmesser auf den im Bild gezeigten Ebenen in Fahrtrichtung und im rechten Winkel dazu messen.
Verschleissgrenze Unrundheit: 0,01 mm, Konizität: 0,015 mm

■ Falls Zylinder über Verschleissmass, gegen Zylinder der selben Massklasse tauschen, die mit Buchstabe am Zylinder vermerkt ist (Zylinder kann wegen Siliziumkarbid-Beschichtung nicht »normal« nachgearbeitet werden).

Bild 253 und **Bild 254:** Am Kolbenhemd 10 mm über Unterkante, im rechten Winkel zur Bolzenbohrung, Aussendurchmesser des Kolbens messen.
Errechnetes Spiel des Kolbens im Zylinder darf maximal 0,11 mm betragen.
Einbaumass 0,025 – 0,045 mm

Bild 255: Spiel zwischen Kolbenbolzenbohrung und Bolzen ermitteln (Bohrungsdurchmesser abzüglich Bolzendurchmesser).
Sollwert 0,004 – 0,012 mm,
Verschleissgrenze 0,025 mm

Bild 256: Spiel zwischen Pleuelbohrung und Bolzen ermitteln (Bohrungsdurchmesser abzüglich Bolzendurchmesser).
Sollwerte 900er: 0,015 – 0,032 mm,
Sollwerte 750er: 0,006 – 0,028 mm,
Verschleissgrenze 0,05 mm

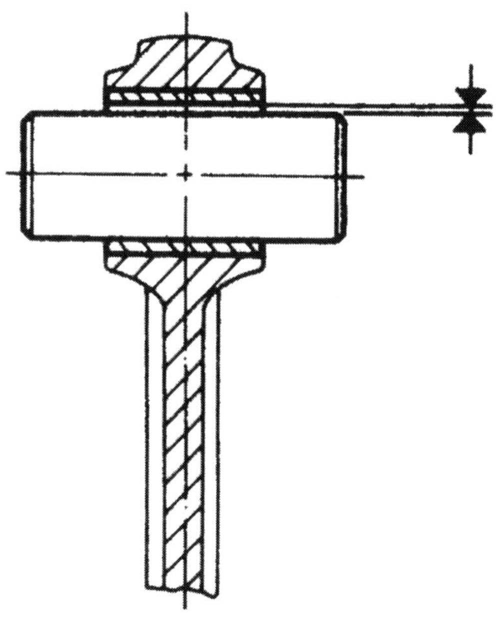

Bild 257 und **Bild 258:**
Kolbenringe einzeln in Zylinder schieben und mit Kolben rechtwinklig ausrichten. Mit Fühlerlehre Stossspiel ausfühlen.
Sollwert erster und zweiter Kolbenring 0,2–0,40 mm, Verschleissgrenze 0,8 mm

Bild 259 und **Bild 260:** Mit Fühlerlehre Spiel zwischen Kolbenring und Ringnut ertasten.
Verschleissgrenze 0,10 mm

Kolbenring muss frei, ohne zu klemmen, durchrollen.

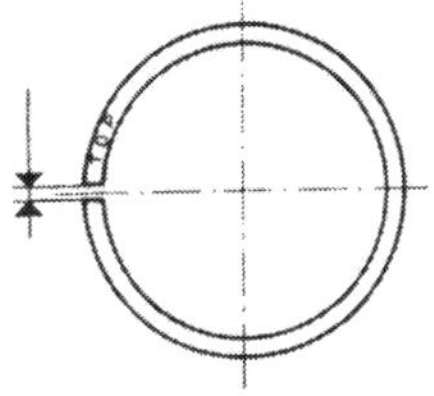

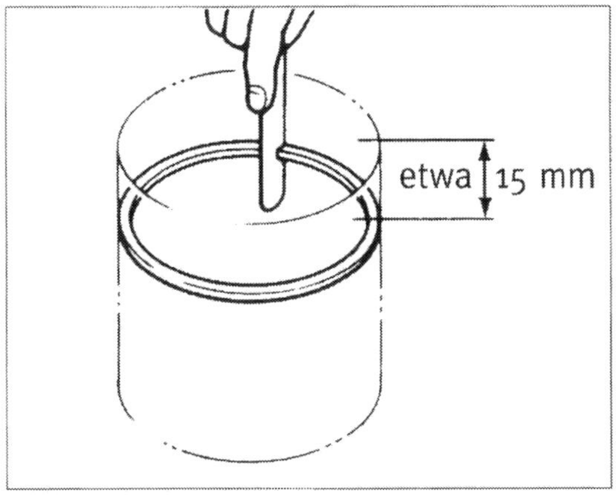

◄ **Bild 257**
Stossspiel soll 0,2–0,4 mm betragen

Bild 258
Mit Fühlerlehre Stossspiel des Kolbenrings messen

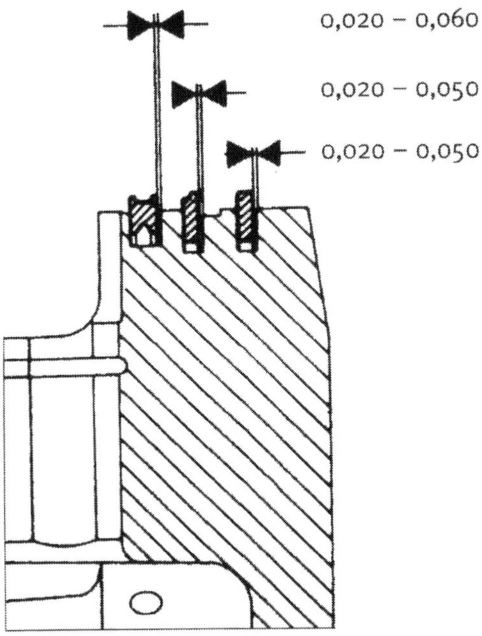

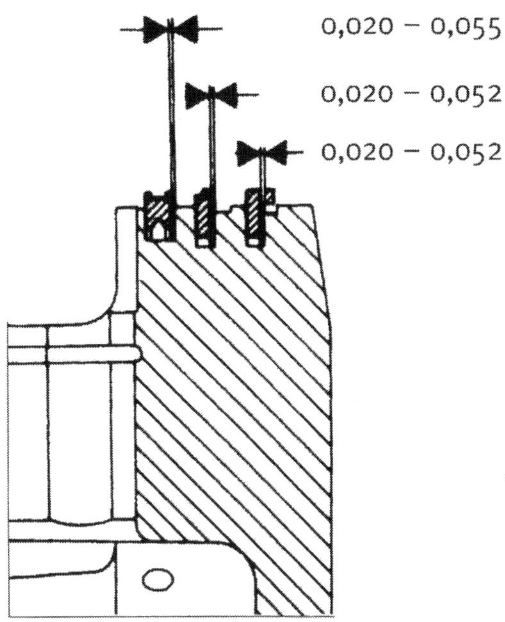

◄ **Bild 259**
750er: Spielwerte des Kolbenring-Nutspiels

Bild 260
900er: Spielwerte des Kolbenring-Nutspiels

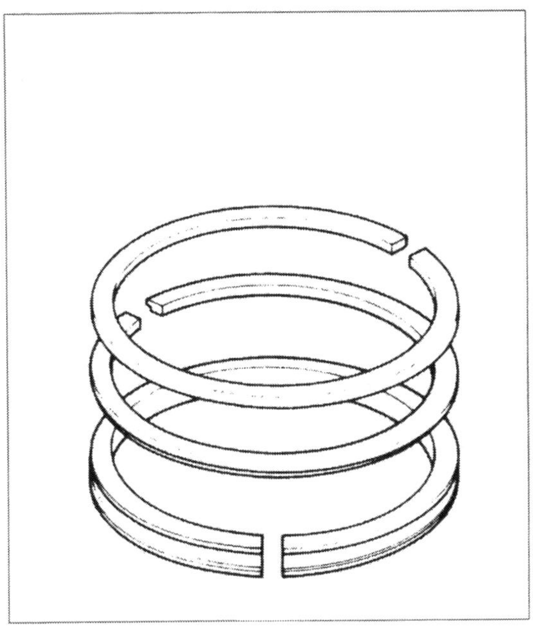

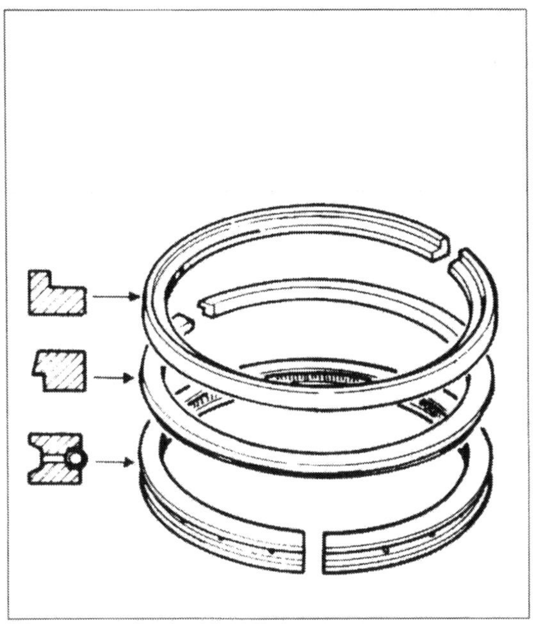

◄ **Bild 261**
750er: Einbaulage der Kolbenringe

Bild 262
900er: Einbaulage der Kolbenringe

11.3 Montage

- **Bild 261** und **Bild 262:** Kolbenringe mit Markierungen nach oben weisend am Kolben montieren, dabei Ringe nicht weiter als unbedingt nötig aufweiten, da sie leicht brechen.

Die Kolbenringstösse um 120° versetzt anordnen.

Bild 263
Kolben in Zylinder einschieben (hier mit Kolbenringsspanner)

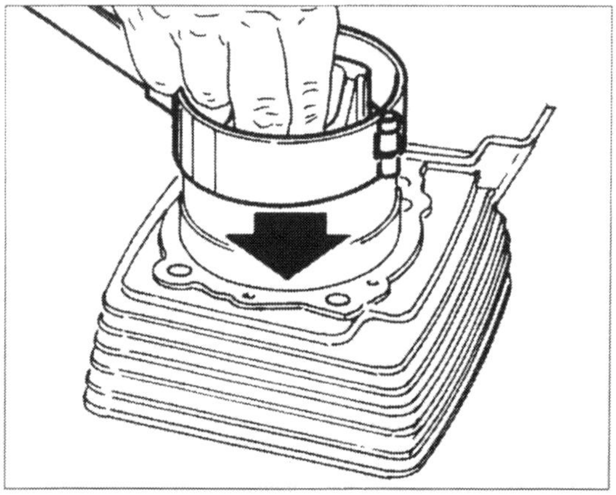

⚠ Kolben mit Pfeil-Markierung zur Einlass-Seite (wie beim Ausbau angebracht; kleine Ventiltaschen auf Auslassseite) weisend montieren.

- **Bild 263:** Kolben gut geölt in Zylinder einschieben, wobei Kolbenringe mit Kolbenringspannern oder Fingern zusammengedrückt werden.
- Dichtflächen an Zylinderfuss und Motorgehäuse säubern (öl- und fettfrei). Fussdichtung beidseitig dünn mit Dichtmasse bestreichen (Loctite 510) und auflegen.
- Zylinder und Kolben auf Zuganker aufsetzen und Pleuelbohrung auf Kolbenbolzenbohrung ausrichten. Kolbenbolzen geölt einschieben.
- Motorgehäuseöffnung mit sauberem Lappen abdecken und Sicherungsringe (Neuteile!) in Nut einfedern.
- Lappen entfernen und Zylinder bis zum Aufsetzen aufschieben.
- **Bild 264**/900er: Ölrücklaufschläuche mit neuen Dichtringen anbringen.

Bild 264
900er:
Ölrücklaufschläuche mit neuen Dichtungen anbringen

Kurbelgehäuse

12.1
Ausbau

- Kurbelgehäuse zum Ausbau folgender Baueinheiten öffnen:
  - → Schaltwalze und -Gabeln
  - → Getriebe
  - → Pleuel und Kurbelwelle
- Kupplung und Primärtrieb ausbauen wie in *Kapitel 8.1 Seite 78* beschrieben.
- **Bild 265:** Sicherungsblechlasche von Befestigungsmutter der Steuerungszwischenwelle flachbiegen.
- **Bild 266:** Steuerrad mit Stift blockieren und Mutter ausdrehen.
- **Bild 267:** Steuerrad und Antriebsrad abnehmen.
- **Bild 268:** Mit DUCATI-Werkzeug 8870 0.5644 Antriebsrad des Steuerriemens gegenhalten und Befestigungsmutter ausdrehen.
- **Bild 269** und **Bild 270:** Erstes Steuerriemenrad mit Keil und Führungsscheibe, dann zweites Steuerriemenrad mit Keil und Anlaufscheibe von Hand abnehmen.
- **Bild 271:** Arretierungsschraube der Schaltwalze ausdrehen und Feder mit Arretierungsstift entnehmen.

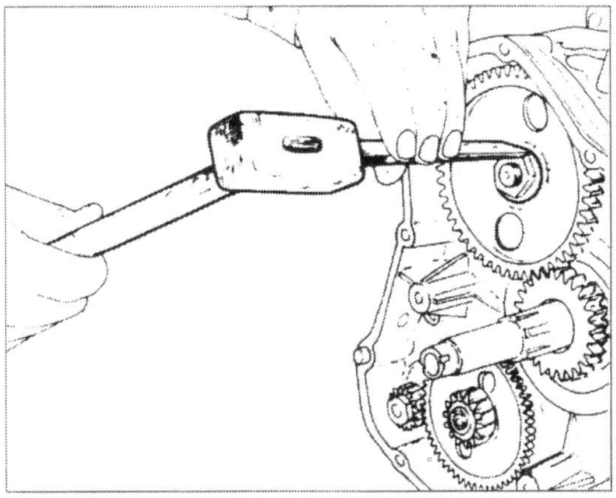

Bild 265
Sicherungsblechlasche flachklopfen

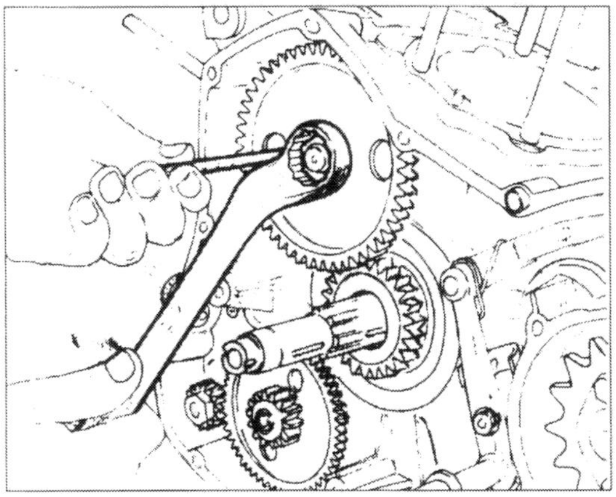

Bild 266
Steuerrad mit Metallstift blockieren und Mutter ausdrehen

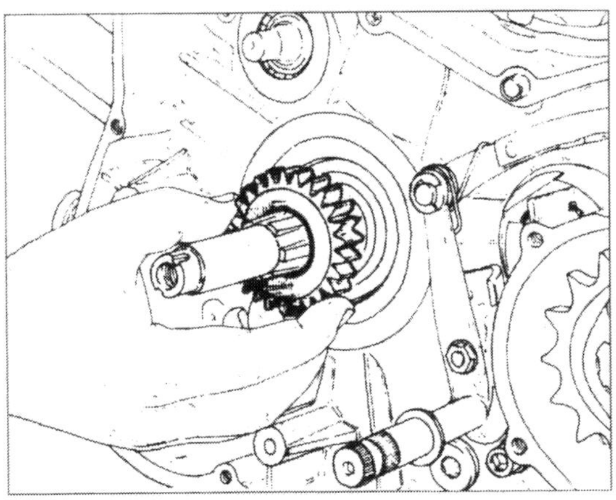

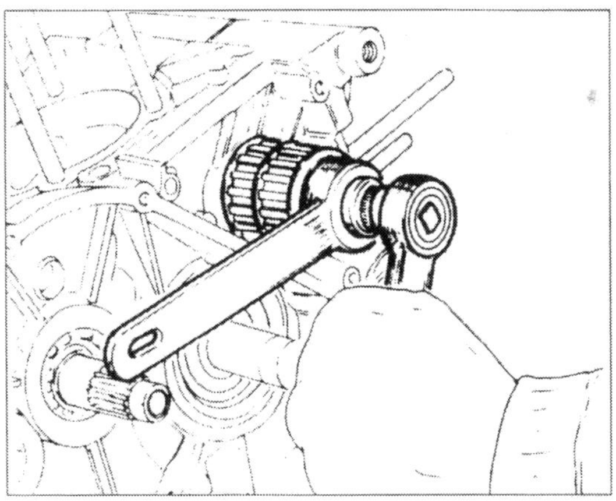

◄ **Bild 267**
Antriebsrad der Zwischenwelle von Kurbelstumpf abnehmen

Bild 268
Mit DUCATI-Werkzeug 88700.5644 Riemenrad gegenhalten und Mutter ausdrehen

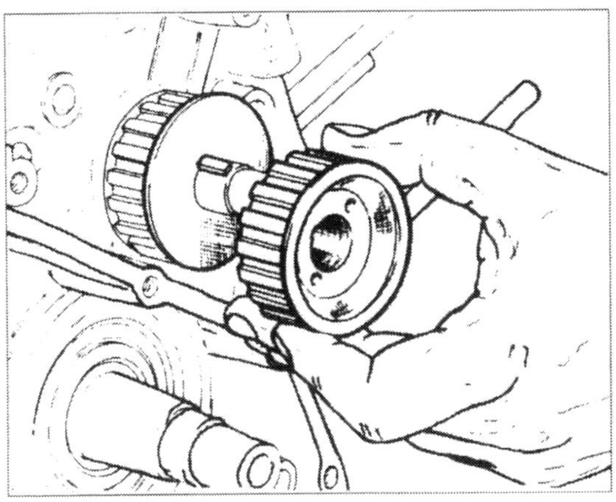

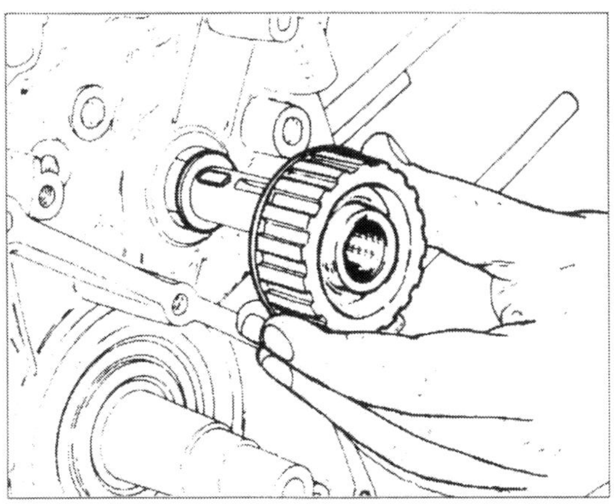

◄ **Bild 269**
Erstes Riemenrad mit Keil und Scheibe abnehmen

Bild 270
Zweites Riemenrad mit Keil und Scheibe abnehmen

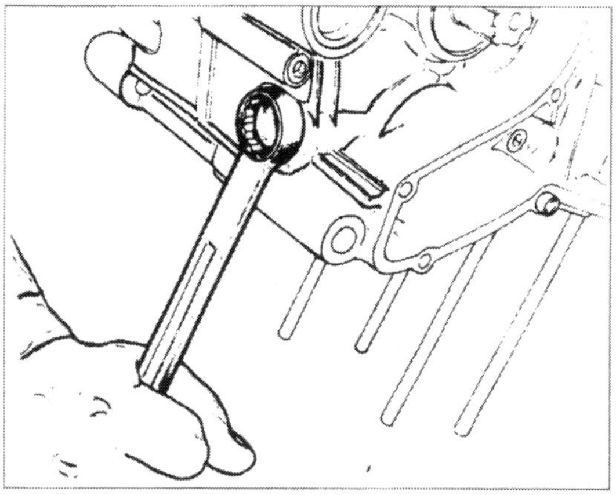

Bild 271
Arretierungsschraube der Schaltwalze ausdrehen

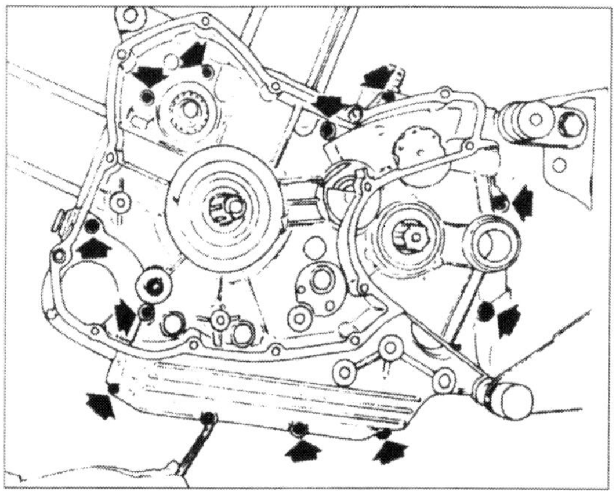

Bild 272
Motorgehäuseschrauben

- **Bild 272:** Motorgehäuseschrauben ausdrehen.
- Rechte Gehäusehälfte von linker abnehmen. Wellen bleiben in linker Gehäusehälfte.

⚠ Nichts zwischen die Gehäusehälften stemmen. Leichte Gummihammerschläge auf Gehäuse und Wellen (Getriebe und Kurbelwelle) helfen beim Trennen der Gehäusehälften.

- Auf Verbleib der Passscheiben und zwei Passhülsen achten. Einbaulage der Scheiben markieren.
- **Bild 273:** Öldruckventil mit Feder entnehmen.

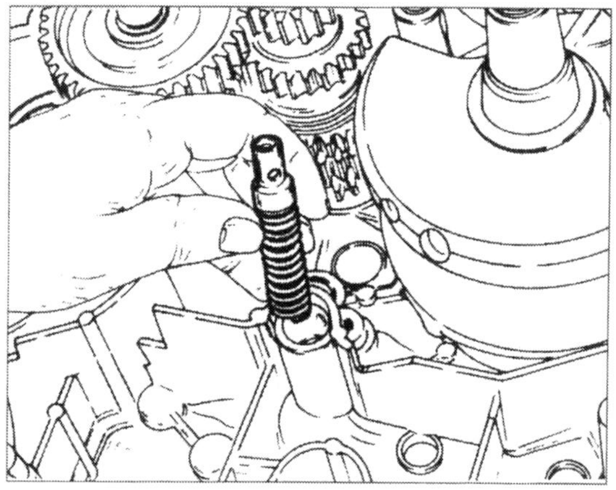

Bild 273 ➤
Öldruckventil mit Feder

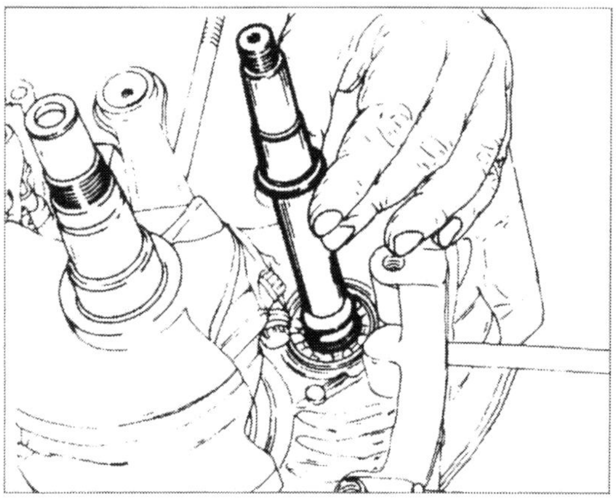

Bild 274
Steuerriemenwelle mit Passscheiben einsetzen

12.2 Prüfen und Vermessen

👁 Öldüsen und -kanäle auf freien Durchgang prüfen.

👁 Motorgehäuse sorgfältig auf Haarrisse oder sonstige Beschädigung untersuchen.

👁 Auf Richtplatte Ebenheit der Dichtflächen kontrollieren. Verzogene Gehäusehälften paarweise ersetzen.

👁 Lager und Buchsen auf perfekten Zustand untersuchen. Kugellager müssen widerstandsfrei und geräuschlos laufen (Fingerprobe).

⚠ Hauptlager paarweise ersetzen *(Kapitel 13)*.

12.3
Montage

- Bevor Motorgehäuse geschlossen wird, Getriebe, Kurbelwelle mit Pleuel und Steuerriemen-Antriebswelle montieren. *Siehe folgende Kapitel.*
- Passhülsen einsetzen und auf saubere, öl- und fettfreie Dichtflächen neue Dichtung auflegen.
- **Bild 273:** Öldruckventil mit Feder einsetzen.
- **Bild 274:** Die Steuerriemen-Antriebswelle mit Passscheibe einsetzen.
- **Bild 275:** Passscheiben gemäss der beim Ausbau gemachten Notizen an Wellen anbringen.
- Auf saubere Dichtflächen (öl- und fettfrei) Silikondichtmasse (Drei Bond o.Ä.) dünn auftragen.
- Rechte Gehäusehälfte auf linke aufsetzen.

Darauf achten, dass Schaltgabelachsen, Getriebewellen, Riemen-Antriebswelle, Schaltwalze und Kurbelwelle in entsprechende Lager und Buchsen einspuren.

⚠ Falls sich Montage als schwierig erweist, Zusammenbau des Getriebes nochmal kontrollieren *(Kapitel 14)*.

- **Bild 272:** Gehäuseschrauben schrittweise über Kreuz anziehen.
- Getriebewellen und Kurbelwelle auf freie Drehbarkeit prüfen. Getriebewellen müssen 0,1 mm Seitenspiel aufweisen; Kurbelwelle ohne Seitenspiel (aber frei drehbar!). Gegebenenfalls Spiel mit entsprechend dünneren oder dickeren Passscheiben einstellen.
- **Bild 271:** Schaltwalzen-Arretierungsstift mit Feder einsetzen. Verschlussstopfen mit neuer Dichtung wieder einsetzen.
- 750er: Distanzstück auf Antriebswellenstumpf der Treibriemenräder aufsetzen.
- **Bild 270:** Anlaufscheibe, Wellenkeil und zweites Steuerriemenrad aufsetzen.
- **Bild 269:** Es folgen Scheibe, Wellenkeil und erstes Steuerriemenrad.
- **Bild 268:** Antriebswelle gegenhalten und Nutmutter anziehen (**DUCATI**-Werkzeug 88700.5644; 59–63 Nm).
- **Bild 267** und **Bild 266:** Links Zahnrad auf Kurbelwelle aufschieben, Zahnrad auf Antriebswelle aufschieben und Sicherungsblech auf Welle auflegen. Mutter aufschrauben, Zahnrad mit Dorn gegenhalten und Mutter anziehen (40–44 Nm).
- Sicherungsblechlasche an Mutter anlegen.
- Kupplung und Primärtrieb einbauen wie in *Kapitel 8.3 Seite 82* beschrieben.

Bild 275
Einbaulage der Passscheiben und Passhülsen
(Pleuel vor Schliessen des Gehäuses nicht vergessen!)

Kurbelwelle und Pleuel

Vorsicht! ⚠
Aufgepasst!

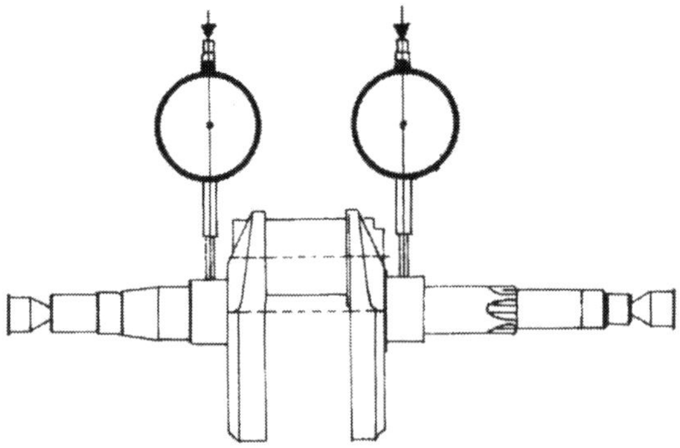

Bild 276
Mit Messuhr am Hauptlagerzapfen Schlag messen

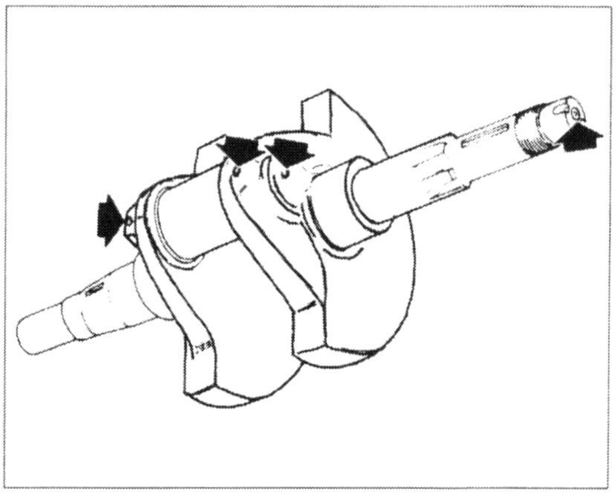

Bild 277
Gewindestopfen (Madenschrauben) ausdrehen und Ölbohrungen durchspülen

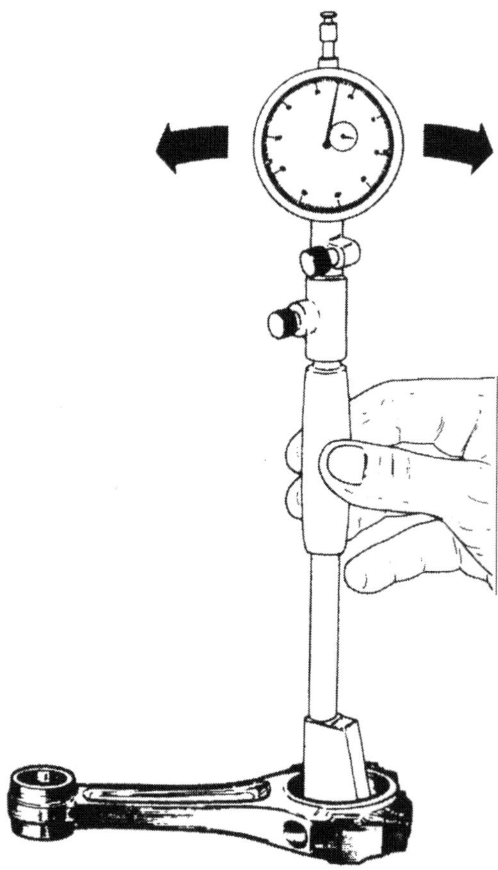

Bild 278
Pleuellager mit eingelegten Lagerschalen messen

Bild 279 ➤
Hubzapfen-Durchmesser messen

13.1 Ausbau

- Kurbelwelle klar bei geöffneten Motorgehäuse-Hälften entnehmen. Gegebenenfalls helfen leichte Gummihammerschläge auf Kurbelstumpf. Auf Verbleib der Passscheiben achten.
- Pleuelschrauben abwechselnd schrittweise lösen und Lagerdeckel abnehmen. Einbaulage der Pleuel kennzeichnen.

Auf eventuell herabfallende Lagerschalen achten.

- Falls sie nicht schon selbst herausgefallen sind, Lagerschalen mit kleinem Schraubendreher aushebeln.
- Kurbelwellenlager gegebenenfalls in **Ducati**- oder Fachwerkstatt mit hydraulischer Presse auspressen lassen.

13.2 Prüfen und Vermessen

Alle Lagerschalen auf Beschädigungen, Ausbrüche und sonstige Fehler untersuchen.

Kurbel- und Hubzapfen der Kurbelwelle dürfen keine Riefen oder Rillen aufweisen. Gewinde und Keilnuten müssen in einwandfreiem Zustand sein.

Bild 276: Kurbelwelle zwischen Reitstockspitzen (Drehbank) einspannen und mit Messuhr an Hauptlagerzapfen Schlag messen. Dabei beachten, dass tatsächlicher Schlag nur der Hälfte des angezeigten Wertes entspricht. Maximal zulässiger Wert 0,01 mm.

- **Bild 277:** Gewindestopfen der Kurbelwelle ausdrehen und Ölbohrungen durchspülen.
- Flüssige Schraubensicherung Loctite 222 auf Gewinde der Gewindestopfen auftragen und Stopfen wieder eindrehen.

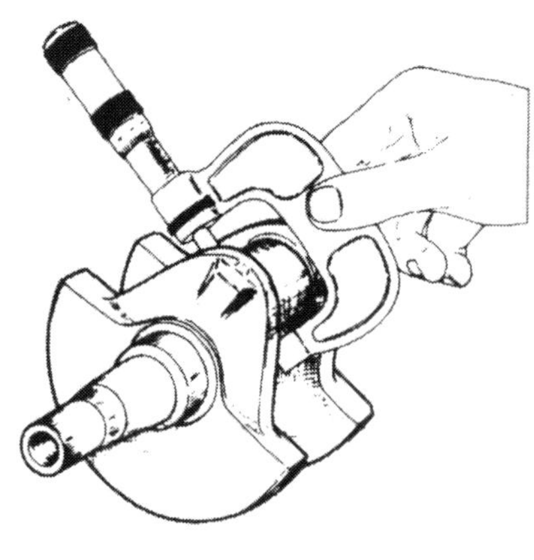

Bild 278: Pleuellagerdurchmesser mit eingelegten Lagerschalen und richtig angezogenen Schrauben *(siehe folgender Kapitel-Abschnitt)* messen.

Bild 279: Durchmesser des Kurbelwellen-Hubzapfens messen. Spiel muss in Toleranz (0,024–0,056 mm) liegen.

750er: Das Hubzapfen-Sollmass beträgt 40,017 – 40,033 mm und kann bei beschädigter Lagerfläche zweimal in 0,25 mm-Schritten nachgeschliffen werden. Dann entsprechend dickere Lagerschalen verwenden.

■ 900er: Kurbelwellen werden in zwei Massgruppen (A und B) geliefert.

Mass A	42,006 – 42,014 mm
Mass B	41,998 – 42,006 mm

■ Hubzapfen kann bei beschädigter Lagerfläche zweimal in 0,25 mm-Schritten nachgeschliffen werden. Dann entsprechend dickere Lagerschalen verwenden.

■ **Bild 280**/900er: Massgruppe ist auf Kurbelwange vermerkt.

■ **Bild 281**/900er: Massgruppe der Pleuel (A und B) ist an Stirnseite des Pleuels vermerkt.

■ **Bild 282:** Pleuel haben am Lagerdeckel Farbmarkierung, die mit Wellenmarkierung an Kurbelwange wie folgt übereinstimmen müssen:

750er

7 – blau	10 – rot
8 – gelb	11 – weiss
9 – grün	12 – schwarz

900er

01 – orange	3 – grün
0 – braun	4 – rot
1 – blau	5 – weiss
2 – gelb	6 – schwarz

⚠ Es können auch Pleuel benachbarter Massgruppen verwendet werden.

Pleuellagerspiel mit neuen Lagerschalen nochmal kontrollieren.

Bild 283: Verschränkung der Pleuel messen. Dazu 200 mm lange genau zugeschliffene Dorne in Pleuelaugen einschieben. Unterschied der Masse H und h muss unter 0,02 mm liegen. Andernfalls Pleuel ersetzen.

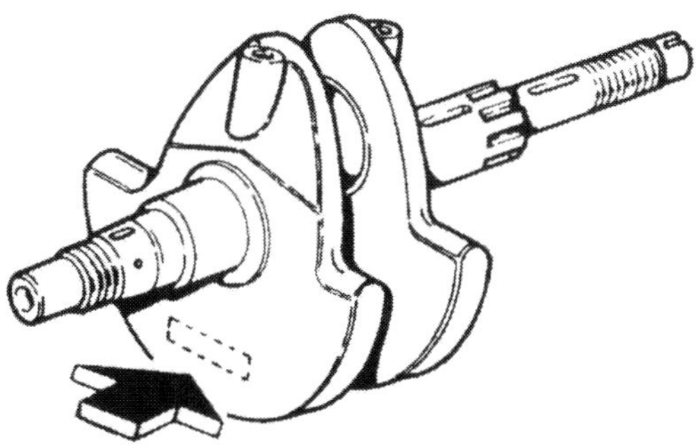

Bild 280
900er:
Massgruppe der Kurbelwelle ist auf Kurbelwange vermerkt

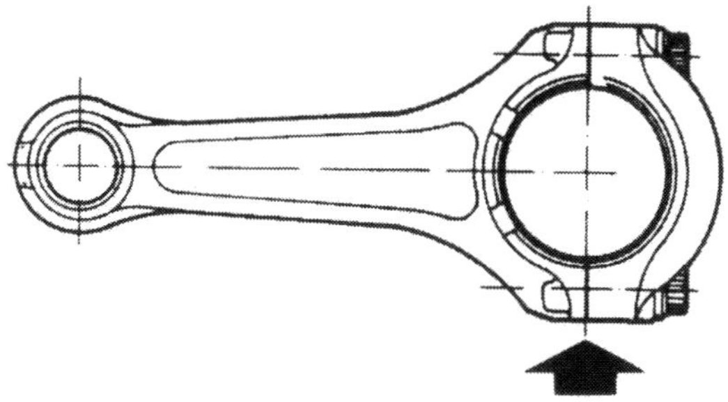

Bild 281
900er:
Massgruppe der Pleuel ist an Stirnseite vermerkt

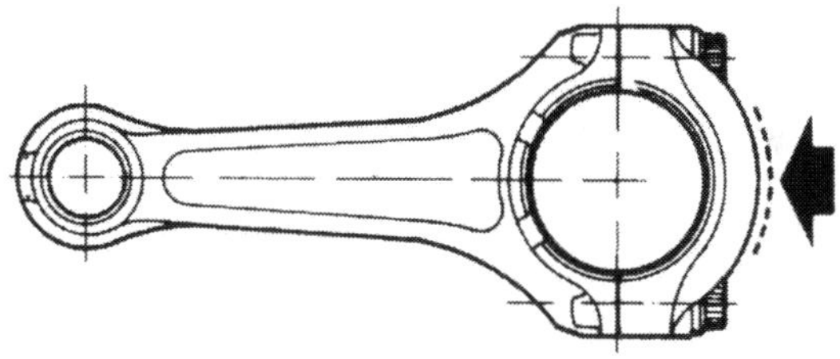

Bild 282
Pleuel-Farbmarkierung am Lagerdeckel

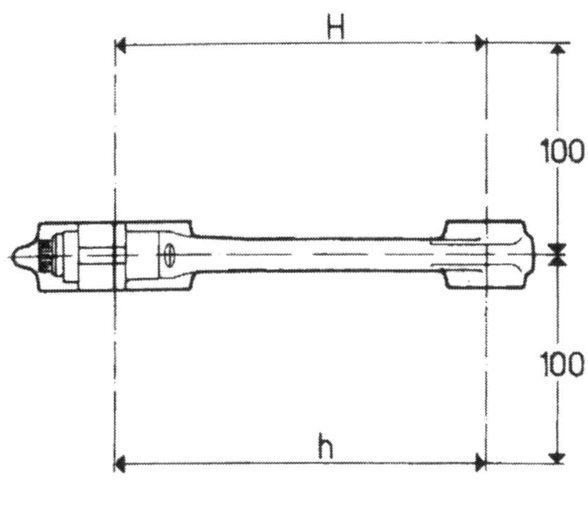

Bild 283
Verschränkung der Pleuel messen

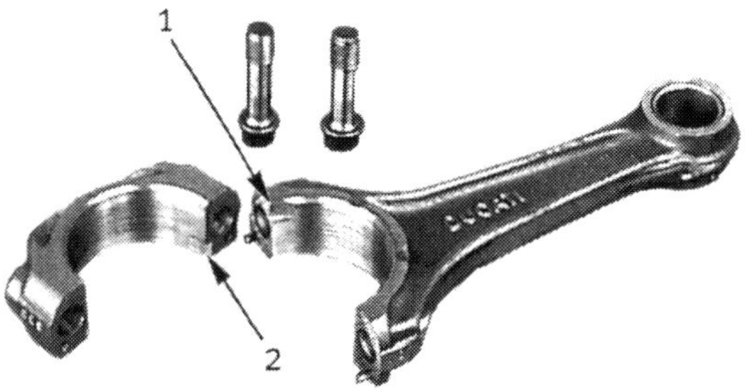

Bild 284
Pleuel mit Lagerdeckel, Lagerschalen greifen in Nuten ① ein

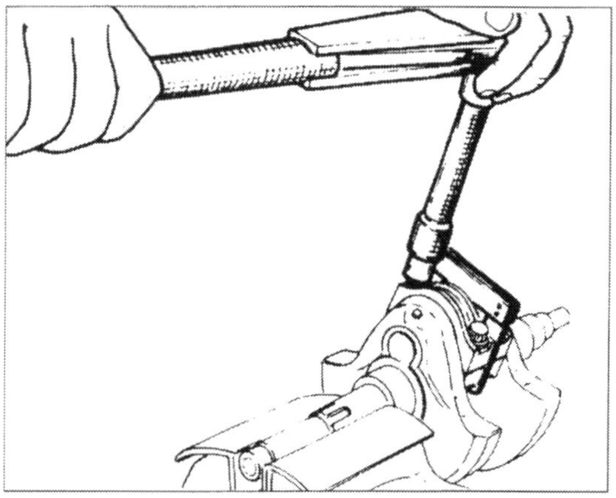

Bild 285
Seitenspiel der Pleuel kann beim Anziehen der Pleuelschrauben auch mit Fühlerlehrenblättern ausgeglichen werden

13.3 Montage

- **Bild 284:** Pleuellagerschalen in Pleuelstangen und Lagerdeckel einsetzen. Dabei Haltenasen der Lagerschalen in entsprechende Nuten ① der Pleuelstangen und Lagerdeckel einpassen. Schalen von Hand eindrücken.

⚠ Sichergehen, dass Pleuel an ihrem ursprünglichen Platz montiert sind, entsprechend der beim Ausbau gemachten Kennzeichnung.

- Hubzapfen der Kurbelwelle mit MoS_2-Paste oder entsprechendem Produkt fetten.

⚠ Auf richtige Einbaulage und -Richtung der Deckel und Pleuelstangen achten (Kennzeichnung muss zusammenpassen).

- Passhülsen einsetzen und Pleuel an Hubzapfen ansetzen.

⚠ Nur neue Pleuelschrauben verwenden!

- **Bild 285:** Dabei mit **Ducati**-Werkzeug 88765.1 000, erhältlich in drei Dicken (0,1, 0,2 und 0,3 mm dick) Axialspiel der Pleuel auf Hubzapfen ausgleichen.

TIPP Obengenanntes Werkzeug kann auch leicht mit zwei Fühlerlehrenblättern improvisiert werden.

- Sitz und Gewinde der Schrauben ölen und in drei Durchgängen abwechselnd anziehen.
- *Anzugsmoment*

erster Durchgang	20 Nm
zweiter	30 Nm
dritter	67,5 ± 2,5 Nm

- Sichergehen, dass Pleuel frei beweglich sind.
- Passscheibe auflegen und Kurbelwelle in linke Gehäusehälfte einsetzen (keine Gewalt anwenden).
- Rechte Passscheibe auf Kurbelstumpf auflegen.

Getriebe

14.1
Ausbau

- **Bild 286:** Schaltgabelachsen herausziehen, Schaltgabeln von Schaltwalze wegschwenken und Walze entnehmen.
- Schaltgabeln und Schienen entnehmen).
- **Bild 287** und **Bild 288:** Getriebewellen von Hand entnehmen. Auf Verbleib der Passscheiben achten!
- Haupt- und Nebenwelle mit Seegerringzange und kleinem Schraubendreher zerlegen.
- Einzelteile in Reihenfolge des Ausbaus aufbewahren und notieren.

14.2
Prüfen und Vermessen

- Mitnehmerklauen, -löcher, Zähne der Zahnräder und Rillen der Schaltwalze auf Verschleiss oder Ausbrüche der Härteschicht untersuchen. Bei Beschädigung Zahnräder nur im Satz wechseln.
- Lager von Hand drehen. Lager müssen leicht und geräuschlos laufen. Festsitz des Lagerinnenrings auf Welle prüfen.
- Zahnräder auf gleichmässige Bewegung (axial und radial) prüfen.
- Klauen und Mitnehmerstifte der Schaltgabeln auf blaue Anlaufstellen (Heisslauf, Abnutzung) oder Beschädigung untersuchen.

Bild 286
Schaltmechanik ein-/ausbauen
1 Gabelschiene
2 Gabeln
3 Schaltwalze

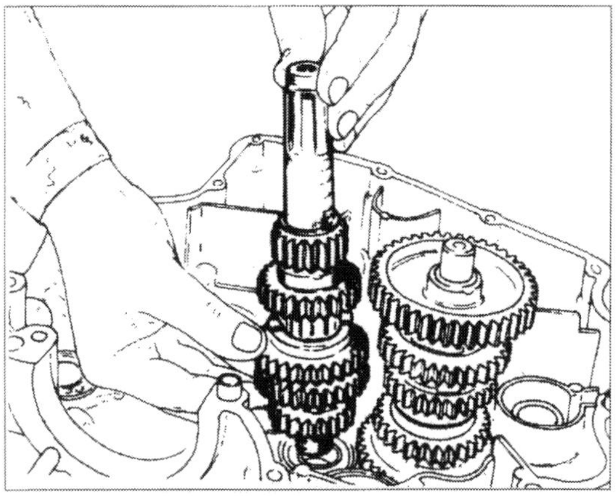

Bild 287
Hauptwelle montieren

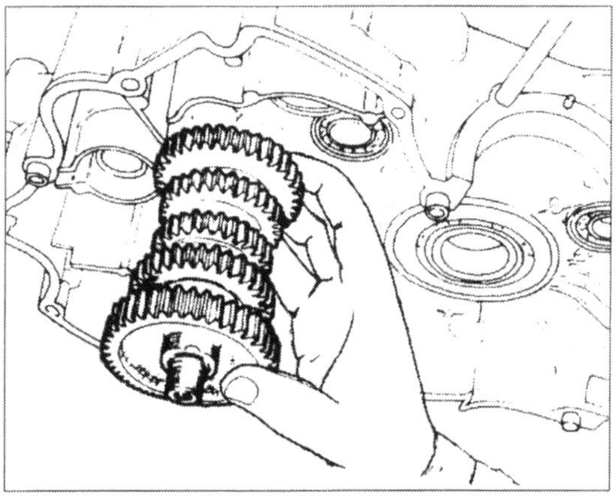

Bild 288
Nebenwelle montieren

Bild 289 und **Bild 290:** Breite der Schaltwalzennuten und Durchmesser der Gabelstifte messen.
Sollwert für Breite der Schaltwalzennuten 8,00 – 8,09 mm,
Verschleissgrenze 8,19 mm.
Sollwert der Gabelstifte 7,665 – 7,735 mm,
Verschleissgrenze 7,5 mm.
Sollwert für Spiel zwischen Nut und Stift 0,265 – 0,425 mm,
Verschleissgrenze 0,6 mm.

- Entweder Walze oder Schaltgabel ersetzen, je nach dem, welches Teil über Toleranz liegt, um Spiel wieder in Toleranz zu bringen.
- **Bild 291:** Spiel der Schaltgabeln in ihren entsprechenden Zahnradnuten messen. Sollwert 0,070 – 0,285 mm, Verschleissgrenze 0,40 mm.
- **Bild 292** und **Bild 293:** Falls Spiel aus Toleranz, Schaltgabeldicke und Laufrillenbreite messen. Gegebenenfalls Schaltgabel, betreffendes Zahnrad oder beide ersetzen. Sollwert Laufrille 4,070–4,185 mm, Sollwert Schaltgabeldicke 3,90–4,00 mm.

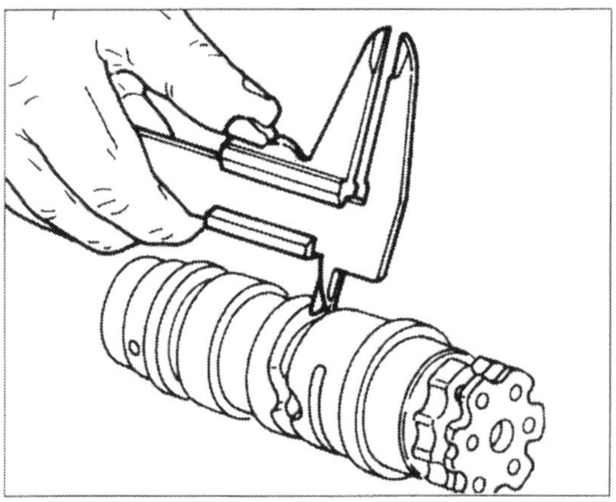

Bild 289
Breite der Schaltwalzennut messen

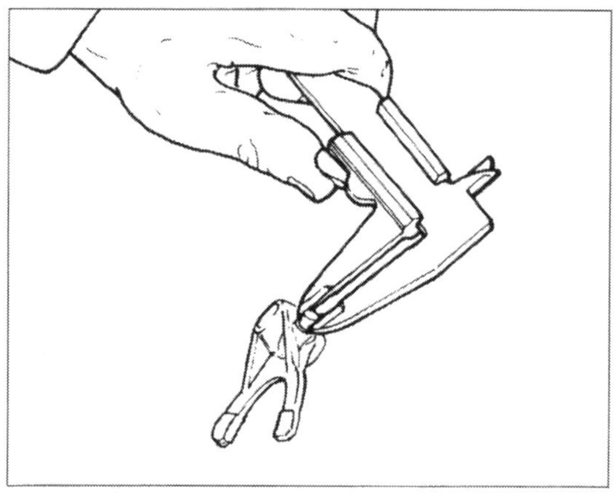

Bild 290 ➤
Durchmesser der Gabelstifte messen

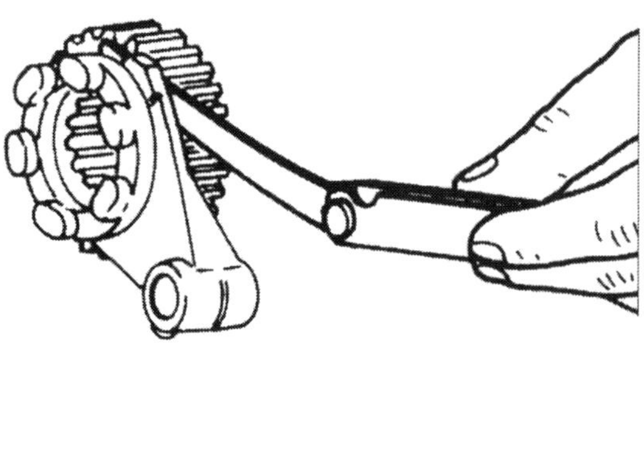

Bild 291
Schaltgabelspiel in Nut messen

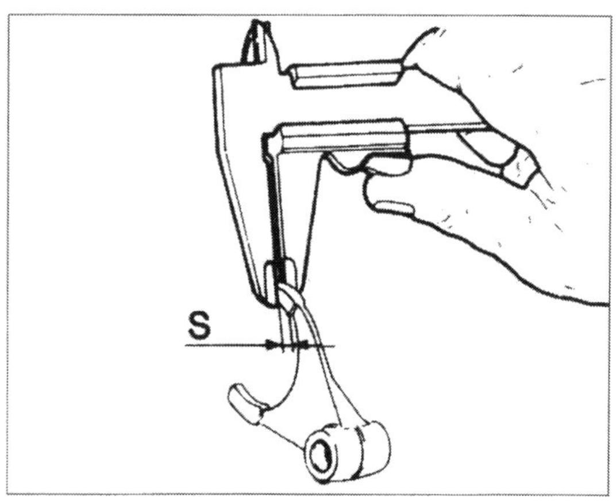

Bild 292 ➤
Schaltgabeldicke messen

TIPP Fingerzeig
Exakt messen

- Schaltwalze auf Beschädigung (Anlaufstellen, Ausbrüche in Härteschicht) oder übermässigen Verschleiss untersuchen.
- Schaltgabelschiene auf Richtplatte durchrollen und so auf Verbiegung (Schlag) prüfen. Verbogene Schiene nicht versuchen zu richten, sondern gegen Neuteil tauschen!
- Schaltgabeln auf leicht geölten Schienen hin- und herschieben. Gabeln müssen leicht und praktisch ohne spürbares Spiel gleiten.

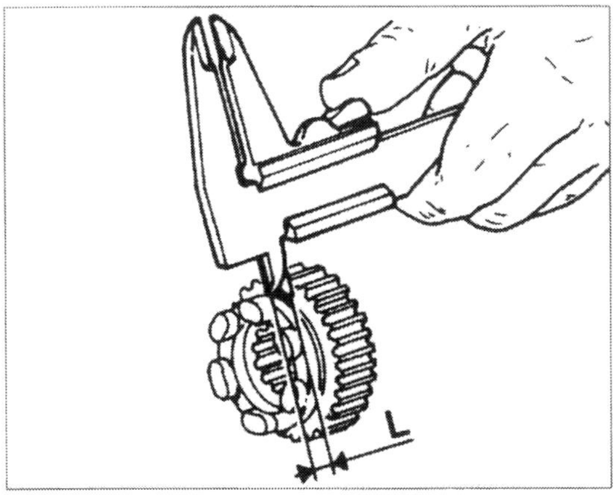

Bild 293
Nutbreite messen

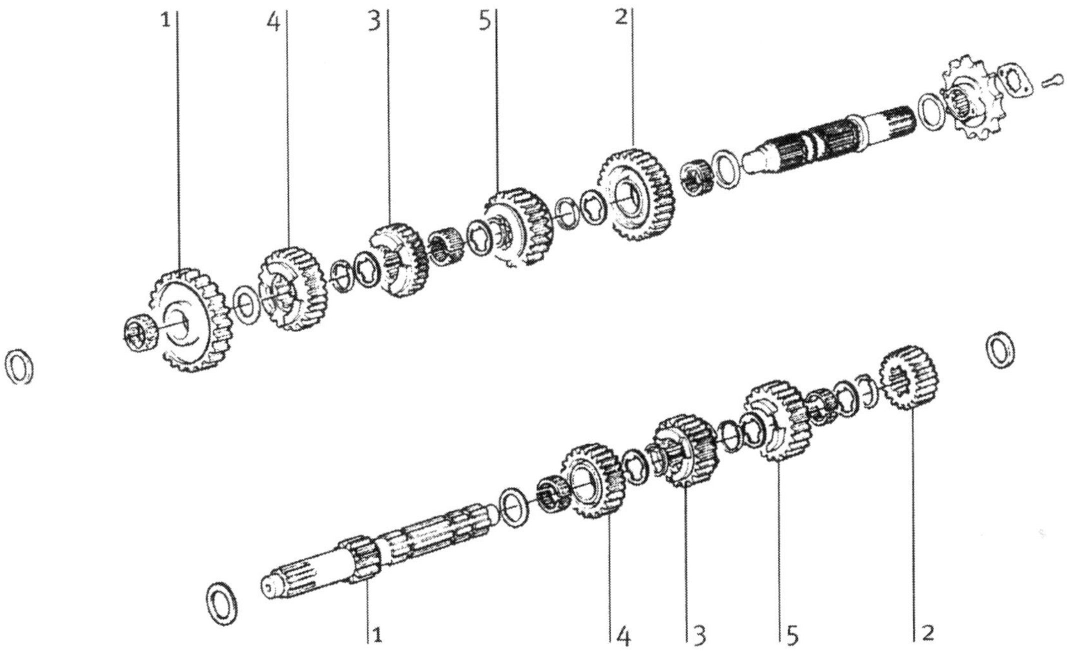

Bild 294
750er:
Getriebeteile mit Gangzahlen

14.3 Montage

- **Bild 294** und **Bild 295:** Haupt- und Nebenwelle montieren:
- ⚠ Alte Spreng-, Seeger- und Sicherungsringe nicht wiederverwenden, sondern unbedingt Neuteile verbauen (Pfennigartikel!).
- ⚠ Beim Einbau neuer Sicherungsringe darauf achten, dass Ring beim Aufsetzen auf Welle nicht weiter aufgespreizt wird als unbedingt nötig und einwandfrei in seiner Nut sitzt. Stossfugen auf Stege der Keilverzahnung ausrichten.
- ⚠ **Bild 296:** Beim Einbau neuer Sicherungsringe Einbaurichtung des Rings in Bezug auf Axialdruckrichtung beachten (scharfe Kante entgegen der Druckrichtung).
- Spreng- und Seegerringe auf sauberen Sitz in ihren Nuten prüfen.
- Reichlich MoS_2-Fett oder entsprechendes Produkt beigeben. Zahnräder auf Leichtgängigkeit und Bewegungsfreiheit auf Welle prüfen.
- **Bild 297** und **Bild 298:** Masshaltigkeit der Wellen prüfen.
- Haupt- und Nebenwelle gemeinsam in linke Motorgehäusehälfte einsetzen.
- **Bild 299:** Schaltgabeln einsetzen.
- **Bild 286:** Schaltwalze in linke Motorgehäusehälfte einsetzen.
- Führungsstifte der Schaltgabeln in Nuten der Walze einführen und Schaltgabelachsen einschieben.
- Nach Schliessen der Gehäusehälften Wellen auf freie Drehbarkeit und nach Montage des Schaltmechanismus auf Schaltbarkeit prüfen (dabei Wellen von Hand drehen).

Vorsicht! ⚠
Aufgepasst! 👁

Bild 295
900er:
Getriebeteile
mit Gangzahlen

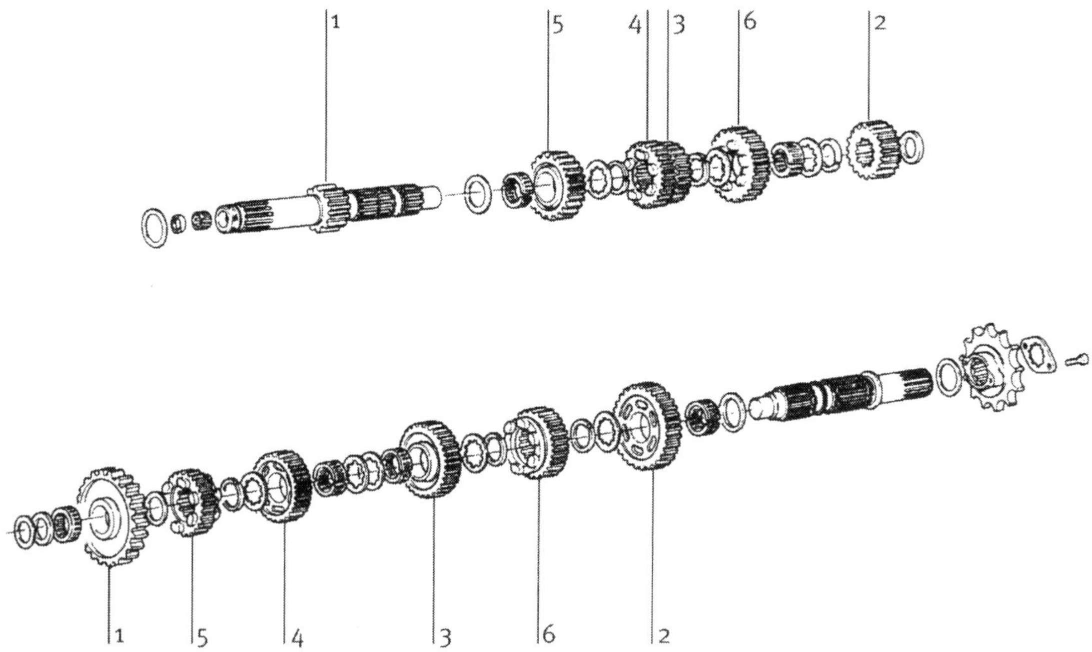

Bild 297
750er:
Masshaltigkeit
der Wellen prüfen

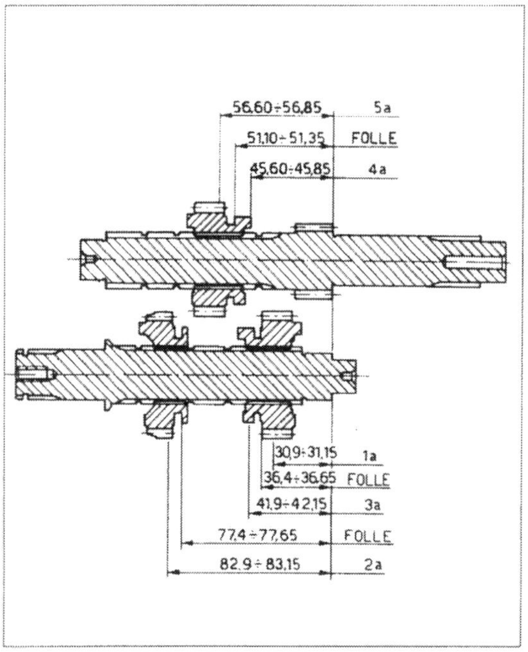

Bild 298 ➤
900er:
Masshaltigkeit
der Wellen prüfen

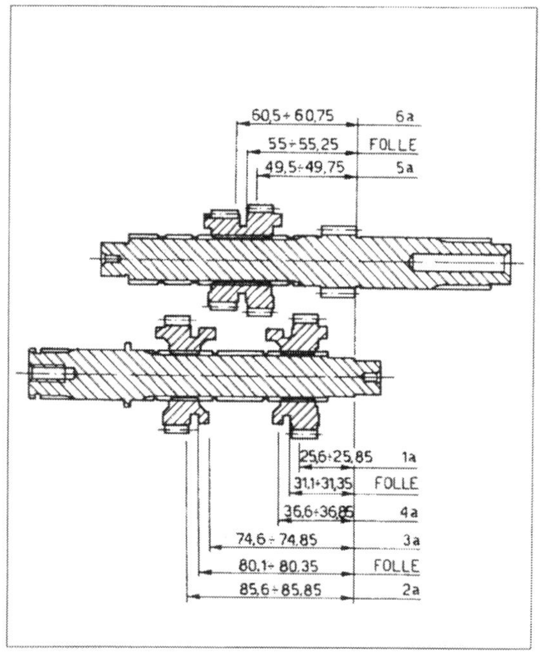

Bild 296
Einbaurichtung der
Seeger- und Sicherungs-
ringe beachten!

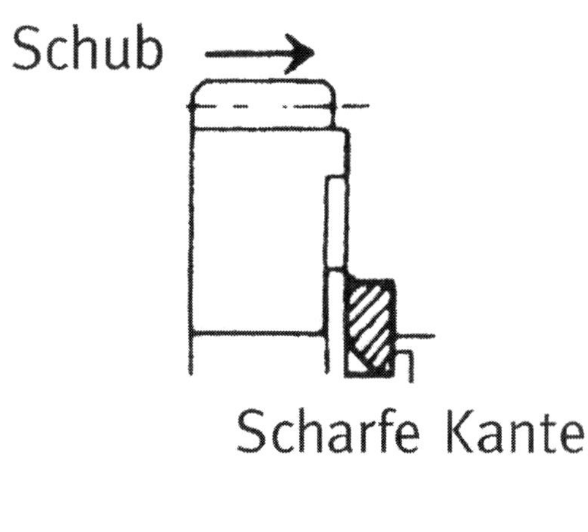

Bild 299 ➤
Schaltgabeln einsetzen

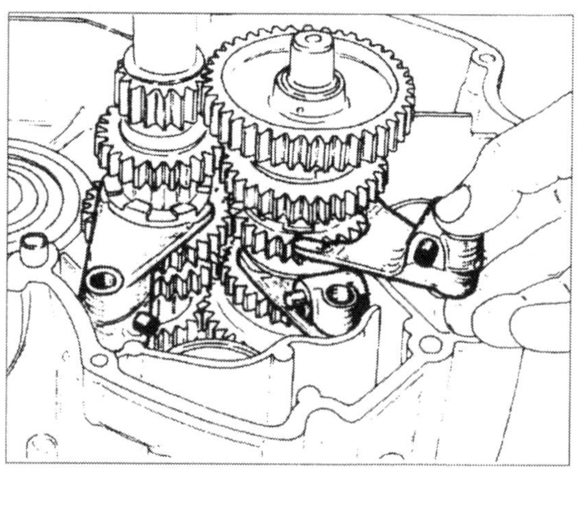

Bremsen und Kupplungshydraulik

15.1 Ausbau

- Für sicheren Stand der Maschine sorgen und zum Bremsscheiben-Ausbau (→ Vorderradausbau siehe Frontpartie *Kapitel 16*) mit Kiste o. ä. so unterbauen, dass Vorderrad freikommt und die Maschine nicht unversehens nach vorn kippt.
- ⚠ Motorrad nicht am Ölfilter abstützen!
- Kupplungshandpumpe entsprechend der Bremshandpumpe warten.
- **Bild 194:** Nehmerzylinder der 900er (mit dem später auch die 750er ausgerüstet ist) – *siehe Kupplungskapitel 8.*
- ⚠ Für sicheren Stand der Maschine sorgen.
- Hydraulikflüssigkeit aus Ausgleichsbehälter absaugen und Bremsbeläge ausbauen *wie in den Wartungskapiteln 3.14 und 3.15 beschrieben.*
- Hydraulikanschluss (Hohlschraube) ausdrehen und restliche Flüssigkeit aus Schlauch geduldig in Auffanggefäss austropfen lassen.

TIPP Kupplungsnehmerzylinder: Falls keine Druckluft zur Verfügung steht, kann Kolben aus Nehmerzylinder mit Hydraulikdruck aus Zylinder herausbefördert werden. In dem Fall also Hydraulikanschluss noch nicht vom Nehmerzylinder/Deckel abnehmen, sondern Auffanggefäss für austretende Hydraulikflüssigkeit bereithalten und Kolben herauspumpen.

Bremssattel

- Arbeitsschritte gelten gleichermassen für vorderen und hinteren Bremssattel.
- **Bild 76, Bild 79** und **Bild 300:** Sattel nach Ausdrehen der Befestigungsschrauben abnehmen.
- ⚠ Einmal ausgebaut, sind Dichtgummis grundsätzlich Schrott; zur Montage nur Neuteile verwenden!
- **Bild 301:** Bremssattelschrauben ausdrehen und Sattelhälften trennen.
- **Bild 302:** Entlüftungsventil bzw. Anschlussgewinde verschliessen und Druckluft in Verbindungsbohrung der Sattelhälften einblasen, bis Kolben austritt. Bei Kupplungsnehmer-Demontage Druckluft durch Anschlussgewinde einblasen.
- Staubdichtungen und Kolbendichtringe hineindrücken und mit kleinem Schraubendreher »auspopeln«, wobei Dichtringe zerstört werden.

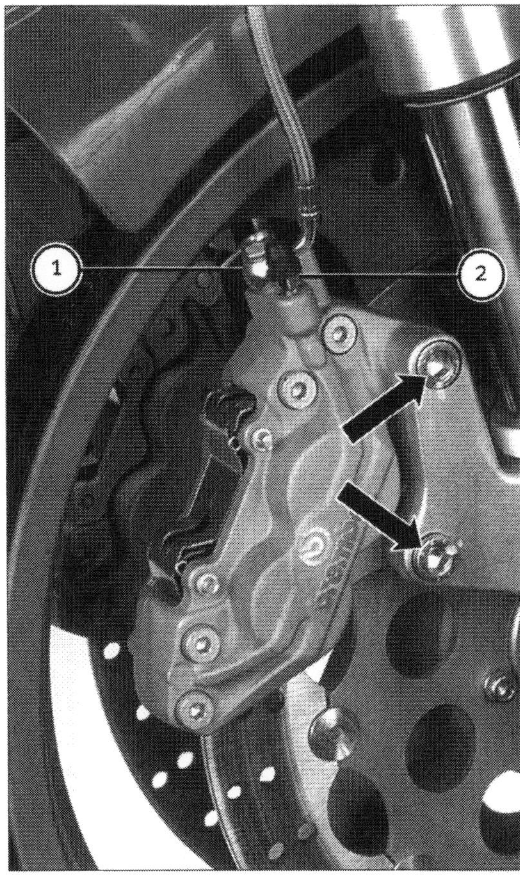

Bild 300
Bremssattel montieren
Pfeil Befestigungsschrauben
1 Hydraulik-Anschluss
2 Entlüfterventil

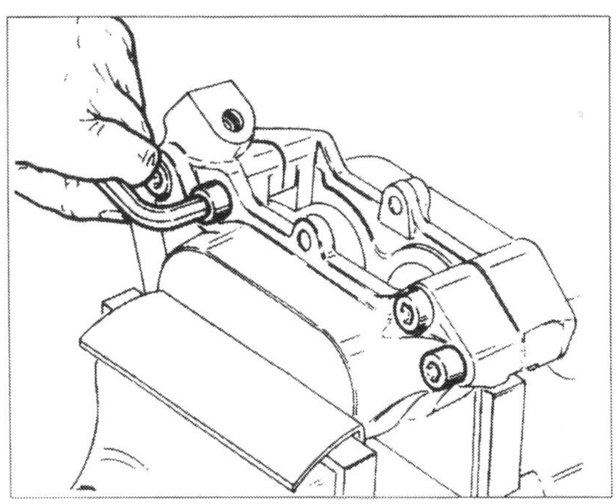

Bild 301
Gehäuseschrauben montieren

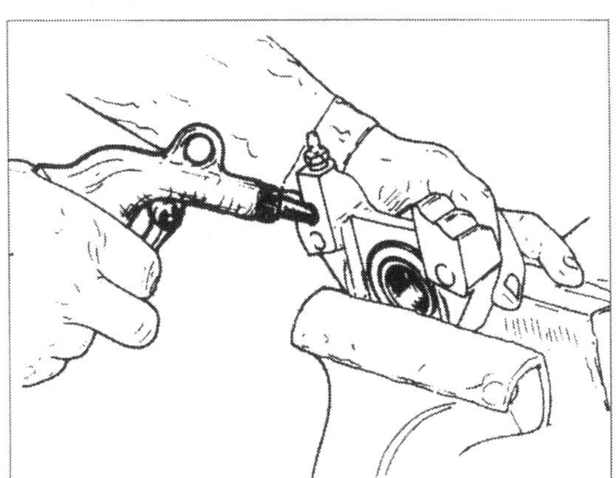

Bild 302
Kolben »ausblasen«

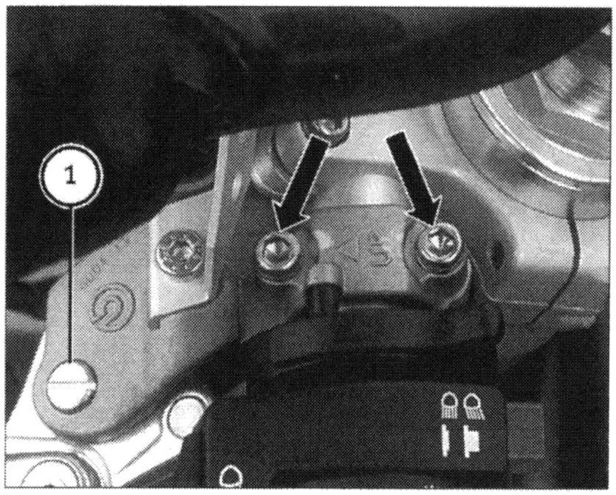

Bild 303
Handpumpe
Pfeil Befestigungsschrauben
1 Drehzapfen

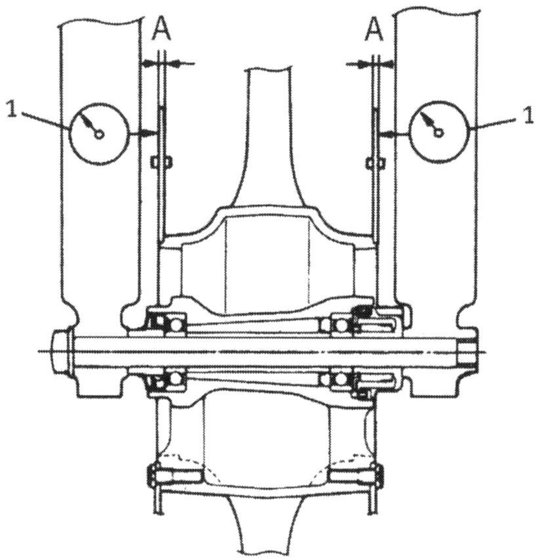

Bild 304
Bremssscheibendicke A mit Mikrometer und Scheibenschlag mit Messuhr ① messen

⚠ Vorsicht beim Entfernen der Dichtringe, Kolbengleitflächen nicht beschädigen!

■ Einzelteile in sauberer Bremsflüssigkeit reinigen, niemals Reinigungslösungen oder Benzin verwenden.

Handpumpe

⚠ Beim Zerlegen der Handpumpe gelten natürlich dieselben Vorsichtsmassnahmen in punkto Bremsflüssigkeit wie beim Entlüften/Wechsel der Flüssigkeit.

■ Bremsflüssigkeit ablassen *wie oben beschrieben.*

■ **Bild 303:** Handpumpe nach Lösen von zwei Befestigungsschrauben von Lenkerhälfte abnehmen.

■ **Bild 303:** Handhebel nach Lösen der Drehzapfenschraube abnehmen.

■ Staubkappe mit zarter Spitzzange »herauspopeln« und Sicherungsring mit entsprechender Zange entfernen. Es folgen Kolbensatz und Feder.

15.2 Prüfen und Vermessen

Verschmutzte Bremsklötze reduzieren die Bremswirkung, deshalb wegwerfen.

■ Bremsklötze austauschen, wenn Verschleiss-Anzeigenut erreicht ist *(Kapitel 3.15 Seite 49).*

■ Verschmierte Bremsscheiben mit hochwertigem Entfettungsmittel reinigen.

■ Scheiben auf Riefen und Risse untersuchen. Gegebenenfalls auswechseln oder bei Riefen überschleifen lassen (Mindestdicke beachten).

Bild 304: Dicke der Bremsscheiben mit Mikrometer messen.
Neue Scheibe/vorn misst 5 ± 0,1 mm, Verschleissgrenze 4,5 mm.
Neue Scheibe/hinten misst 6,4 ± 0,1 mm, Verschleissgrenze 5,8 mm.

Verzug der Bremsscheibe am Hinterrad ist mit fest montierter Scheibe messen. Verschleissgrenze für Bremsscheibenschlag 0,3 mm.

Bremssattel- bzw. Kupplungs- und Handpumpen-Zylinder und -Kolben dürfen keine Riefen oder Kratzer aufweisen (Dichtgummis nach Ausbau grundsätzlich durch Neuteile ersetzen).

15.3
Montage
Bild 305 bis Bild 311

⚠ Kunststoff-Bauteile nicht mit Benzin oder sonstigen Spezialreinigern säubern. Gummidichtlippen und -ringe können aufquellen!

- Vor Zusammenbau alle Teile der hydraulischen Anlagen mit sauberer Bremsflüssigkeit reinigen und anfeuchten.

⚠ Falls demontiert, O-Ringe, Kolben- und Staubdichtringe grundsätzlich durch neue er-setzen.

- Kolben mit offenen Seiten zum Bremsbelag weisend einbauen. Darauf achten, dass Dichtlippen nicht umgestülpt werden.
- Kolben bis zum Anschlag eindrücken.
- Bei Bremssattel Typ P4 30/34 beachten, dass unterschiedlich grosse Kolben und entsprechende Dichtungen verbaut werden.
- O-Ring zwischen Gehäusehälften einlegen und Gehäuseschrauben eindrehen (32 Nm).
- Bremssättel auf Scheibe aufsetzen und an Gabel befestigen (35 – 37 Nm).
- Beläge *wie im Kapitel 3.15 Seite 49* gezeigt einsetzen.
- Beim Kupplungs-Nehmerzylinder der 750er Kugeln mit Fett versehen, damit sie in Stellung kleben bleiben. Druckzapfen und Haltering einsetzen.
- Geberzylindersatz von Bremse und Kupplung (vormontiert mit Feder; breites Ende der Feder nach innen weisend) mit Bremsflüssigkeit schmieren und in Gehäuse der Handpumpe einführen. Darauf achten, dass Dichtlippen nicht umstülpen!
- Zylindersatz leicht gegen Feder eindrücken und Sicherungsring mit entsprechender Zange einsetzen. Staubkappe aufziehen.
- Geberpumpe am Lenker anbringen. Zuerst obere Befestigungsschraube ganz anlegen, dann untere.
- Geberpumpe und Pedal am Fussrastenhalter anbringen.
- Bremsschläuche mit neuen Dichtringen montieren (13 – 17 Nm).

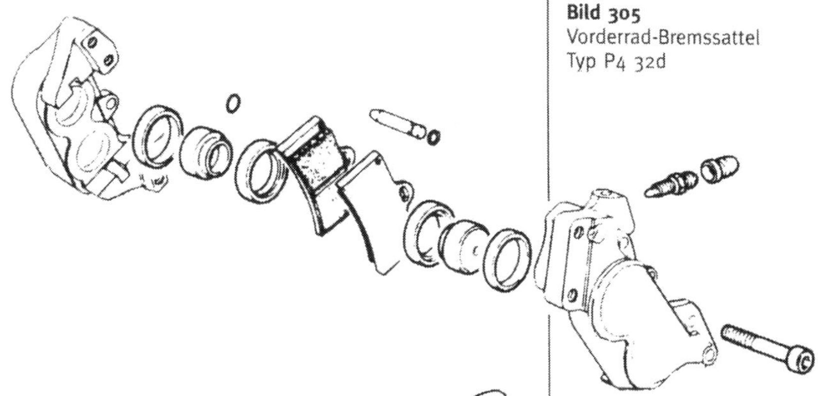

Bild 305
Vorderrad-Bremssattel Typ P4 32d

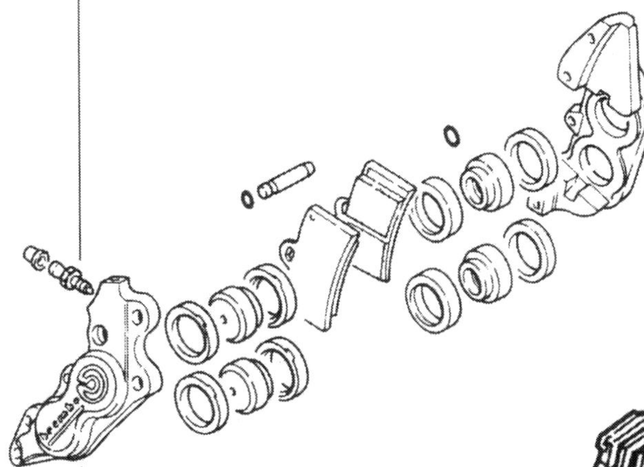

Bild 306
Vorderrad-Bremssattel Typ P4 30/34

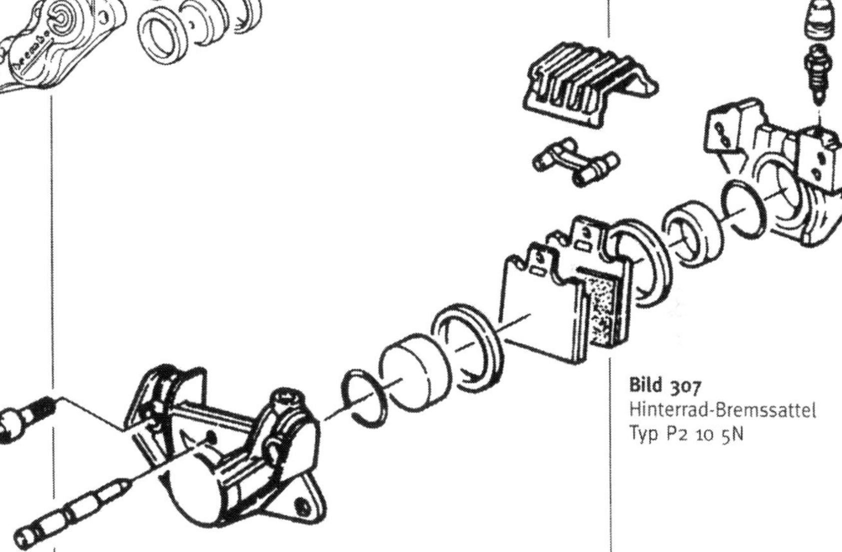

Bild 307
Hinterrad-Bremssattel Typ P2 10 5N

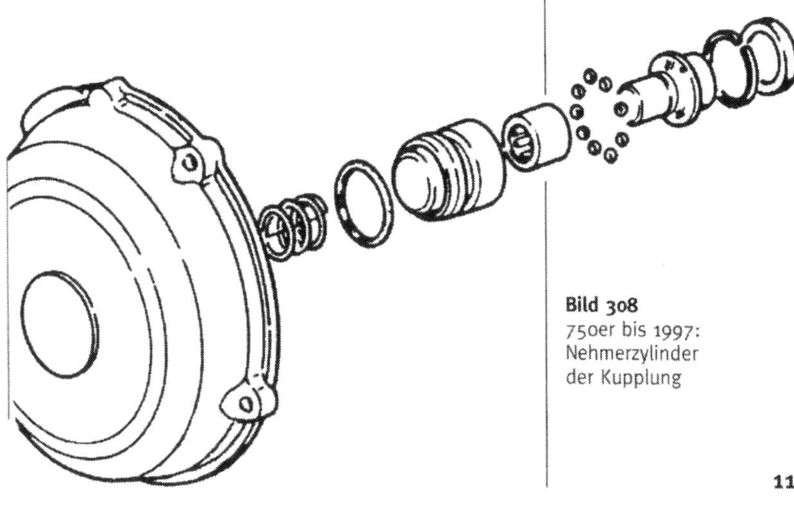

Bild 308
750er bis 1997: Nehmerzylinder der Kupplung

- Pedallage- und Bremslicht-Einstellung *siehe Kapitel 3.15*.
- Hydraulikschlauch-Verbindungen mit jeweils zwei neuen Dichtscheiben je Anschluss installieren und anziehen, falls sie entfernt wurden (15 – 20 Nm).
- **Bild 312:** Hydrauliksystem entgegen dem in **Bild 80** angegebenen Entlüftungsschema nach im Bild gezeigten Ablauf befüllen. Dabei Schlauch in Behälter mit Bremsflüssigkeit enden lassen.
  Entlüften *wie in Kapitel 3.14 beschrieben.*

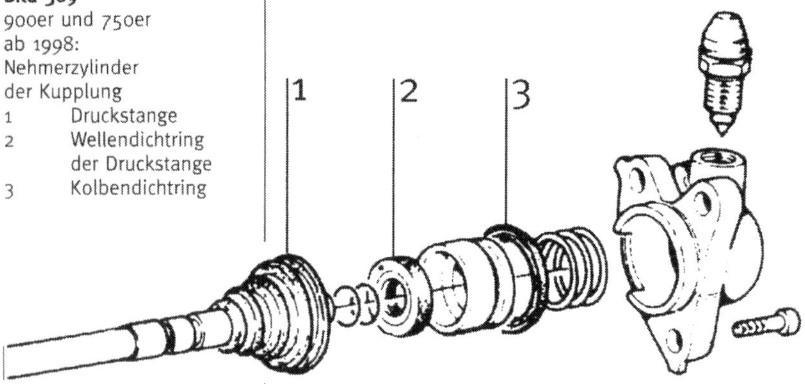

Bild 309
900er und 750er ab 1998: Nehmerzylinder der Kupplung
1 Druckstange
2 Wellendichtring der Druckstange
3 Kolbendichtring

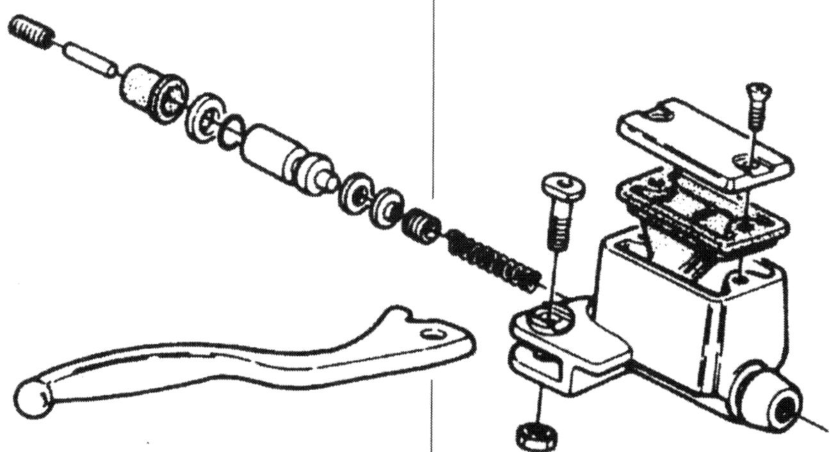

Bild 310
Handpumpe (Bremse und Kupplung)

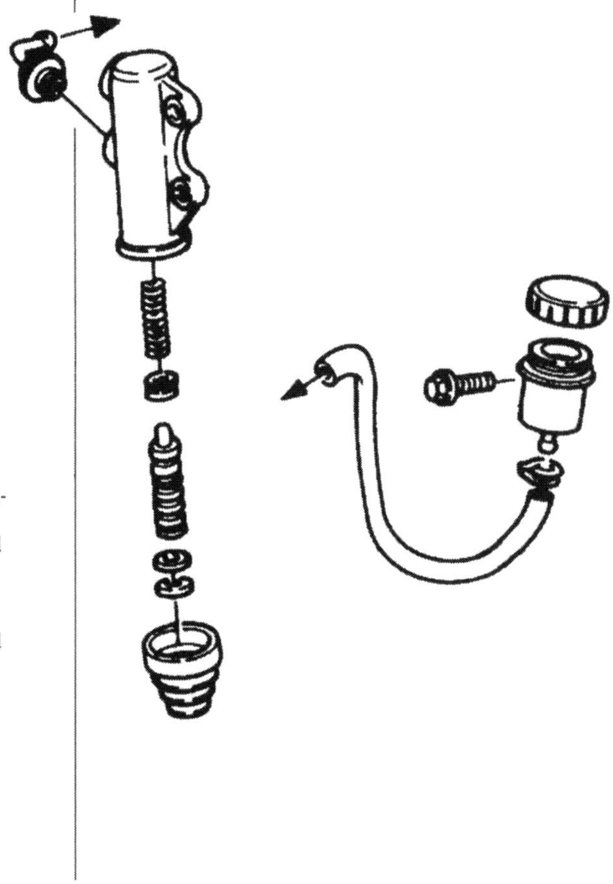

Bild 311
Fusspumpe mit Ausgleichsbehälter

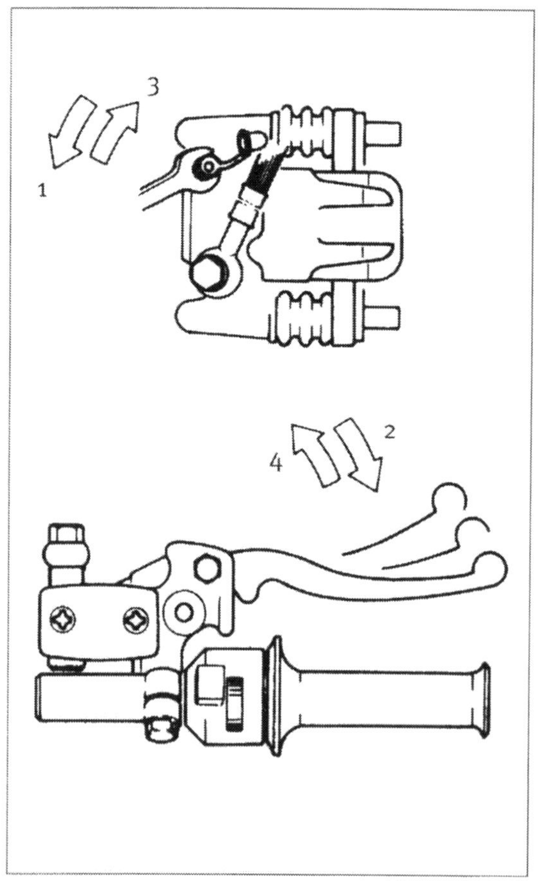

Bild 312
»Trockene« Hydraulikanlage befüllen
1 Entlüfterventil öffnen
2 Hebel/Pedal anziehen
3 Entlüfterventil schliessen
4 Hebel/Pedal herauslassen

Frontpartie

16.1 Ausbau

- Für sicheren Stand der Maschine sorgen und mit Kiste o.Ä. so unterbauen, dass Vorderrad freikommt und die Maschine nicht unversehens nach vorn kippt.
- ⚠ Motorrad nicht am Ölfilter abstützen!

Rad

- **Bild 300:** Bremssattel von Gabelholm abnehmen.
- ⚠ Bremssattel so aufhängen bzw. befestigen, dass Bremsschlauch nicht »unter Zug«.
- **Bild 313:** Tachowelle nach Ausdrehen der Überwurfmutter abnehmen.

Vergaser-Modelle

- Achsklemmschrauben links nicht lösen, sie halten nur die Stahl-Gewindbuchse der Achse.
- **Bild 314:** Rechts Achsklemmschrauben lockern.
- **Bild 315:** Achse ausdrehen und herausziehen. Rad nach vorn aus Gabel herausführen. Auf Verbleib der Distanzhülse und Tachoschnecke links achten.

i.e.-Modelle

- **Bild 316:** Achsklemmschrauben rechts und links lockern, Achse ausdrehen (Mutter gegenhalten) und herausziehen. Rad nach vorn aus Gabel herausführen. Auf Verbleib der Distanzhülse und Tachoschnecke links achten.
- Bremsscheibe(n) nach Ausdrehen der Befestigungsschrauben vom Rad abnehmen.
- Radlager ausbauen wie in *Kapitel 17.1* beschrieben (nur falls defekt – *siehe Kapitel 16.2*).

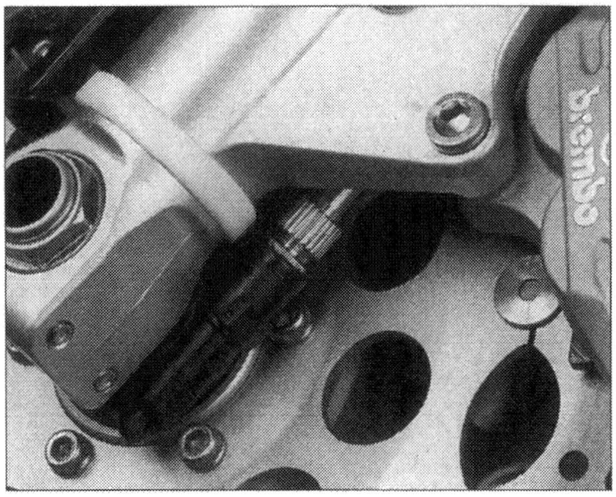

Bild 313
Überwurfmutter der Tachowelle

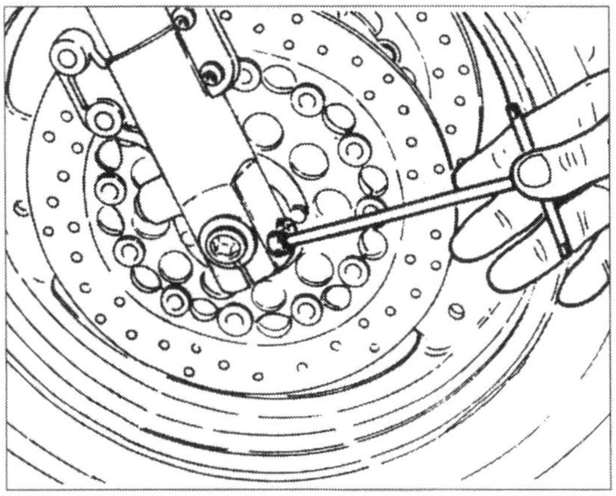

Bild 314
Vergaser-Modelle: Achsklemmschrauben nur rechts lockern

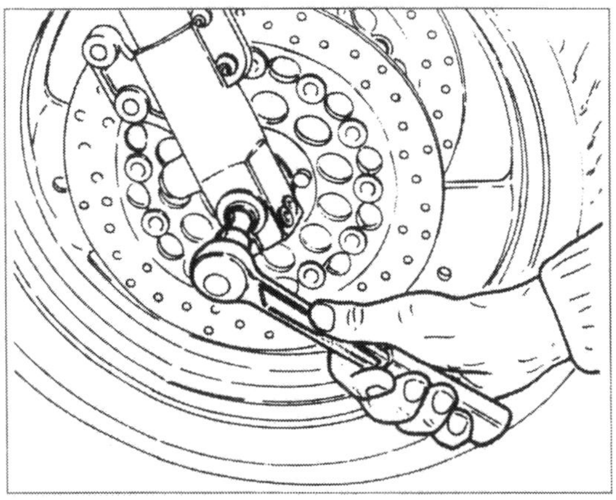

Bild 315
Achse ausdrehen

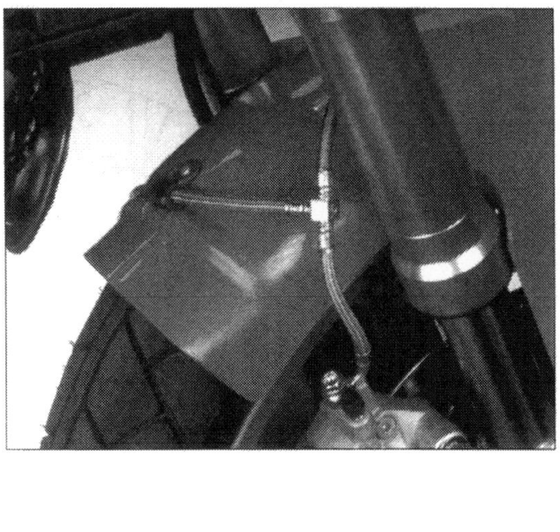

◀ **Bild 316**
i.e.-Modelle: Klemmschrauben links und rechts ausdrehen

Bild 317
Bremssachlauch-Befestigung an vorderer Radabdeckung

Vorsicht! ⚠
Aufgepasst!

Teleskopgabel

- Gabelbeine müssen zum Gabelölwechsel ausgebaut werden.
- Rad ausbauen.
- **Bild 317:** Bremsschlauchhalter von der Radabdeckung abnehmen.
- **Bild 318:** Radabdeckung nach Ausdrehen der Befestigungsschrauben links und rechts abnehmen.

TIPP **Bild 319:** Bevor Gabelbein aus Gabelbrücken herausgezogen wird, obere Klemmschraube aufdrehen und Verschlussschraube ① bei angezogener unterer Klemmung lockern.

- **Bild 319**/i.e: Lenkerhälfte nach Lockern der Klemmschrauben nach oben abnehmen und gegebenenfalls sicher befestigen (ohne Zug auf Hydraulikschlauch oder Seilzügen).
- **Bild 320:** Gabelbrücken- und Lenkerhälften-Klemmung (Vergaser-Modelle) lockern. Gabelbein nach unten herausführen.
- Obere Gabelverschlussschraube ausdrehen.
- **Bild 321:** Mit **Ducati**-Werkzeug 88713.0960 Distanzhülse und Feder nach unten drücken und **Ducati**-Werkzeug 88713.0957 unter Gegenmutter der Dämpferstange schieben.

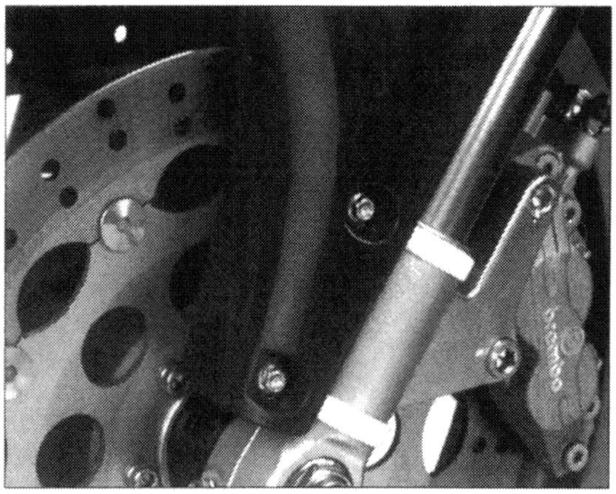

Bild 318
Befestigungsschrauben der Radabdeckung

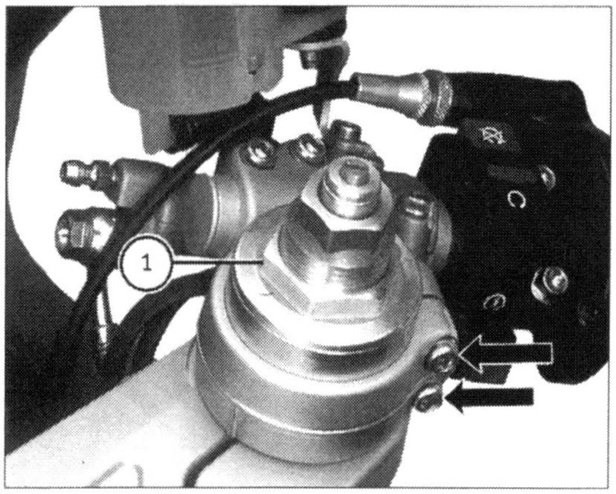

Bild 319
i.e.-Lenkerhälften sind über der Gabelbrücke angebracht
Pfeil Klemmschrauben
1 Obere Gabelverschlussschraube

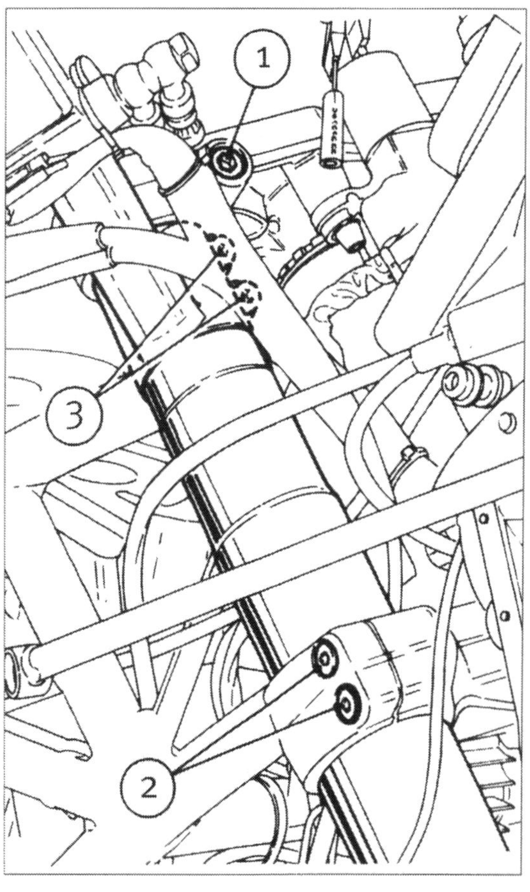

Bild 320
Gabelbein aus-/einbauen
1 Obere Gabelbrücken-Klemmschraube (35 – 37 Nm)
2 Untere Gabelbrücken-Klemmschraube (23 – 24 Nm)
3 Lenker-klemmschraube (8 – 10 Nm)

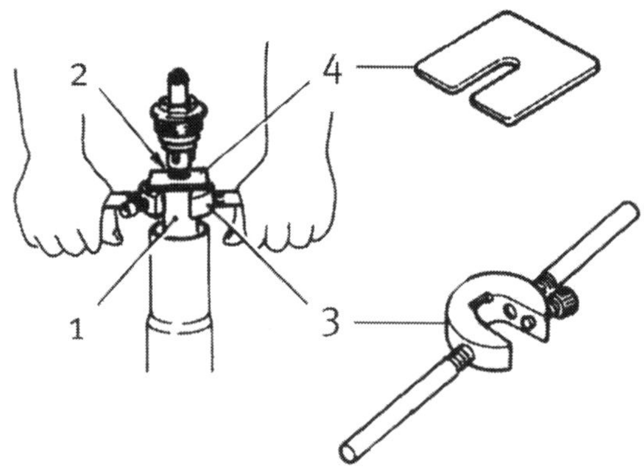

Bild 321 ➤
Distanzstück gegen Federdruck niederdrücken und Zwischenblech einschieben
1 Distanzhülse
2 Gegenmutter
3 **Ducati**-Werkzeug 88713.0960
4 **Ducati**-Werkzeug 88713.0957

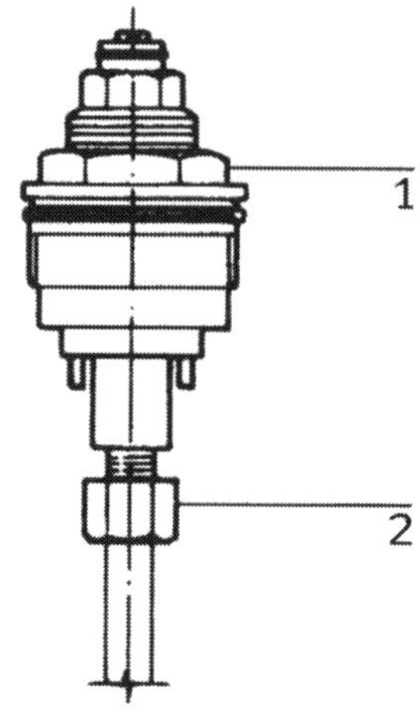

Bild 322 ➤
Obere Gabelverschluss-Einheit
1 Verschlussschraube
2 Gegenmutter

- **Bild 322:** Gegenmutter nach unten drehen und oberen Stopfen von Dämpferstange ausdrehen.
- Distanzhülse nach unten drücken und Gegenmutter ausdrehen. Spezialwerkzeug, Distanzhülse und Feder abnehmen.
- **Bild 323:** Geeignetes Auffanggefäss bereitstellen und Gabelöl mit Pumpbewegung aus Gabel abfliessen lassen.
- **Bild 324:** Gummisitzstück, Aufliegstück, Führungsstück und Distanzhülse entnehmen.
- **Bild 325:** Es folgen Federsitz und Feder.

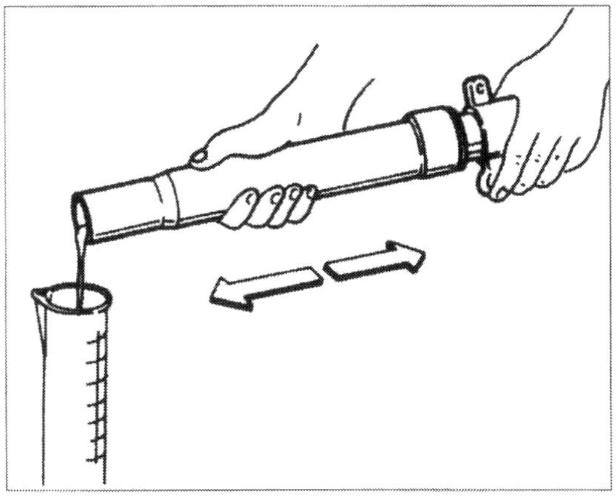

Bild 323
Gabelöl auspumpen

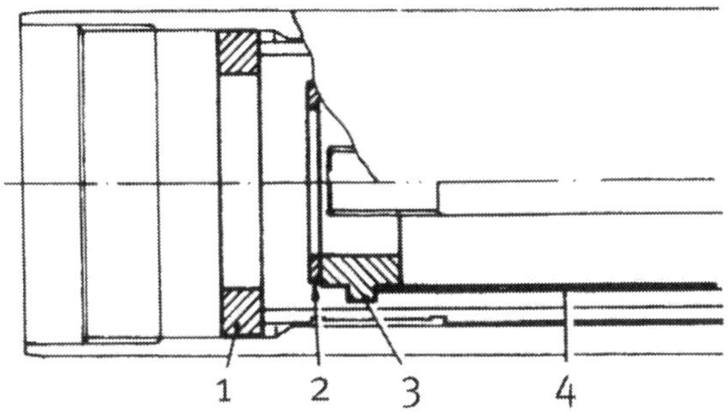

◄ Bild 324
Gabelmontage
1 Gummisitzstück
2 Aufliegestück
3 Führung
4 Distanzhülse

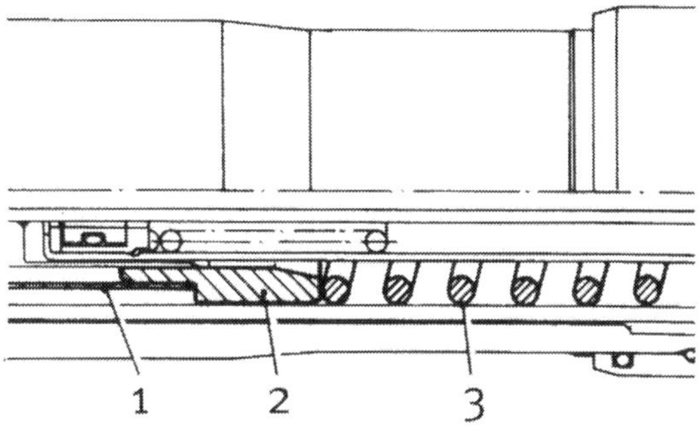

Bild 325
Gabelmontage
1 Distanzhülse
2 Federsitz
3 Feder

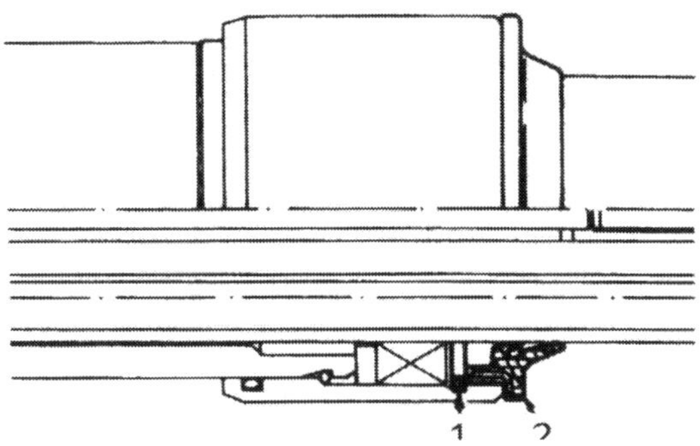

◄ Bild 326
Gabelmontage
1 Federring
2 Staubschutz

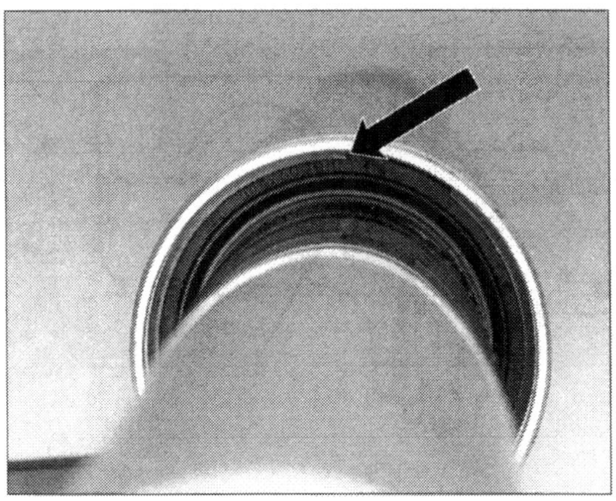

Bild 327
Federring aushebeln (durchaus eine kleine Geduldsübung)

- **Bild 326:** Staubschutz ② aushebeln.
- **Bild 327:** Mit kleinem Schraubendreher Federring von Sitz aushebeln.
- **Bild 328:** Tauchrohr an Bremssattelaufnahme in Schraubstock einspannen und Standrohr ruckartig ausziehen.
- **Bild 329:** Standrohrbuchse von Hand abnehmen.
- **Bild 330:** Wellendichtring und Sitzring vorsichtig so aushebeln, dass Sitzfläche nicht beschädigt wird.
- **Bild 331:** Untere Gabelverschlussschraube ausdrehen und Dämpferpatrone entnehmen.

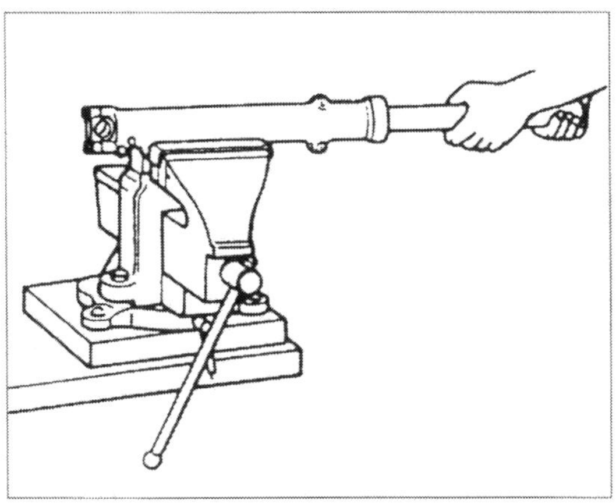

Bild 328
Gabelrohre kräftig auseinanderziehen

Vorsicht! ⚠
Aufgepasst!

Bild 329
Standrohrbuchse ①
von Hand abnehmen

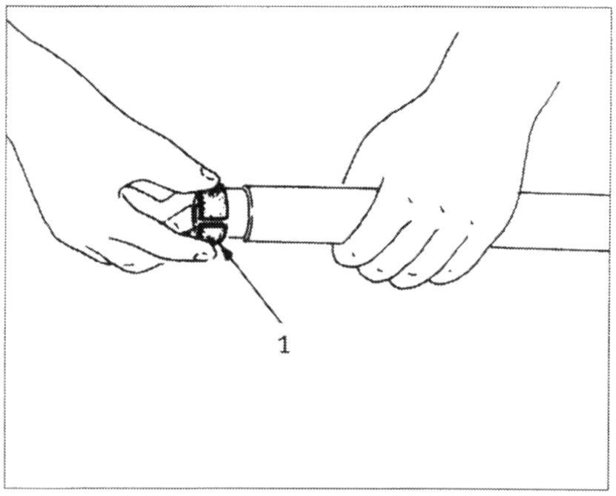

Bild 330
Standrohr
1 Wellendichtring
2 Sitzring
3 Standrohrbuchse

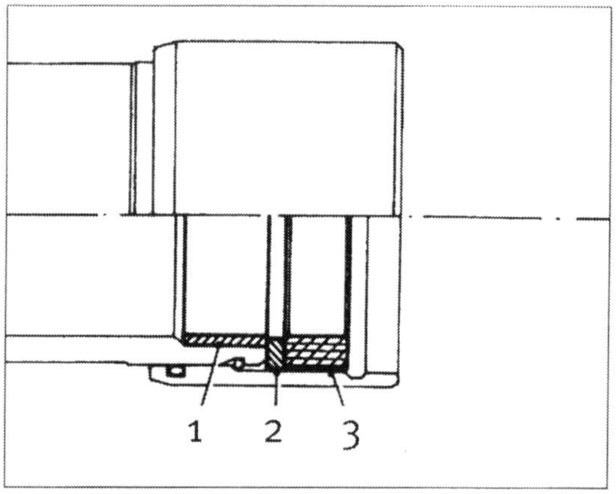

Bild 331
Untere Gabelverschlussschraube ① ausdrehen

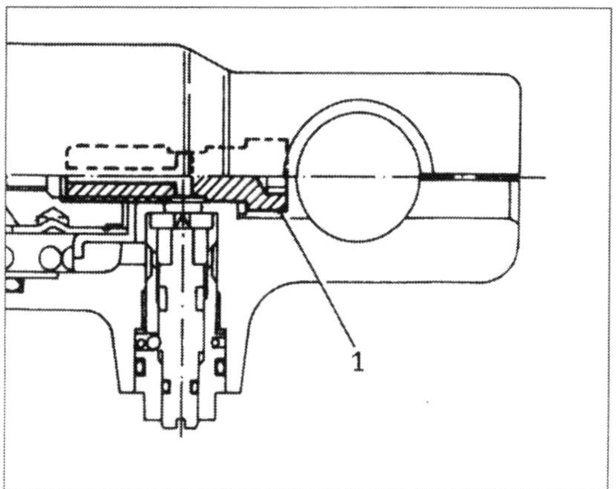

Bild 332 ➤
Lenkkopflager und obere Gabelbrücke
1 Lenkschaftmutter
2 Gabelklemmschrauben
3 Lenkschaft-Klemmschraube
4 Nutmutter

Bild 333
Lagerlaufring austreiben

Bild 334 ➤
Laufring auf unterer Gabelbrücke mit Meissel vom Sitz treiben

Lenkkopflager

- **Bild 332:** Obere Gabelbrücke nach Ausdrehen der Lenkschaftschraube und Lockern der Gabelklemmschrauben (falls Gabelbeine noch nicht ausgebaut sind) abnehmen.
- **Bild 332:** Einstellmutter ausdrehen und untere Gabelbrücke/Gabelschaftrohr (gegebenenfalls mit Gabelbeinen) nach unten herausführen.
- Lagerlaufkörper oben entnehmen.
- **Bild 333:** Lagerlaufringe mit entsprechend langem Dorn austreiben. Schrittweise über Kreuz austreiben, damit Lagersitz nicht aufgeweitet wird.
- **Bild 334:** Laufring auf unterer Gabelbrücke mit Meissel vom Sitz treiben.

16.2 Prüfen und Vermessen

Lenkkopflager

Lenkkopflager auswechseln, wenn sie nicht absolut ruhig laufen oder »Rastung« aufweisen und Lenkung auch nach Einstellung (*Kapitel 3.18*) nicht einwandfrei arbeitet.

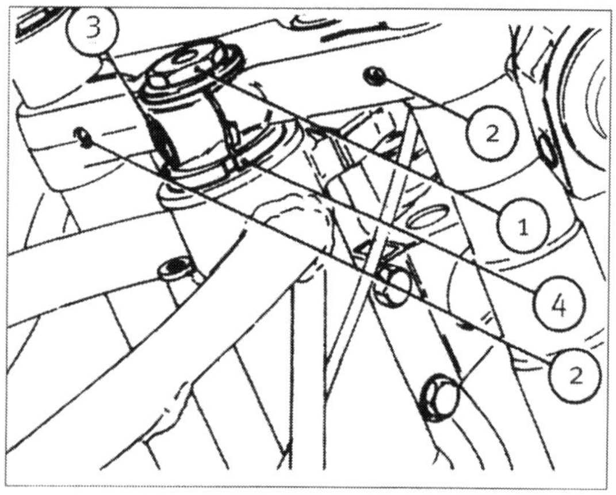

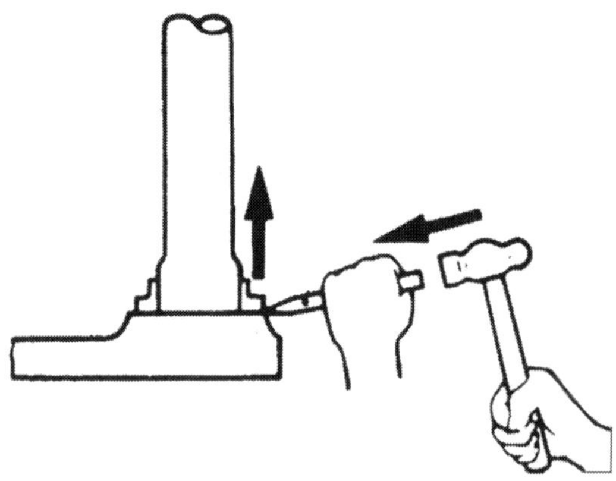

Laufrad

Achse auf Messplatte rollen, um Schlag zu prüfen (Achse muss frei rollen).

Auf Zentrierständer Radunwucht feststellen (einen solchen Stützbock kann man leicht improvisieren oder selbst herstellen.
Ein stabiler Schraubstock reicht oft schon aus, um verschraubte Radachse einzuspannen). Wuchtung des Rades nach jedem Reifenwechsel prüfen.
Reifen so montieren lassen, dass Ausgleichsmarke (Farbpunkt auf der Reifenflanke) genau in Höhe des Ventils steht.

Am Vorderrad maximal 40 Gramm Wuchtgewicht (Hinterrad 60 Gramm) anbringen.

Bild 335: Räder auf Zentrierständer lagern, Seiten- und Höhenschlag mit Messuhr prüfen.
Verschleissgrenze jeweils 2,0 mm.
Unrund laufende Räder erneuern.

Innenlaufringe der Radlager mit Finger auf widerstandsfreien und geräuschlosen Lauf prüfen. Aussenlaufring muss fest in Nabe sitzen.

Teleskopgabel

Tauchrohr in Prismen legen und Schlag mit Messuhr messen, Verschleissgrenze 0,20 mm. Dabei beachten, dass tatsächlicher Schlag nur der Hälfte des gemessenen Wertes entspricht!

Einzelteile der Gabel auf Kratzer, Riefen oder anomalen Verschleiss untersuchen.

Gleitbuchsen von Tauch- und Standrohr auswechseln, wenn Gleitfläche angegriffen ist.

16.3 Montage

Lenkkopflager

- **Bild 336:** Lagerlaufring samt Staubdichtung am Lenkschaftrohr mit passendem Rohrstück auf untere Gabelbrücke auftreiben.
- Erwärmen des Laufrings auf ca. 100° C erleichtert das Aufschieben.
- **Bild 337:** In oberen und unteren Lenkkopflagersitz Lagerschale mit passendem Rundmaterial eintreiben. Darauf achten, dass Lagerschale nicht verkantet und so Lagersitz aufweitet. Besser Lager mit Gewindestange und passend breiten Unterlagscheiben.
- Untere Gabelbrücke/Lenkschaftrohr von unten in Lenkkopf einführen.

Bild 335
Zentrierständer kann mit Schraubstock und Radachse improvisiert werden

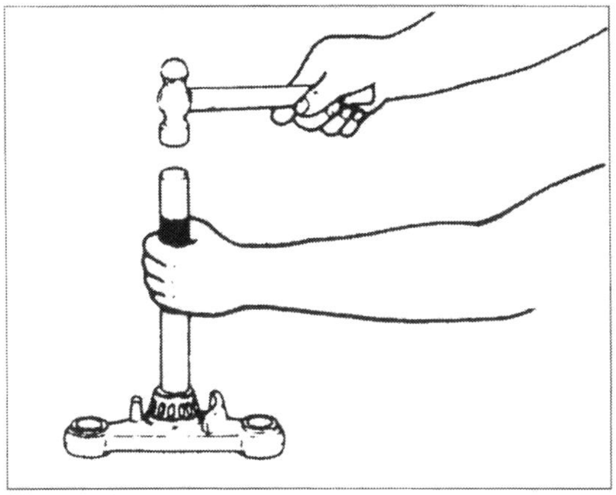

Bild 336
Laufring auftreiben

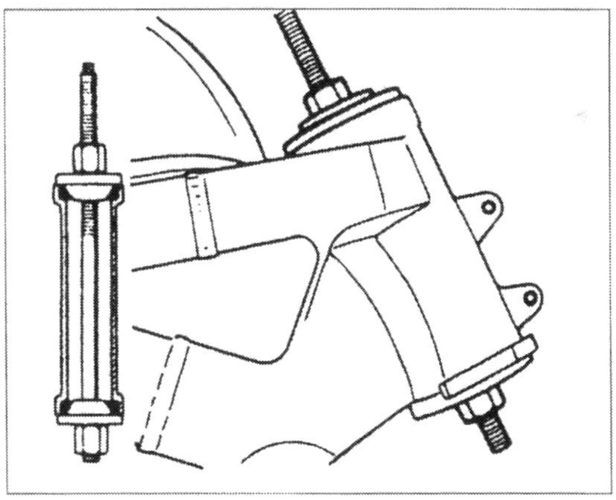

Bild 337
Lager einziehen

- Oberen Lagerlaufkörper gefettet einlegen. Staubschutzdeckel auflegen.
- Nutmutter mit etwa 50 Nm anziehen, damit sich Lagerschalen setzen. Lenkschaftrohr mehrmals von Anschlag zu Anschlag schwenken. Anschliessend Nutmutter wieder lösen. Nutmutter spielfrei und locker anlegen.
- Anzugsmoment: 3 Nm.
- Obere Gabelbrücke und Gabelstandrohre provisorisch montieren und Lenkkopflager-Einstellung gemäss *Kapitel 3.18* durchführen.

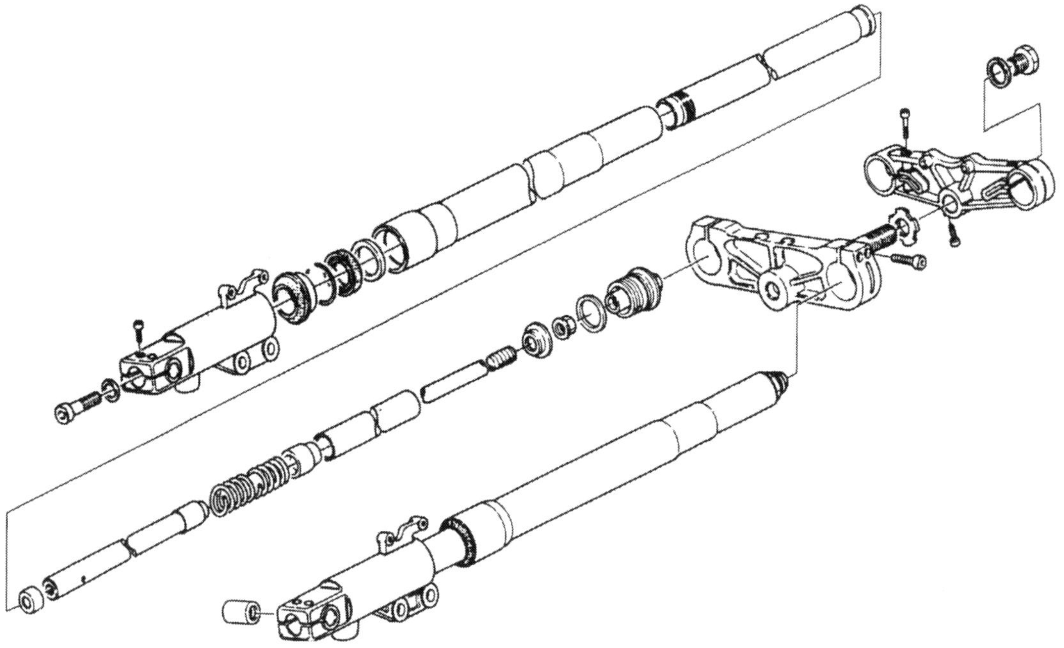

Bild 338
Teleskopgabel der 750er-Modelle

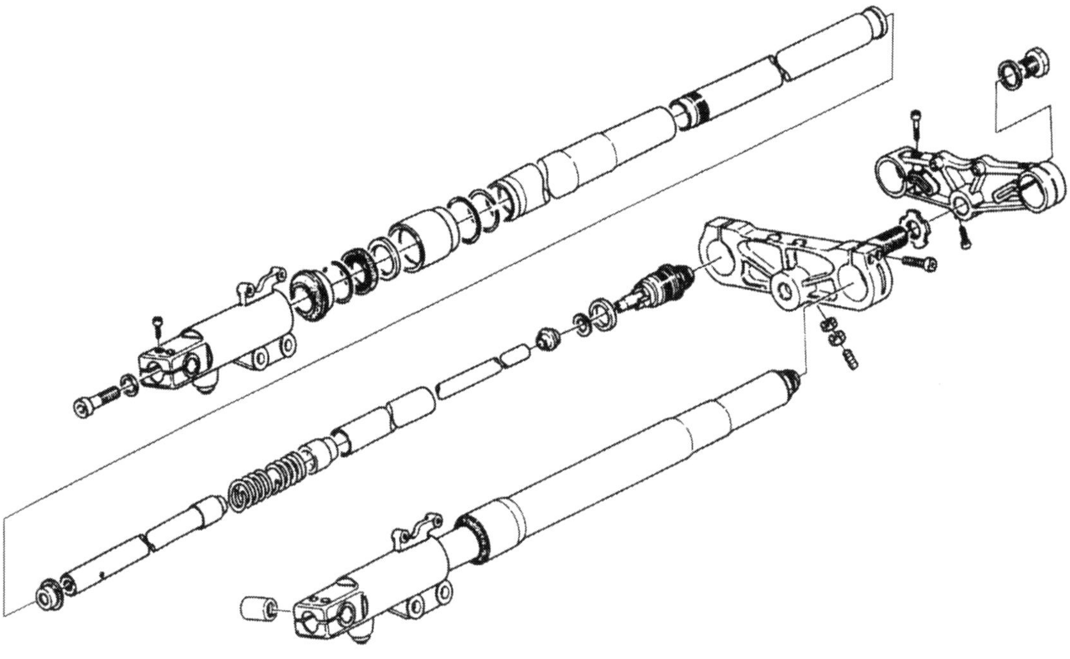

Bild 339
Teleskopgabel der 900er-Modelle

Teleskopgabel

- **Bild 338** und **Bild 339:** Einzelteile der Gabel, insbesondere Gleitbuchsen und Wellendichtringe, mit sauberem Gabelöl anfeuchten.
- **Bild 331:** Dämpferpatrone in Tauchrohr einführen und mit Schraube befestigen (30–40 Nm).
- Standrohrbuchse, Sitzring und Wellendichtring (Beschriftung weist nach unten resp. aussen) auf Tauchrohr aufschieben.
- Tauchrohrbuchse von Hand anbringen.
- Tauchrohr in Standrohr einführen.
- **Bild 340** und **Bild 341:** Standrohr spannungsfrei befestigen (hilfreich dabei Ducati-Werkzeug 88713.0959) und mit Ducati-Werkzeug 88713.0957 ③ Standrohrbuchse ① mit aufgelegtem Sitzring eintreiben. Es folgt Wellendichtring ④.

Federring in Nut einfedern und sauberen Sitz des Federrings kontrollieren.

- Staubdichtung leicht geölt aufdrücken.
- Standrohr bis zum Anschlag in Gleitrohr einschieben und Gabelholme mit Gabelöl (Typ »SS8«, entspricht etwa 10er-Viskosität) befüllen.

- Standard-Einfüllmenge je Holm:

750	457 cm^3
900	440 cm^3

- Standrohr und Dämpferstange jeweils einige Male (mindestens zehnmal) auf- und abpumpen, um Dämpfer zu entlüften. Gabel zusammmenschieben und ein paar Minuten warten.

Ölstand von Rohroberkante messen. Unbedingt darauf achten, dass Ölstand in beiden Gabelbeinen gleich ist!

Bild 342: Standard-Ölpegel bei zusammengeschobenen Gabelrohren und Dämpferstange von Rohroberkante gemessen:

750er	79,4 mm
900er	108 mm

- Dämpferstange langsam vollständig herausziehen und Gegenmutter bis Gewindeende aufdrehen. Draht o.Ä. an Dämpferstange befestigen und hochhalten, damit Dämpferstange nach Montage von Feder, Federsitz usw., wieder nach oben gezogen werden kann.
- Dämpferstange am Draht langsam (!) hochziehen. Mit **Ducati**-Werkzeug Distanzhülse niederdrücken, Haltewerkzeug unter Gegenmutter schieben und Draht entfernen.

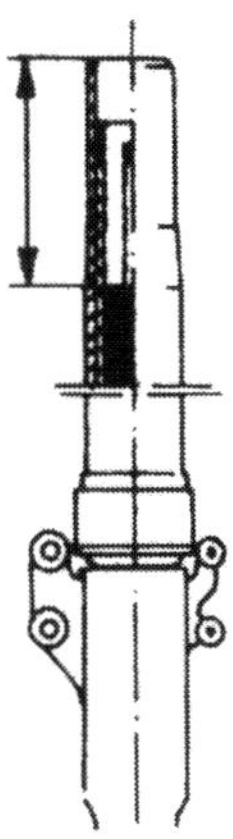

- **Bild 343:** Dämpfungseinsteller 1,5 mm herausdrehen.
- Gabel-Verschlusseinheit auf Dämpferstange bis zum Anschlag locker aufdrehen.
- Verschlusseinheit gegenhalten und Gegenmutter an Verschlusseinheit anlegen (18–22 Nm).
- Mit Werkzeug Distanzhülse niederdrücken und Werkzeug abnehmen.
- Obere Verschlussschraube mit geöltem O-Ring eindrehen (30–40 Nm).
- Lenkerhälfte auf Standrohr aufschieben (Vergaser-Modelle), sobald Standrohr über untere Gabelbrücke vorsteht. Standrohr

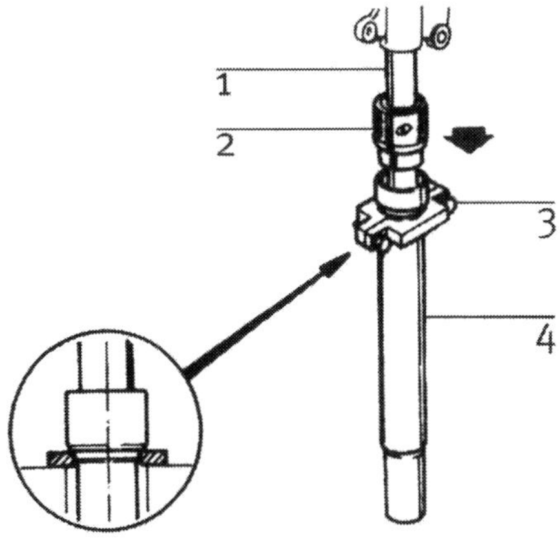

Bild 340
Gabelmontage
1 Tauchrohr
2 **Ducati**-Werkzeug 88713.0957
3 **Ducati**-Werkzeug 88713.0959
4 Standrohr

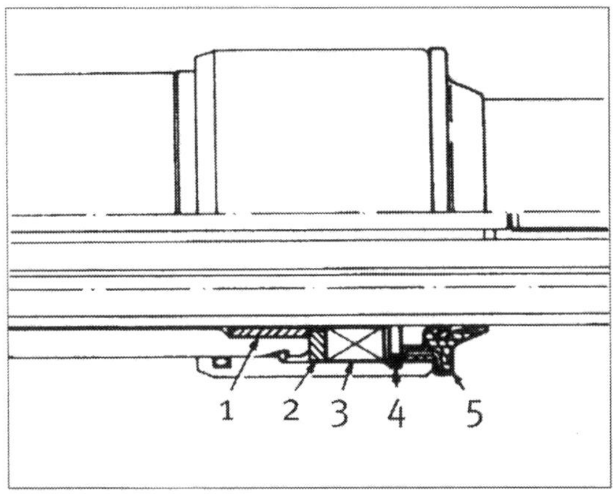

Bild 341
Gabelteile
1 Standrohrbuchse
2 Sitzring
3 Wellendichtring
4 Federring
5 Staubdichtung

◄ **Bild 342**
Ölpegel messen

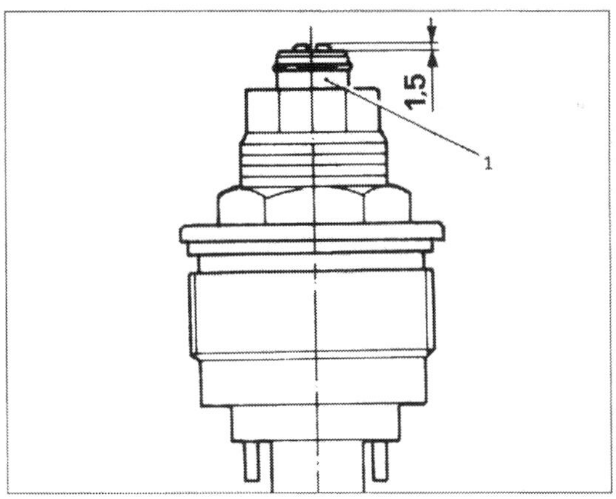

Bild 343
Dämpfungseinsteller ①

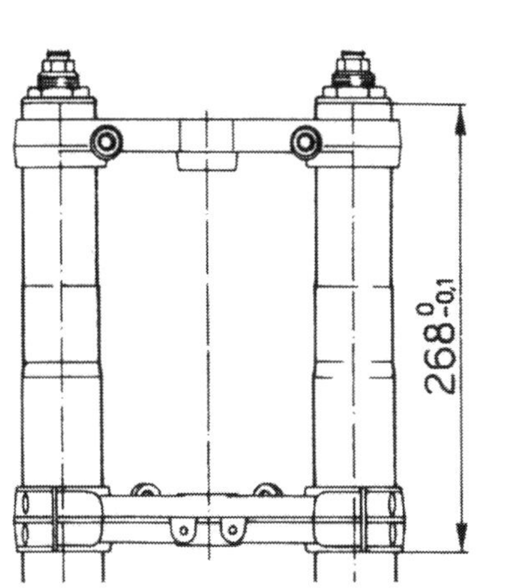

Bild 344
Gabelrohr-Überstand einstellen

Vorsicht! ⚠
Aufgepasst!

Bild 345
Lenkerhälfte auf Klemmspalt ausrichten

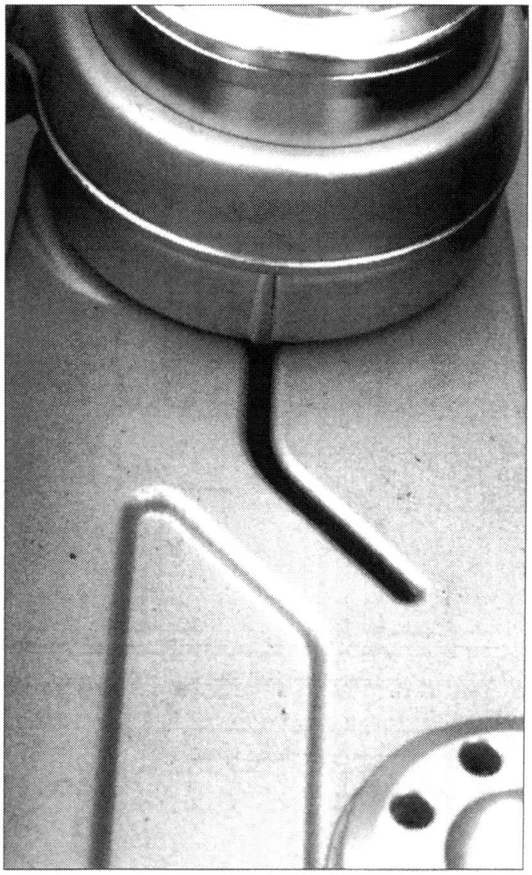

unter gleichzeitigem Drehen durch Gabelbrücken schieben.

- **Bild 344:** Gabelrohr-Überstand gleichmässig ausrichten, und Klemmschrauben der Gabelbrücken anziehen.
- **Bild 345**/i.e.: Lenkerhälften mit Nase auf Klemmspalt der Gabelbrücke ausrichten.
- Radabdeckung montieren.

Laufrad

- Radlager wie hinten montieren *(Kapitel 17.3)*.
- Bremsscheiben-Befestigungsschrauben mit flüssiger Schraubensicherung Loctite 242 montieren (25,5 Nm). Bremsscheibe mit hochwertigem Entfettungsmittel (Bremsscheibenreiniger) reinigen.
- **Bild 346** und **Bild 347:** Rad zwischen Gabelbeine einsetzen und Achse von rechts einschieben (Distanzstück und Tachoschnecke nicht vergessen).
- i.e.-Modelle: Nut der Achse so ausrichten, dass sie in Flucht mit Gabelbein steht (damit wird der Zugang zum Druckstufendämpfer gewährleistet).
- Achse anziehen (69–73 Nm).

Bild 346
Vorderrad

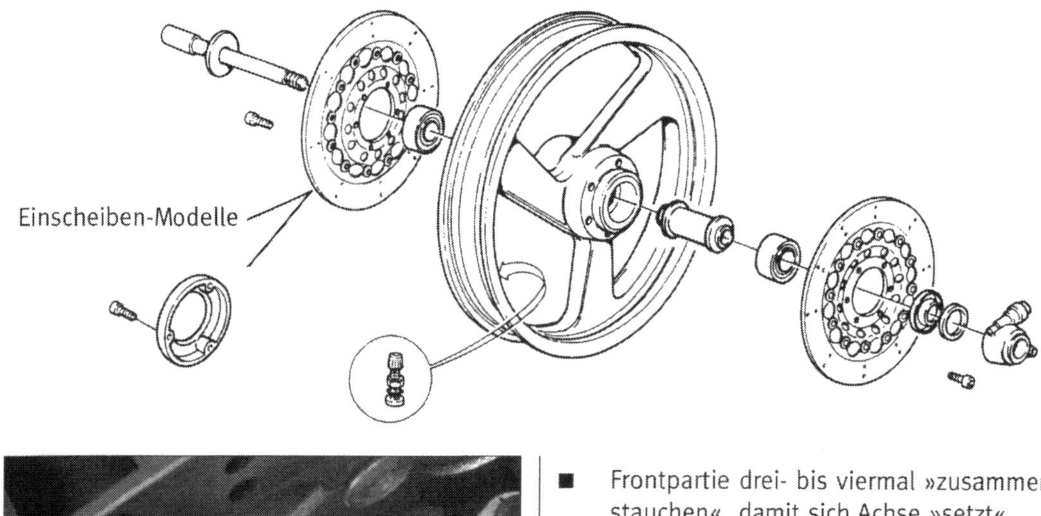

Bild 347
Tachoschnecke muss am Anschlag anliegen

- Frontpartie drei- bis viermal »zusammenstauchen«, damit sich Achse »setzt«. Dabei nicht mit Bremse blockieren, sondern gegen Mauer o.Ä. drücken), dann Achsklemmschrauben anziehen (23–25 Nm).
- Nachdem beide Schrauben angezogen sind, erste Schraube nochmal anziehen.

Heckpartie

17.1 Ausbau

⚠ Maschine sicher aufbocken. Falls Schwinge oder Federbein ausgebaut werden sollen, Maschine an Motor oder Rahmenheck (... und natürlich nicht an der Schwinge!) aufbocken.

⚠ Nicht am Ölfilter abstützen!

Laufrad

- Achsmutter ausdrehen und Achse herausziehen. Kette abnehmen und Rad herausführen.
- Bremsscheibe nach Lösen der sechs Befestigungsschrauben abnehmen.
- Radialdichtring mit passendem Schraubendreher o.Ä. aushebeln.
- **Bild 348:** Radlager schrittweise über Kreuz austreiben, um Aufweiten der Lagersitze zu vermeiden.

Bremse

- Ausbau und Zerlegen des Bremssattels und der Pumpe *siehe Kapitel 15.1.*

Federbein und Schwinge

- **Bild 349:** Schwinge entlasten und Federbein nach Lösen der Befestigungsschrauben abnehmen (bei am Motor oder Rahmenheck abgestützter Maschine!).
- **Bild 217** und **Bild 218:** Falls Schwinge ersetzt werden muss, Schwinge vom Motor abnehmen *(Kapitel 9).*
- Falls Buchse oder Nadelkäfige ersetzt werden müssen, Motorgehäuse erwärmen und Buchse bzw. Lagerkäfige wie Radlager austreiben.

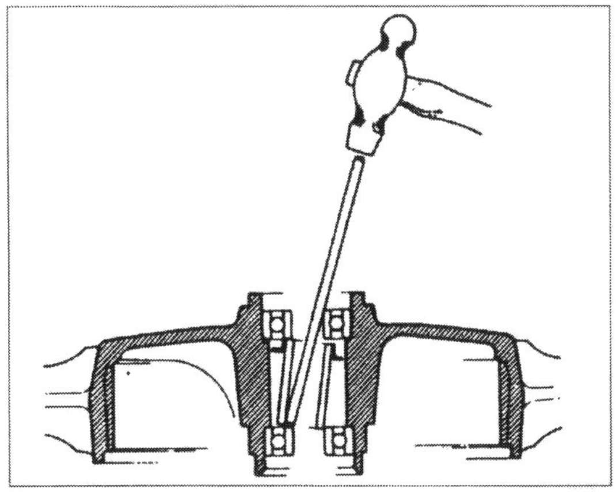

Bild 348
Prinzipdarstellung Radlagerausbau

Bild 349
Federbein

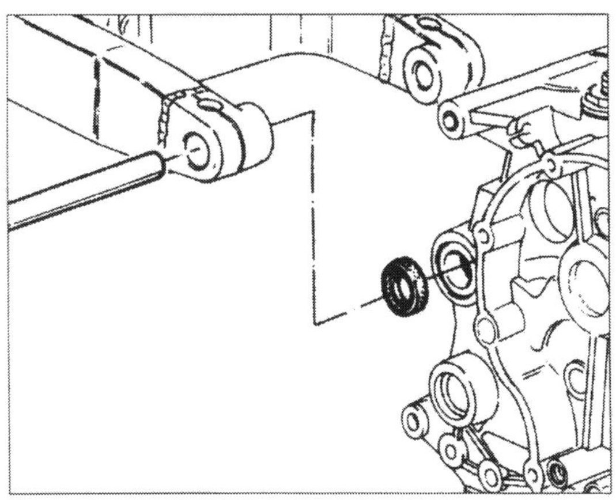

Bild 350
750er Schwingenlagerung

17.2 Prüfen und Vermessen

- **Bild 335:** Hinterrad mit Messuhr auf Schlag prüfen. Verschleissgrenze für Höhen- und Seitenschlag 2 mm.
- Rad- und Schwingenlager müssen bei Fingerprobe gleichmässig geräuschlos laufen.
- Dämpferstange auf Ölaustritt absuchen (→ undichte Dichtringe).
- Hinterrad-Federung in montiertem Zustand *wie im Kapitel 3.19.2 beschrieben* prüfen. (Einfedern geht schneller als Ausfedern und Heck darf nicht nachschwingen.)
- Schwinge auf Verzug oder Risse prüfen. Hülsen müssen in Nadelkörben ohne Widerstand spielfrei laufen. Staubdichtungen auf Beschädigungen untersuchen.
- Sämtliche Staubdichtungen der Schwingenlagerung auf Beschädigung überprüfen. Hülsen und Buchsen dürfen keine Riefen oder Kratzer aufweisen.
- Bei nackt montierter Schwinge und richtiger Montage darf bei seitlichem Hin- und Herdrücken kein Spiel in Lagerung spürbar sein (Knacken).
- Schlag der Rad- und Schwingachse mit Messuhr messen. Verschleissgrenze 0,03 mm.

Vorsicht! ⚠
Aufgepasst! 👁

Bild 351
900er Schwingenlagerung

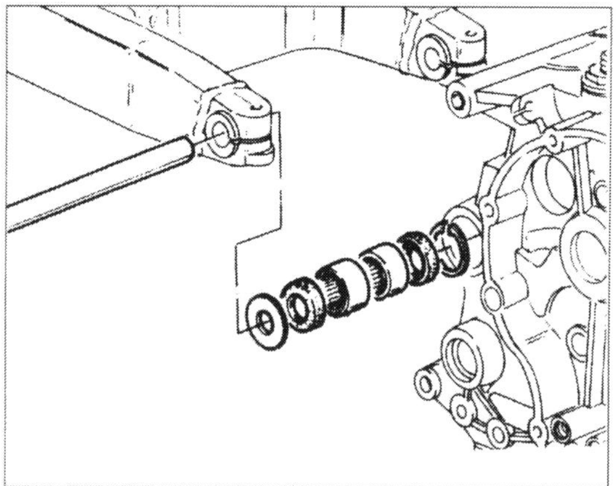

Laufrad – **Bild 352**

⚠ Auf keinen Fall einmal ausgebaute Radlager wieder einbauen, grundsätzlich Neuteile verwenden.

TIPP Erwärmen der Nabe mit elektrischer Heizplatte auf ca. 100° C erleichtert das Eintreiben der Lager (Lager »schlüpfen« fast von selbst in Lagersitz). Vor Erwärmen der Nabe Bremsscheibe demontieren!

- **Bild 351:** Lagerhohlräume des linken Lagers mit Fett füllen und mit passendem Dorn oder Nuss so eintreiben (besser einziehen wie Lenkkopflager), dass abgedichtete

Bild 352
Hinterrad

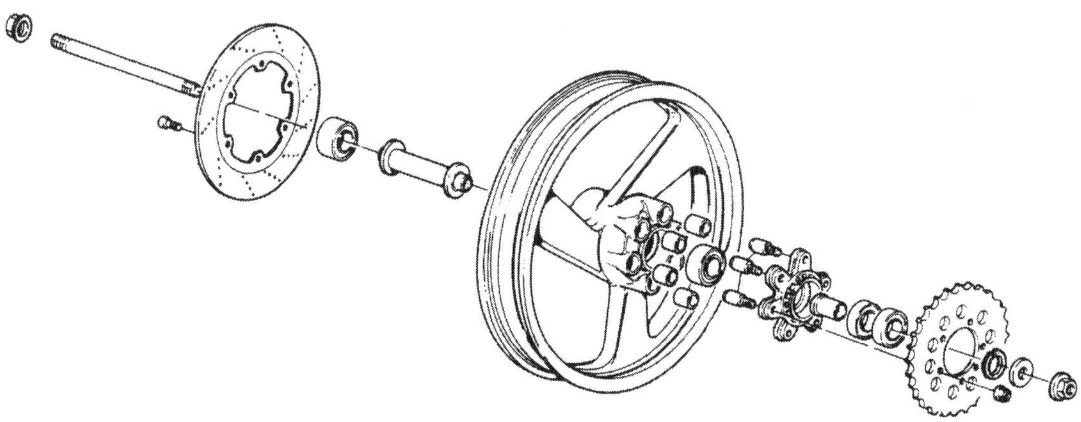

17.3 Montage

Schwinge

- **Bild 350** und **Bild 351:** Buchsen (750er) bzw. Nadelhülsen (900er) mit passendem Dorn gefettet in erwärmtes Motorgehäuse einpressen oder wie Lenkkopflager einziehen.

👁 Lager mit beschrifteter Seite nach aussen weisend eintreiben.

- Staubdichtung (Dichtlippen gefettet) mit passender Nuss eintreiben.
- Schwinge mit vormontierter Radabdeckung an Motorgehäuse positionieren und Schwingachse leicht gefettet einführen.
- Schwingachsen-Klemmschrauben anziehen (25 Nm).

Seite aussen liegt. Beim Eintreiben sorgfältig darauf achten, dass Lager nicht verkantet, und sichergehen, dass es vollkommen aufsitzt.

⚠ Lager in diesem Fall nur am Lageraussenring nachsetzen!

- Distanzhülse in Radnabe einsetzen und rechtes Lager so einziehen (abgedichtete Seite nach aussen), dass Lager auf Distanzstück aufsitzt.

👁 Auf genaue Flucht der Distanzhülse achten, eventuell Achse provisorisch einschieben.

- Bremsscheiben-Befestigungsschrauben mit flüssiger Schraubensicherung (Loctite 242) montieren (25,5 Nm). Bremsscheibe mit hochwertigem Entfettungsmittel (Bremsscheibenreiniger) reinigen.
- Ritzel aufsetzen und sechs Befestigungsschrauben eindrehen (44–47 Nm).
- Hinterrad in Schwinge einsetzen. Dabei darauf achten, dass Bremsscheibe in Bremssattel zwischen Beläge einspurt. Kette auf Ritzel auflegen.
- Hinterachswelle leicht gefettet einschieben und Achsmutter anziehen (69–73 Nm).
- Antriebskettendurchhang einstellen *wie in Kapitel 3.12 beschrieben.*

Einwintern

Richtiges Einwintern oder »Einmotten« für längere Zeiträume (etwa ab einem Monat) macht sich auf jeden Fall bezahlt. Und zwar nicht nur durch den Werterhalt der Maschine, sondern es entfallen auch mühseliges Gefummel und Verwünschungen, wenn die Kiste nach dem Winterschlaf ihre Arbeit wieder aufnimmt, als wäre nichts gewesen. Als Aufbewahrungsort empfiehlt sich eine trockene und gut belüftete Garage o.Ä. Und im Fall einer Garage bitte darauf achten, dass nicht etwa salzhaltige Feuchtigkeit durch Fahrzeuge eingeschleppt wird, die auch bei Streusalz-Einsatz bewegt werden und die Garage mitbenutzen. Eine spezielle Abdeckplane aus dem Zubehörhandel hilft natürlich auch – und zwar der Kasse des Verkäufers. Im geschilderten Idealfall genügt ein altes Bettlaken als Staubschutz. Anders sieht es bei einem weniger günstigen Abstellplatz aus, etwa ein überdachter Stellplatz im Freien. Hier ist eine hochwertige Abdeckplane natürlich angebracht. Hochwertig heisst in dem Fall, dass die Plane aus einer sogenannten Klimamembran aufgebaut ist, welche von aussen nach innen wasser- und luftdicht abschliesst und umgekehrt entsprechend durchlässig ist. Bei Verwendung einer preisgünstigeren Kunststoffplane (oft auch innen mit Baumwolle beschichtet) unbedingt unten soweit geöffnet lassen, dass die Luftzirkulation nicht behindert wird und sich dann auch keine Feuchtigkeitsnester bilden können. So oder so, bevor die Maschine eingestellt wird, steht penibles Putzen und Abschmieren auf dem Programm. Frisches Motoröl und Ventilspielwartung beim Viertakter runden den letzten Inspektionsgang ab, wo auch nach »schwitzenden« Motordeckeln, angescheuerten Kabeln und »gammeligen« Steckern Ausschau gehalten wird.

18.1 Batterie

- Ausbauen, Säurestand kontrollieren und gegebenenfalls regulieren wie in Kapitel 3.13 beschrieben und »warm« lagern.
- Mit Ladegerät Batterie regelmässig alle 10 bis 14 Tage nachladen.

TIPP Im Zubehörhandel sind auch praktische Ladungserhaltungsgeräte erhältlich, die das zuweilen nervenaufreibende Nachdenken, wann mit wieviel Strom geladen wurde erübrigen.

18.2 Vergaser und Tank

Der verdunstende Sprit hinterlässt Oxidations-Rückstände, welche feine Düsen oder Bohrungen verstopfen und dann Vergaser-Zerlegung und Reinigung notwendig machen.

- Schwimmerkammer-Ablassschraube aufdrehen und Sprit in geeignetes Auffanggefäss ablassen.
- Unversiegelten Stahlblechtank randvoll auffüllen (Rust never sleeps, sagt der Engländer – und hat Recht).

18.3 Räder und Reifen

- Reifen etwa 0,5 kg/cm² über Normaldruck aufpumpen.
- Wenn möglich Fahrzeug so am Rahmen, Schwinge oder Motor (Gehäuse, Ölwanne oder -filter nicht eindrücken!) aufbocken, dass beide Räder frei in der Luft hängen.

18.4 Inbetriebnahme

Wenn alles wie in den Vorkapiteln ausgeführt wurde, heisst es – in der Regel – wenn die die Sonne wieder richtig 'raus kommt: kontrollieren und starten!

→ Motorölstand
→ Reifenluftdruck
→ Beleuchtunseinrichtungen
→ Hebel und Pedale
→ Bremssystem: unter Druck setzen und nach etwa 20 Sekunden System auf Leckage sichtprüfen (besonders die Verbindungselemente). Druckpunkt immer noch deutlich fühlbar?

Technische Daten

Abmessungen
der Vergaser-Modelle

750 S.S.

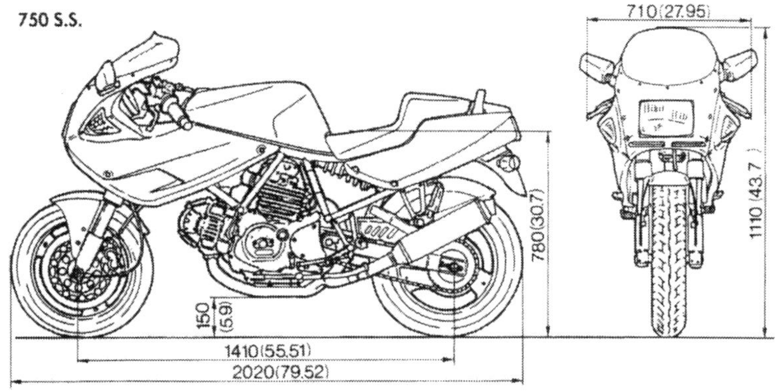

900 S.S.

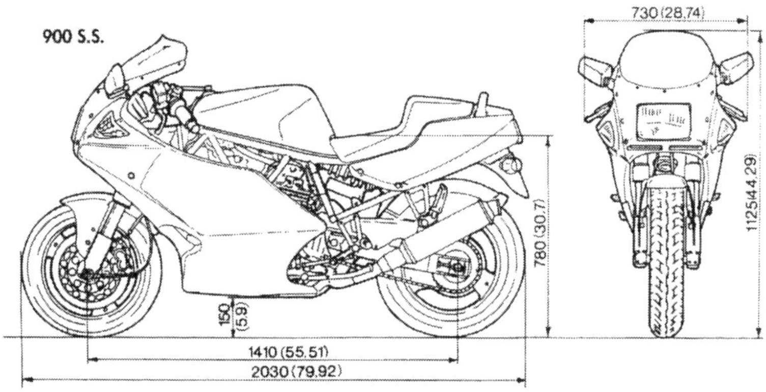

Abmessungen
der i.e.-Modelle

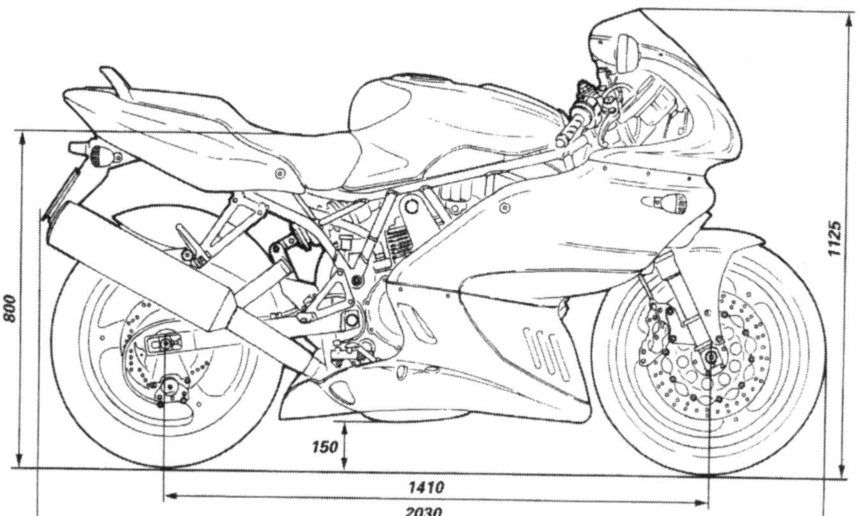

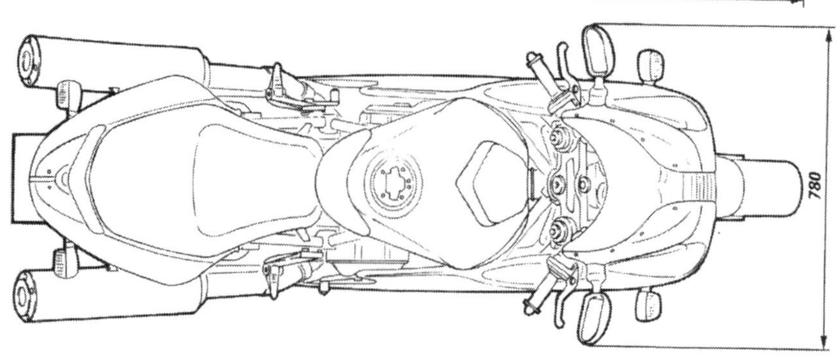

Motor

(abweichende 750er-Masse in Klammer)

Typ	4-Takt, Fahrtwind-/ Ölgekühlt, OHC
Anzahl der Zylinder	2 in »L«-Form (90°-V), Fahrtwind-gekühlt (Zylinder Ölgekühlt)
Bohrung	92 (88)
Hub	68 (61,5)
Hubraum	904 cm^3 (748)
Verdichtungsverhältnis	9,2 ± 0,5 :1 (9 ± 0,5 :1)
Leistung	56,3 kW (44,1) bei 7000/min (8500/min)
Starter	elektrisch
Schmiersystem	Nasssumpf/Druckumlauf

Kraftübertragung

Kupplung	Mehrscheiben-Trockenkupplung hydraulische Betätigung	
Getriebe	6-Gang-Synchron (5 Gang)	
Primäruntersetzung	62/31 (71/36); i.e.: 59/32	
Enduntersetzung	15/37; i.e.: 15/40	
Getriebestufung 750er:		
1. Gang	2,5	(37/15)
2. Gang	1,71	(36/21)
3. Gang	1,33	(32/24)
4. Gang	1,07	(29/27)
5. Gang	0,96	(28/29)
Getriebestufung 900er:		
1. Gang	2,46	(37/15)
2. Gang	1,76	(30/17)
3. Gang	1,35	(27/20)
4. Gang	1,09	(24/22)
5. Gang	0,95	(23/24)
6. Gang	0,85	(24/28)
Antriebskette	DID 520, 98 Glieder (96); i.e.: 102	

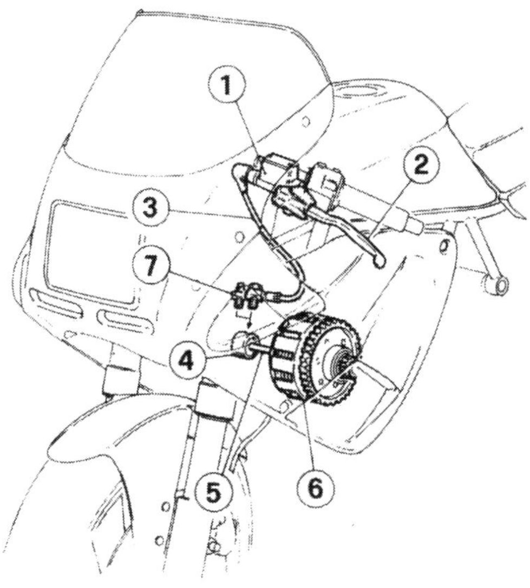

Kupplungssystem der 750er
1 Ausgleichsbehälter
2 Hebel
3 Schlauch
4 Nehmerzylinder
5 Druckstange
6 Kupplung

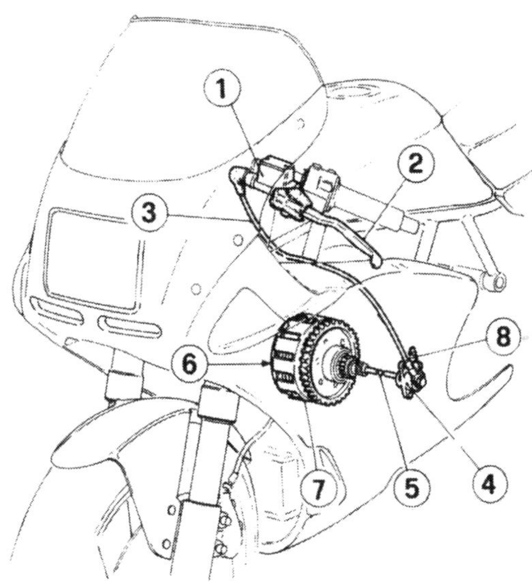

Kupplungssystem der 900er
1 Ausgleichsbehälter
2 Hebel
3 Schlauch
4 Nehmerzylinder
5 Druckstange
6 Ausrücklager
7 Kupplung
8 Entlüfter

Ventilsteuerung

Öffnungs- und Schliessmasse

Aufnahmespiel	1 mm (0,20 mm)
Einlassventil-Ø	43 mm (41)
Öffnung vor OT	20° (31°)
schliesst nach UT	60° (88°)
Auslassventil-Ø	38 mm (35)
Öffnung vor UT	58° (72°)
schliesst nach OT	20° (46°)
Betriebsventilspiel bei kaltem Motor	
Öffnerkipphebel	
Einlassventil	0,08 – 0,10 mm
Auslassventil	0,10 – 0,12 mm
Schliesserkipphebel	
Ein- & Auslass-ventil	0,00 – 0,02 mm
Ventilhub bei 0 mm Aufnahmespiel	
Einlassventil	11,76 mm (9,35)
Auslassventil	10,56 mm (8,50)

Kraftstoff-Aufbereitung

i.e.:
Elektronisches Einspritzsystem,
Fabrikat Marelli - CPU 1.5

Vergaser	
Hersteller	Mikuni
Typ	BDST 38-B67 (BDST 38-B70)
Durchlass	38 mm
Nadelventildüse	Y-2 (Y-4)
Hauptdüse	140
Starterdüse	70
Leerlaufdüse	42,5 (37,5)
Düsennadel	4. Kerbe/5C19 (3. Kerbe/5C19)

Zündsystem

Hersteller	Kokusan
Frühzündung	
bis 1700/min ± 200/min	6°
von 1700/min bis 2600/min ± 300/min	bis 32° progressiv
Zündkerzen	
900er-Vergaser	Champion RA6 YC
übrige	Champion RA6 HC
Elektrodenabstand	0,6 mm

Schmierung

Druckumlaufschmierung
mit einer Zahnradpumpe;
Ölreinigung
durch Netzfilter und Filterpatrone;
Öldruckkontrolle und Thermosensor (i.e.);
Ölkühler

Bremsen

Vorderradbremse
Bimetallische bewegliche Scheibe (gelocht)

Durchmesser	320 mm
Bremsfläche	88 cm²
Bremssattel	
Fabrikat	Brembo
Typ	P4 32d bis Fahrgestellnr. 1600, danach P4 30/34
Pumpentyp	PS 15 (PS13 bei Einscheiben-Ausführung)
Bremsbelag	Fren-Do 965

Hinterradbremse
Feste Gusseisenscheibe (gelocht)

Durchmesser	245 mm
Bremsfläche	26,6 cm²
Bremssattel	
Fabrikat	Brembo
Typ	P2105N
Pumpentyp	PS 11
Bremsbelag	Fren-Do FD 72 GG

Federung

Vorn
Ölgedämpfte Upside-down-Gabel, voll einstellbar

Fabrikat	SHOWA
Typ	GD031
Standrohr-Ø	41 mm
Hub	120 mm
Ölmenge je Gabelbein	
	440 cm^3 (457)
Ölpegel ab Oberkante	
	108 mm (79,4)

Hinten
Aluschwinge mit hydaulisch gedämpftem Federbein, voll einstellbar

Fabrikat	SHOWA
Typ	GD 022-007-0X
Standrohr-Ø	41 mm
Hub	65 mm

Räder

Leichtmetall-Dreispeichenräder

Vorn	
Hersteller	BREMBO
Abmessungen	3,50 x 17 Zoll
Hinten	
Hersteller	BREMBO
Abmessungen	5,50 x 17 Zoll (4,50 x 17)

Reifen

Vorn	
Schlauchlose Radialreifen	
Hersteller	MICHELIN
Typ	A59 (A59X)
Abmessungen	120/70 - 17 (120/60 - 17)
Hinten	
Hersteller	MICHELIN
Typ	M59 (M59X)
Abmessungen	170/60 - 17 (160/60 - 17)
Reifendruck	
vorn	2,2 bar
hinten	2,5 bar

Elektrische Anlage

Vergaser-Modelle	
Scheinwerfer	rechtwinklig Zweifaden H4 12 V 55/60 W Standlicht 12 V 5 W
Rücklicht	Zweifadenlampe 12 V 5/21 W
Blinkkontrolle	12 V 10 W
Batterie	12 V 16 Ah
Drehstromgenerator	12 V 300 W
Regler/Gleichrichter	abgesichert mit 30 A i.e.: 40 A
Starter	12 V 0,7 kW

Betriebsleistungen

Höchstgeschwindigkeit	
	220 km/h (210); i.e. 225

Gewichte

Leerer Motor	65 kg (61)
Trockengewicht	182 (173)

Füllmengen

Tankinhalt	17,5 Liter, davon 3 Liter Reserve
Motoröl	3,5 Liter

Anzugsmomente

Motor
Einheit: Nm

Kopfmutter	
– erster Durchgang	14,7 (Fett auftragen)
– zweiter	29,4
– dritter	41,2
Pleuelschrauben	
– erster Durchgang	20 (ölen)
– zweiter	30
– dritter	67,5
Primärtriebmutter	107,9 – 117,7
Mutter/Generator	176,5 – 186,3
Kupplungsmutter	137,3 – 147,1
Mutter für Zahnrad der Zwischenwelle	39,2 – 44,1
Nutmutter für Riemenscheibe auf Zwischenwelle	58,8 – 63,7
Nutmutter für Riemenscheibe auf Nockenwelle	68,6 – 73,5
Nutmutter für Ölpumpenzahnrad	12,7 – 14,7 (Loctite 242 beigeben)
Zündkerze	19,6 – 29,4
Schraube für Schaltwalze	39,2 – 44,1
Schraube für Kupplungsglocke	29,4 – 33,3 (Loctite 510 beigeben)
Mutter für Ansaugkrümmer	22,6 – 24,5
Kabeldurchgangsnutmutter/Generator	39,2 – 44,1

Fahrgestell
Einheit: Nm

Klemmschrauben	
Vorderachse	22,6 – 24,5
Vorderachse	68,7 – 73,6; i.e. 63
Hinterradmutter	68,7 – 73,6
Gabel-klemmschrauben	20
Vorderrad-Bremssattelschrauben	34,3 – 37,3
Hinterrad-Bremssattelschrauben	22,6 – 24,5 (Loctite 601 beigeben)
Bremsscheiben-Schrauben	25,5 (Loctite 242 beigeben)
Ritzelmutter	44,1 – 47,1
Ritzelsicherungsschrauben	3,9 – 5,9 (Loctite 242 beigeben)
Bremssattel-Entlüftungsventil	8 – 12
Ölschlauch an Motorgehäuse	16,9 (Nippel gegenhalten)
Ölschlauch an Kühler	16,9 (Nippel gegenhalten)

Allgemeine Anzugsmomente
Schraube/Mutter

M5 x 0,8	3,9 – 5,9
M6 x 1,0	7,8 – 9,8
M8 x 1,25	22,6 – 24,5
M10 x 1,5	34,3 – 37,2
M12 x 1,75	52 – 56,9

Schaltplan

Vergaser-Modelle
ab Baujahr 1991

1 Scheinwerfer
2 Blinker vorn rechts
3 Blinker vorn links
4 Hupe
5 Drehzahlmesser
6 Tacho
7 Instrumente/Kontrollleuchten
8 Regler
9 Zündschloss
10 Lenkerarmatur rechts
11 Lenkerarmatur links
12 Vorderer Bremslichtschalter
13 Hinterer Bremslichtschalter
14 Schalter der NEUTRAL-Anzeige
15 Öldruckschalter
16 Seitenständerschalter
17 Benzinstand-Geber
18 Benzinpumpe
19 Relais
20 Blinkerrelais
21 Generator
22 Pickup
23 Zündbox
24 Rücklicht
25 Hauptsicherung 30 A
26 Zündspule (liegender Zylinder)
27 Zündspule (stehender Zylinder)
28 Zündkerze (liegender Zylinder)
29 Zündkerze (stehender Zylinder)
30 Sicherungskasten
31 Starter
32 Starterrelais
33 Batterie
34 Blinker hinten rechts
35 Blinker hinten links

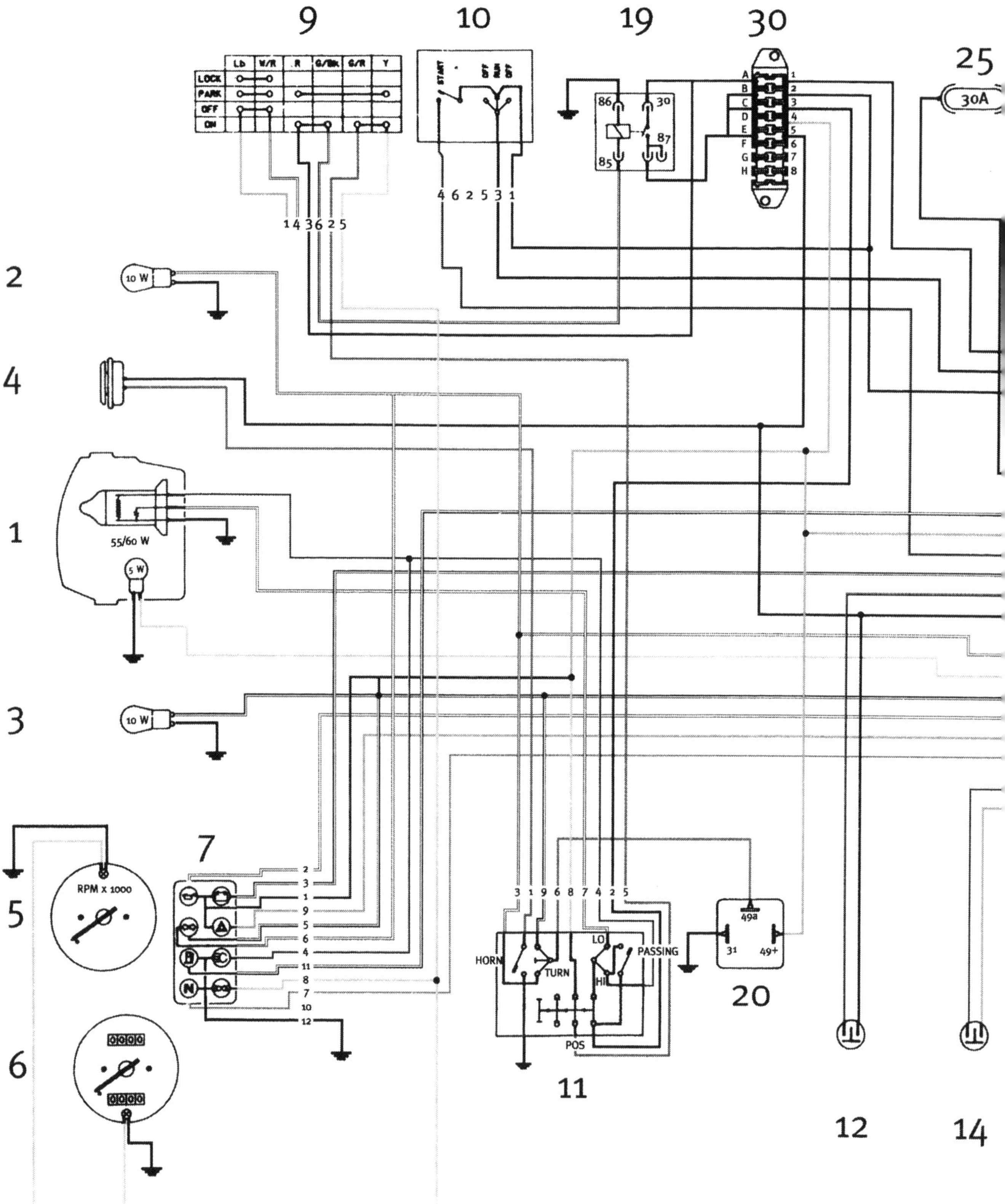
9
10
19
30
25
30A
Lb
W/R
R
G/Bk
G/R
Y
LOCK
PARK
OFF
ON
START
OFF
RUN
OFF
86
30
87
85
A
B
C
D
E
F
G
H
2
10 W
4
1
55/60 W
5 W
3
10 W
5
RPM x 1000
6
7
HORN
TURN
LO
HI
PASSING
POS
11
49a
31
49+
20
12
14

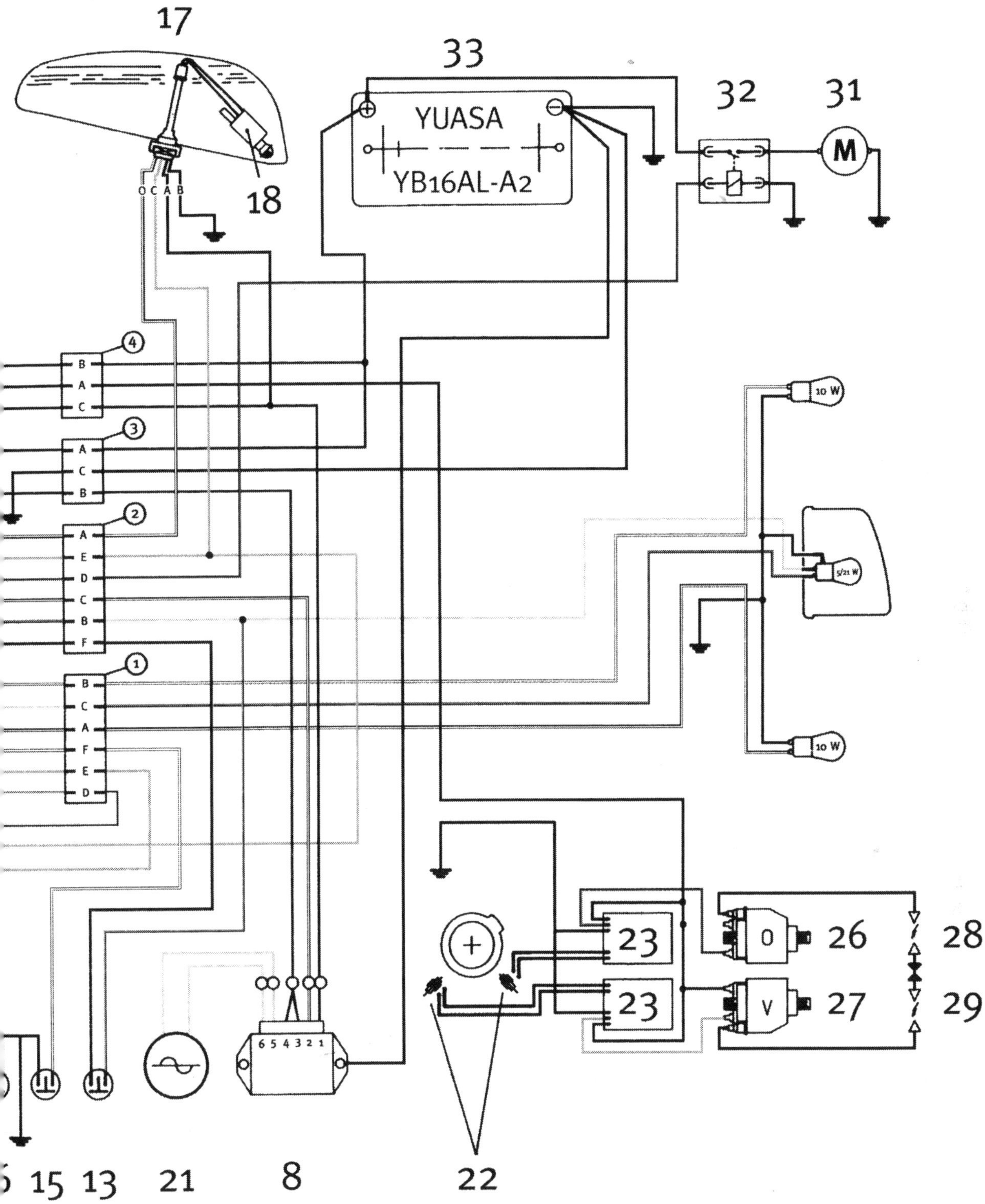

17
33
32
31
M
YUASA
YB16AL-A2
18
O C A B
4
B
A
C
3
A
C
B
2
A
E
D
C
B
F
1
B
C
A
F
E
D
10 W
5/21 W
10 W
23
0
26
28
23
V
27
29
6 5 4 3 2 1
15
13
21
8
22

Schaltplan

i.e.-Modelle
ab Baujahr 1991

1 Lenkerarmatur rechts
2 Zündschloss
3 Zündrelais
4 Sicherungskasten
5 Blinkerrelais
6 Starter
7 Starterelais
8 Batterie
9 Öltemperatur-Sensor für Anzeige
10 Blinker hinten rechts
11 Rücklicht
12 Kennzeichen-Beleuchtung
13 Blinker hinten rechts
14 Tank mit Benzinpumpe und Pegelsensor
15 Diagnosestecker
16 Zündspule (liegender Zylinder)
17 Zündspule (stehender Zylinder)
18 Zündkerze (liegender Zylinder)
19 Zündkerze (stehender Zylinder)
20 Einspritzventil (liegender Zylinder)
21 Einspritzventil (stehender Zylinder)
22 Drosselklappen-Potentiometer
23 Drehzahlsensor
24 Öltemperatur-Sensor
25 MARELLI-Steuergerät CPU 1.5
26 Einspritzung-Relais
27 Sicherung des Einspritzung-Relais
28 Hupe
29 Hauptsicherung 40 A
30 Regler
31 Generator
32 Schalter der NEUTRAL-Anzeige
33 Öldruckschalter
34 Bremslichtschalter hinten
35 Bremslichtschalter vorn
36 Lenkerarmatur links
37 Lufttemperatur-Sensor
38 Instrumente-Konsole
39 Blinker vorn links
40 Scheinwerfer

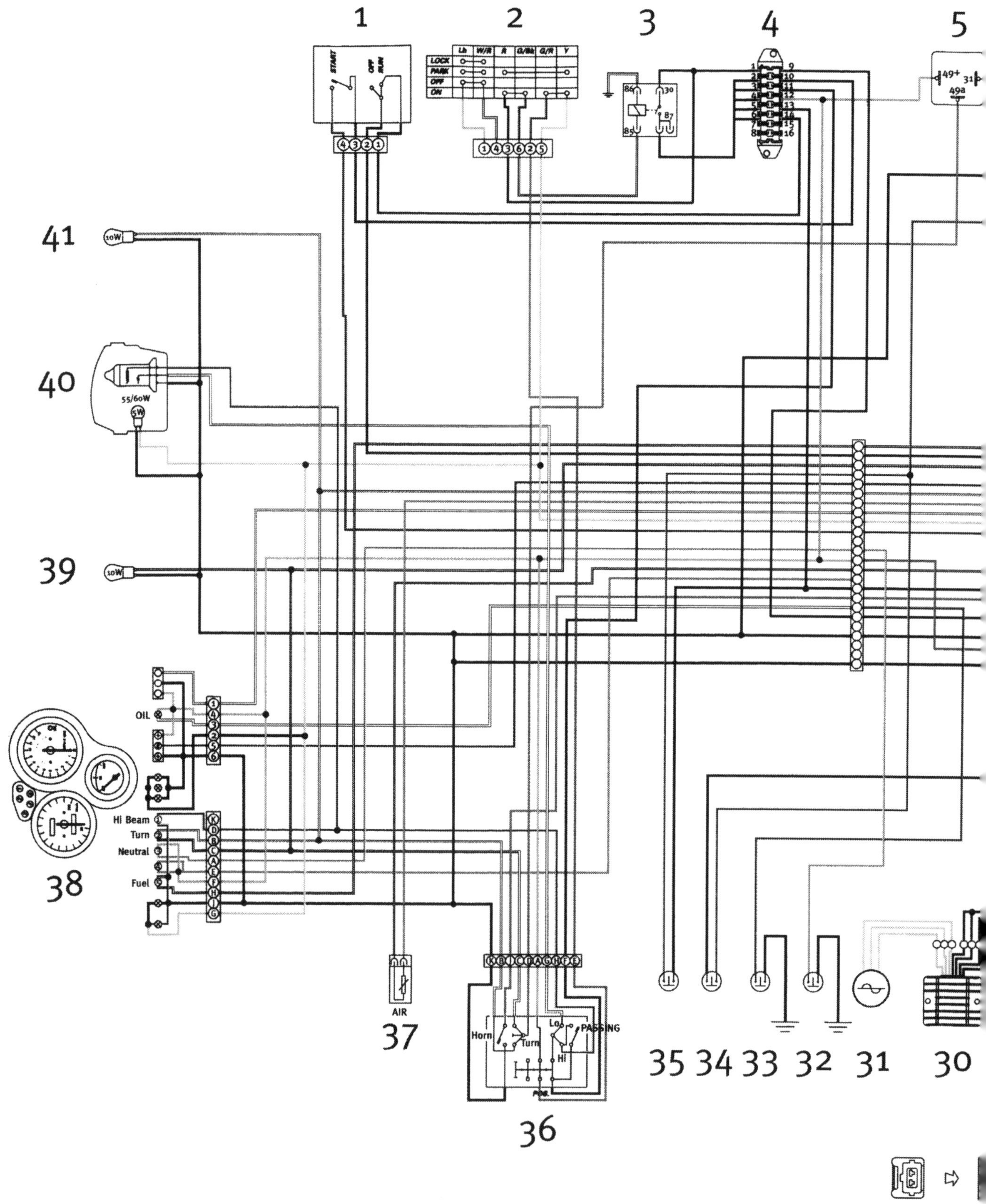
1
2
3
4
5
START
OFF
RUN
Lb
W/R
R
G/Bk
G/R
Y
LOCK
PARK
OFF
ON
86
30
87
85
49+
31
49a
41
10W
40
55/60W
5W
39
10W
OIL
Hi Beam
Turn
Neutral
Fuel
38
AIR
37
Horn
Turn
Lo
PASSING
Hi
POS.
36
35
34
33
32
31
30

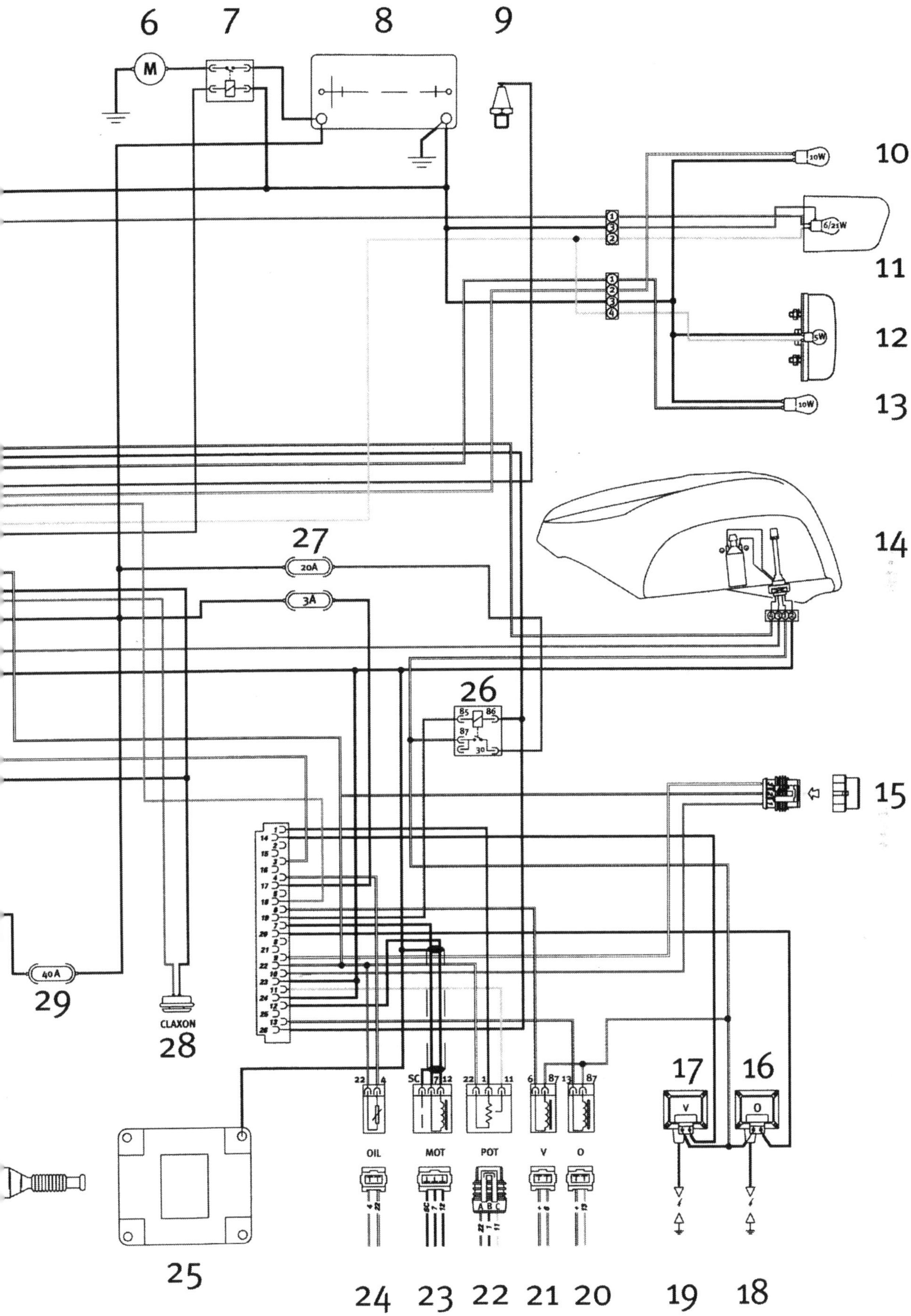

6
7
8
9
10
11
12
13
14
15
16
17
18
19
20
21
22
23
24
25
26
27
28
29
M
10W
6/21W
5W
10W
20A
3A
40A
CLAXON
85
86
87
30
V
O
OIL
MOT
POT
V
O
22
4
SC
7
12
22
1
11
6
87
13
87

FSC
www.fsc.org
MIX
Papier | Fördert gute Waldnutzung
FSC® C083411

Kolibri 360 GmbH
Ferdinand-Jühlke-Straße 7
99095 Erfurt, Deutschland
produktsicherheit@kolibri360.de

Motorrad-
Reparaturanleitung
Band 5223

Ducati
750 SS
900 SS

ab 1991 und 1998 (i.e.)

bucheli verlag

Impressum

ISBN 3-7168-1971-9

Motorrad-Reparatur-
anleitung Band 5223

Redaktion,
Satz und Gestaltung:
Redaktionsbüro
Thomas Jung
D-70 376 Stuttgart
Text:
Giulio Pepe, Thomas Jung
Fotos:
Uwe Altmann,
Thomas Jung, MOTORRAD-
Archiv, MO-Archiv
Druck:
Maisch & Queck
D-70 839 Gerlingen
Bindung:
K. Dieringer
D-70 839 Gerlingen

129950

VERLAG BUCHELI
Inhaber Paul Pietsch
CH-6304 Zug
Verkauf und Lager:
Gewerbestrasse 10
CH-6330 Cham
Postadresse:
Postfach 4161
CH-6304 Zug
Telefon
00 41 / 41 / 7 41 77 55
Fax 00 41 / 41 / 7 41 71 15

Alleinauslieferung
für Deutschland:
Motorbuch-Verlag
D-70032 Stuttgart
Olgastrasse 86
Postfach 10 37 43
Telefon (07 11) 2 10 80-0

Alleinauslieferung
für Österreich:
Verlagsauslieferung Godai
A-1150 Wien XV
Mariahilferstrasse 169
Telefon
00 43 / 2 22 / 8 93 41 05